全国技工院校机械类专业通用教材（高级技能层级）

极限配合与技术测量

（第 五 版）

人力资源社会保障部教材办公室组织编写

中国劳动社会保障出版社

简介

本书主要内容包括：极限配合与尺寸检测、几何公差与检测、表面结构要求与检测、常见结构的公差与检测等。

本书由王希波主编，朱礼明任副主编，王长松、吴清萍、扈子杨、王雪、孙喜兵参加编写，崔兆华主审。

图书在版编目(CIP)数据

极限配合与技术测量 / 人力资源社会保障部教材办公室组织编写. -- 5 版. -- 北京：中国劳动社会保障出版社，2018

全国技工院校机械类专业通用教材. 高级技能层级

ISBN 978-7-5167-3596-1

Ⅰ.①极… Ⅱ.①人… Ⅲ.①公差-配合-技工学校-教材②技术测量-技工学校-教材 Ⅳ.①TG801

中国版本图书馆 CIP 数据核字(2018)第 186449 号

中国劳动社会保障出版社出版发行

(北京市惠新东街 1 号　邮政编码：100029)

*

北京瑞禾彩色印刷有限公司印刷装订　　新华书店经销

787 毫米×1092 毫米　16 开本　13.75 印张　325 千字

2018 年 8 月第 5 版　　2025 年 12 月第 9 次印刷

定价：26.00 元

营销中心电话：400-606-6496

出版社网址：http://www.class.com.cn

http://jg.class.com.cn

前　言

为了更好地适应全国技工院校机械类专业的教学要求，全面提升教学质量，人力资源社会保障部教材办公室组织有关学校的一线教师和行业、企业专家，在充分调研企业生产和学校教学情况、广泛听取教师对教材使用反馈意见的基础上，对全国高级技工学校机械类专业通用教材进行了修订。本次修订后出版的教材包括：《机械制图（第四版）》《机械基础（第二版）》《机构与零件（第四版）》《机械制造工艺学（第二版）》《机械制造工艺与装备（第三版）》《金属材料及热处理（第二版）》《极限配合与技术测量（第五版）》《电工学（第二版）》《工程力学（第二版）》《数控加工基础（第二版）》《液压传动与气动技术（第二版）》《液压技术（第四版）》《机床电气控制（第三版）》《金属切削原理与刀具（第五版）》《机床夹具（第五版）》《金属切削机床（第二版）》《高级车工工艺与技能训练（第三版）》《高级钳工工艺与技能训练（第三版）》《高级焊工工艺与技能训练（第三版）》等。

本次教材修订工作的重点主要体现在以下几个方面：

第一，更新教材内容，体现时代发展。

根据机械类专业毕业生所从事岗位的实际需要和教学实际情况的变化，合理确定学生应具备的能力与知识结构，对部分教材内容及其深度、难度做了适当调整；根据相关专业领域的最新发展，在教材中充实新知识、新技术、新设备、新材料等方面的内容，体现教材的先进性；采用最新国家技术标准，使教材更加科学和规范。

第二，提升表现形式，激发学习兴趣。

在教材内容的呈现形式上，较多地利用图片、实物照片和表格等形式将知识点生动地展示出来，尤其是在《机械基础（第二版）》《机床夹具（第五版）》等教材插图的制作中全面采用了立体造型技术，力求让学生更直观地理解和掌握所学内容。针对不同的知识点，设计了许多贴近实际的互动栏目，在激发学生学习兴趣和自主学习积极性的同时，使教材“易教易学，易懂易用”。

第三，开发配套资源，提供教学服务。

本套教材配有习题册和方便教师上课使用的多媒体电子课件，可以通过技工教育网（http：//jg. class. com. cn）下载电子课件等教学资源。另外，在部分教材中使用了二维码技术，针对教材中的教学重点和难点制作了动画、视频、微课等多媒体资源，学生使用移动终端扫描二维码即可在线观看相应内容。

本次教材的修订工作得到了河北、辽宁、江苏、山东、河南、湖南、广东等省人力资源社会保障厅及有关学校的大力支持，在此我们表示诚挚的谢意。

人力资源社会保障部教材办公室

2018 年 8 月

目 录

绪　论

台灯的灯泡坏了，买一个相同规格的换上，即可重新使用。

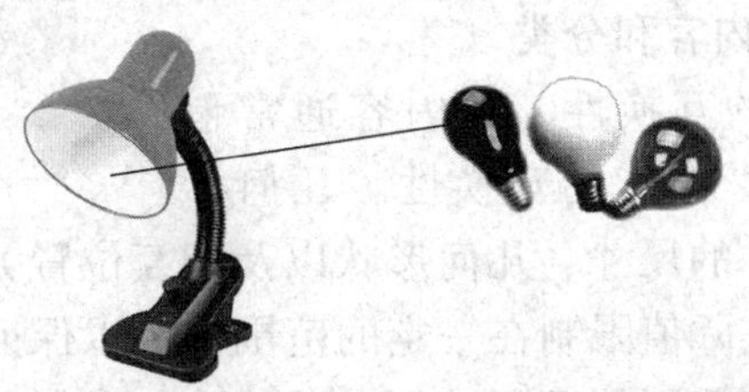

自行车上的螺母掉了，链条坏了，辐条断了，都可以换上相同规格的零部件继续使用。

一、互换性

1. 互换性的概念

日常生活中，通过简单地更换零件或部件的方式对台灯、自行车等生活用品进行维修，不但可以方便人们的生活，而且也提高了产品的使用寿命。那么，什么是互换性呢?

在工业生产中，零部件的互换性是指在同一规格的一批零件或部件中，任取其一，不需任何挑选或附加修配（如钳工修理）就能装在机器上，达到规定的性能要求。

简单的互换性零件在古代就已出现。但随着机械工业的发展，互换性在生产中所起的作用越来越大，已成为现代化工业生产中必须遵守的一项原则。在 1913 年之前，汽车的生产方式是作坊式手工生产，各个作坊并不采用标准计量系统，工匠所采用的量具也不尽相同。1913 年，福特汽车公司开发出了世界上第一条流水线。采用具有互换性零件的汽车生产线（图 0—1），使汽车生产由作坊式手工生产下近乎无限的个性化减少为一个或少数几个型号，从而极大地提高了生产效率，体现了互换性的优越性。

在机械制造中，遵循互换性原则，不仅能显著提高劳动生产率，而且能有效保证产品质量和降低成本。因此，互换性是机械和仪器制造中的重要生产原则与有效技术措施。

图 0—1　汽车生产线

2. 互换性的内容和分类

机械制造中的互换性，其内容通常包括几何参数和力学性能的互换性。几何参数一般包括零部件的尺寸、几何形状以及相互位置关系等。为了满足互换性的要求，应将同规格的零部件的实际值限制在一定的范围内，以保证零部件充分近似。

零件按照互换范围的不同，可分为完全互换（绝对互换）零件和不完全互换（有限互换）零件。完全互换零件在机械制造中应用广泛。但是，在单件生产的机器（特重型、特高精度的仪器）中，往往采用不完全互换零件。这是因为在这种情况下，完全互换零件将导致加工困难（甚至无法加工）或制造成本过高。为此，生产中往往把零件的精度适当降低，以便于制造，然后再根据实测尺寸的大小，将制成的相配零件各分成若干组，使每组内尺寸差别较小，最后再把相应组的零件进行装配。这样既解决了零件的加工困难，又保证了装配的精度要求。

3. 互换性的作用和意义

从制造方面来看，互换性是提高生产水平的有力手段。装配时，不需辅助加工和修配，减轻了装配工人的劳动强度，缩短了装配周期，并且可使装配工人按流水作业方式进行工作，甚至自动装配，从而大大提高生产效率。加工零件时，同一部机器上的各种零件可以同时加工，这样就可以采用高效率的专用设备，提高产量和质量，使成本显著降低。

从设计方面看，由于采用互换原则设计和生产标准零件，可以简化绘图、计算等工作，缩短设计周期，并便于用计算机辅助设计。

二、零件的加工误差和公差

零件在加工过程中，由于机床精度、量具、量仪精度、操作工人技术水平及生产环境等诸多因素的影响，不可能使零件的尺寸和形状都做到绝对正确，总是存在误差。同一个工人在同一台设备上也无法生产出完全一样的两个零件。零件的加工误差主要包括尺寸误差、宏观几何形状和位置误差、微观几何形状误差等。

1. 尺寸误差

零件加工后所测得的尺寸和设计的尺寸不一致，这个差值就是尺寸误差。例如，轴的设计直径为 $\phi60$ mm，加工后测得的直径为 $\phi60.01$ mm，则 +0.01 mm 为该轴直径的尺寸误差。

2. 宏观几何形状和位置误差

由于机床、夹具、刀具的几何形状误差及其相对运动的不协调，使加工出来的零件表面形状与理想的几何形状不相符，产生几何形状误差，或造成零件的各部位之间的相互位置关系与理想位置不一致，产生位置误差。

3. 微观几何形状误差

零件在加工后，刀具在零件表面上会留下刀痕，即使经过精加工，肉眼观察很光洁的表面，经过放大后观察，也可很清楚地看到零件表面的凸峰和凹谷。

如果将加工误差控制在一定范围内，就既能满足机器的使用功能要求，又保证了零件的互换性。控制尺寸误差、宏观几何形状和位置误差、微观几何形状误差的范围称为公差。

三、本课程的学习任务

本课程要求学习者全面系统地掌握极限配合与技术测量的基本知识，为后续专业课程的学习和生产实习及实际工作打下必要的基础。具体任务如下：

1. 知识目标

了解有关极限配合、几何公差、表面结构要求等国家标准的基本规定，掌握其在图样上的标注方法；了解常用量具量仪的结构，掌握其基本使用方法。

2. 能力目标

具有识读和标注极限配合、几何公差、表面结构要求的能力；具有查阅相关标准和手册，合理选用标准参数的能力；具备测量中等复杂程度零件的能力。

四、本课程的学习方法

本课程是一门具有较强的理论性，同时又具有较强实践性的课程，是机械类各专业的一门主干课程，在学习过程中应注意：

（1）采用“做中学，学中做”的学习方式，注意将极限配合理论知识与零件检测相结合，培养实际应用极限配合和测量零件误差的能力。

（2）本课程的许多概念比较抽象，在学习的过程中要在正确理解的基础上，通过对相关零件实际误差的测量，加深对这些概念的理解和掌握。

（3）掌握常见结构的尺寸测量方法，正确使用和维护测量工具。

模块一　极限配合与尺寸检测

相关标准

GB/T 1800. 1—2009《产品几何技术规范（GPS）　极限与配合　第 1 部分：公差、偏差和配合的基础》

GB/T 1800. 2—2009《产品几何技术规范（GPS）　极限与配合　第 2 部分：标准公差等级和孔、轴极限偏差表》

GB/T 1801—2009《产品几何技术规范（GPS）　极限与配合　公差带和配合的选择》

GB/T 1804—2000《一般公差　未注公差的线性和角度尺寸的公差》

GB/T 4458. 5—2003《机械制图　尺寸公差与配合注法》

课题一　尺寸公差与检测

子课题 1　识读图样上的尺寸公差

学习目标

1. 掌握公称尺寸、极限尺寸、极限偏差、尺寸公差的概念。
2. 能进行公称尺寸、极限尺寸、极限偏差、尺寸公差之间的换算。
3. 掌握公差带图的概念，能绘制公差带图。
4. 了解孔、轴的概念。

问题与思考

图 1—1 所示为轴套，能否加工出与图示尺寸完全一样的零件？为什么？如果实际尺寸与图示尺寸不一样，零件能否使用？如何判别零件是否合格？

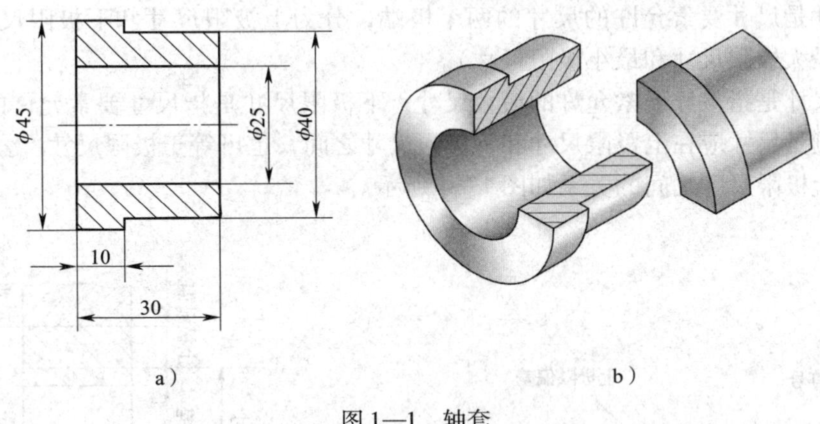

图 1—1　轴套

a）全剖视图　b）立体图

任务与要求

加工好的零件，其尺寸总是存在一定的误差，所以在图样上必须注明误差的限定范围，即公差。零件的实际尺寸在尺寸公差范围内即为合格零件，否则为不合格零件。图 1—1 所示轴套的尺寸公差如图 1—2 所示。

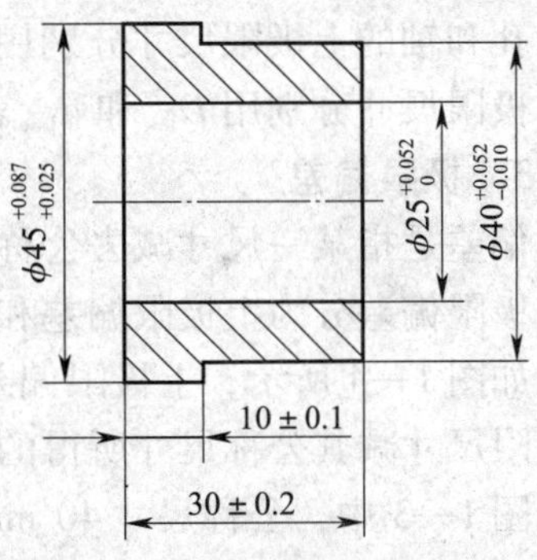

图 1—2　轴套的尺寸公差

本任务的要求是：

1. 读出图 1—1 和图 1—2 上尺寸标注的不同。
2. 读懂图 1—2 中标注的尺寸公差的含义。
3. 计算各尺寸的尺寸公差、上极限尺寸和下极限尺寸。
4. 绘制尺寸 $\phi40^{+0.052}_{-0.010}$ mm、$\phi25^{+0.052}_{0}$ mm 和 $\phi45^{+0.087}_{+0.025}$ mm 的公差带图。

任务实施

一、分析尺寸公差的含义

在图 1—2 中，各尺寸的后面都标注了反映尺寸极限值的后缀，下面以尺寸 $\phi40^{+0.052}_{-0.010}$ mm 为例，分析尺寸及后缀的含义。

尺寸公差的含义如图 1—3 所示，其左侧的数字是公称尺寸，右上角标注上极限偏差，右下角标注下极限偏差。

1. 公称尺寸

图 1—3 中，$\phi40$ mm 是公称尺寸。公称尺寸是设计者根据零件的使用要求，通过计算、试验或按类比法确定的尺寸。孔、轴的公称尺寸分别用 D、d 表示。

2. 极限尺寸

极限尺寸是尺寸要素允许的尺寸的两个极端，分为上极限尺寸和下极限尺寸（旧标准中分别称为最大极限尺寸和最小极限尺寸）。

上极限尺寸是指尺寸要素允许的最大尺寸，下极限尺寸是指尺寸要素允许的最小尺寸。合格零件的测量尺寸应在上极限尺寸和下极限尺寸之间，也可等于极限尺寸。公称尺寸、下极限尺寸、上极限尺寸之间的关系如图 1—4 所示。

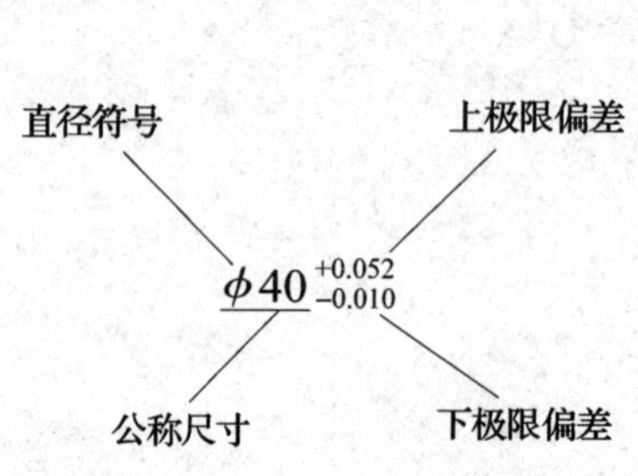

图 1—3　尺寸公差的标注形式

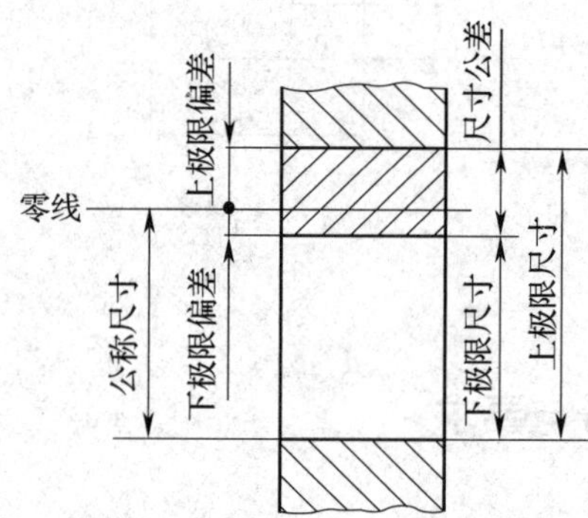

图 1—4　公称尺寸、偏差与公差

孔和轴的上极限尺寸分别用 D_{up} 和 d_{up} 表示（旧标准中分别用 D_{max} 和 d_{max} 表示），孔和轴的下极限尺寸分别用 D_{low} 和 d_{low} 表示（旧标准中分别用 D_{min} 和 d_{min} 表示）。

3. 极限偏差

偏差是指某一尺寸减去公称尺寸所得的代数差。

极限偏差分为上极限偏差和下极限偏差（旧标准中分别称为上偏差和下偏差）。

如图 1—4 所示，上极限偏差是上极限尺寸减其公称尺寸所得的代数差，下极限偏差是下极限尺寸减其公称尺寸所得的代数差。

图 1—3 中，公称尺寸 40 mm 的上极限偏差为 +0.052 mm，下极限偏差为 −0.010 mm。

孔的上、下极限偏差分别用大写字母 ES、EI 表示，轴的上、下极限偏差分别用小写字母 es、ei 表示。上、下极限偏差与上、下极限尺寸及公称尺寸之间的关系为：

$$\mathrm{ES} = D_{up} - D；\ \mathrm{es} = d_{up} - d$$

$$\mathrm{EI} = D_{low} - D；\ \mathrm{ei} = d_{low} - d$$

图 1—3 中，尺寸 ϕ40 mm 的上极限尺寸为：

$$d_{up} = d + \mathrm{es} = 40 + (+0.052) = 40.052\ \mathrm{mm}$$

图 1—3 中，尺寸 ϕ40 mm 的下极限尺寸为：

$$d_{low} = d + \mathrm{ei} = 40 + (-0.010) = 39.990\ \mathrm{mm}$$

4. 尺寸公差

尺寸公差（简称公差）是允许尺寸的变动量，等于上极限尺寸减其下极限尺寸之差，或上极限偏差减下极限偏差之差，如图 1—4 所示。尺寸公差是一个没有正负号的绝对值，用符号 T 表示。孔、轴的尺寸公差分别用 T_h、T_s 表示，所以：

$$T_h = |D_{up} - D_{low}| = |\mathrm{ES} - \mathrm{EI}|$$

$$T_s = | d_{up} - d_{low} | = | es - ei |$$

图 1—3 中，尺寸 $\phi 40$ mm 的公差为：

$$T_s = | es - ei | = | (+0.052) - (-0.010) | = 0.062 \text{ mm}$$

在图 1—2 中，尺寸“30”的后缀为“±0.2”，它表示尺寸 30 mm 的上极限偏差为 +0.2 mm，下极限偏差为 -0.2 mm。

其他尺寸的公称尺寸、上极限偏差、下极限偏差、公差、上极限尺寸、下极限尺寸见表 1—1。

表 1—1　　轴套尺寸公差、极限尺寸值和极限偏差值的计算　　mm

序号	标注尺寸	公称尺寸	上极限偏差	下极限偏差	上极限尺寸	下极限尺寸	公差值
1	$\phi 40^{+0.052}_{-0.010}$	$\phi 40$	+0.052	-0.010	$\phi 40.052$	$\phi 39.990$	0.062
2	$\phi 45^{+0.087}_{+0.025}$	$\phi 45$	+0.087	+0.025	$\phi 45.087$	$\phi 45.025$	0.062
3	$\phi 25^{+0.052}_{0}$	$\phi 25$	+0.052	0	$\phi 25.052$	$\phi 25$	0.052
4	10 ±0.1	10	+0.1	-0.1	10.1	9.9	0.2
5	30 ±0.2	30	+0.2	-0.2	30.2	29.8	0.4

二、绘制公差带图

公差带图的形状如图 1—5 所示，它是由零线、公称尺寸、上极限尺寸、下极限尺寸、上极限偏差、下极限偏差、尺寸公差等组成的示意图。其中，公差带是由代表上极限偏差和下极限偏差或上极限尺寸和下极限尺寸的两条直线所限定的一个区域，公差带由其大小和相对零线的位置确定。在公差带图中，通常表示零件公称尺寸的零线沿水平方向绘制，正偏差位于其上，负偏差位于其下。

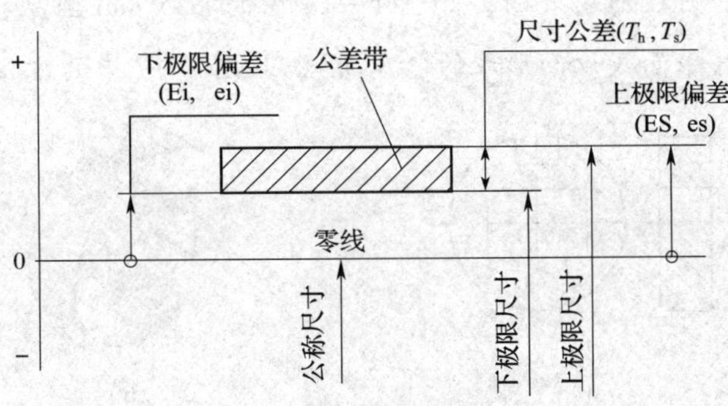

图 1—5　公差带图

画公差带图时，公差带沿零线方向的长度可根据需要适当选取，在垂直零线的宽度方向，一般可用 200∶1 或 500∶1 的比例绘图，偏差较小的也可以用 1 000∶1。

1. 绘制 $\phi 40^{+0.052}_{-0.010}$ mm 的公差带图

$\phi 40^{+0.052}_{-0.010}$ mm 的公差带图如图 1—6 所示，其绘图步骤如下：

（1）用细实线绘制零线，在其左侧标注“0”“-”“+”。

（2）在零线左下方绘制带单箭头的尺寸线，标注公称尺寸 $\phi 40$ mm。

（3）根据极限偏差的大小选择 200∶1 的作图比例，作上、下极限偏差线。上极限偏差为正值，画在零线上方；下极限偏差为负值，画在零线下方。

（4）用粗实线绘制表示公差带的矩形线框，在线框内绘制剖面线。

（5）标注上、下极限偏差。

2. 绘制 $\phi25^{+0.052}_{\ \ 0}$ mm 的公差带图

$\phi25^{+0.052}_{\ \ 0}$ mm 的公差带图如图 1—7 所示，其下极限偏差为 0，下极限偏差线与零线重合。

3. 绘制 $\phi45^{+0.087}_{+0.025}$ mm 的公差带图

$\phi45^{+0.087}_{+0.025}$ mm 的公差带图如图 1—8 所示，由于上、下极限偏差都为正值，所以公差带画在零线上方。

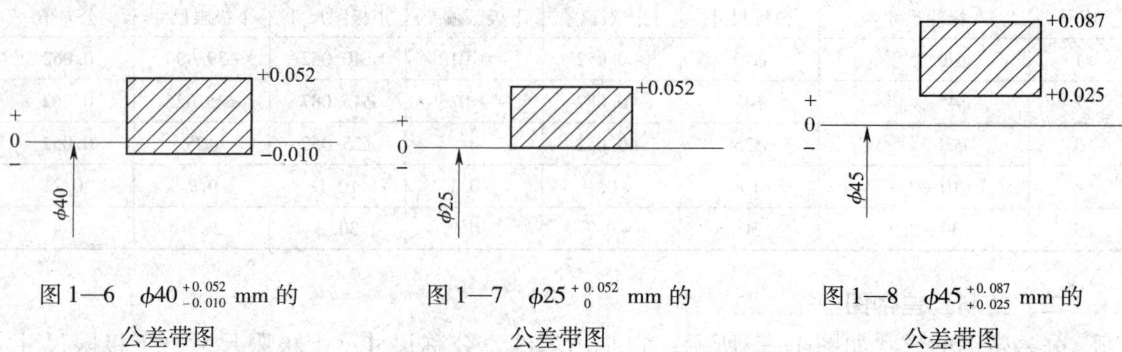

图 1—6　$\phi40^{+0.052}_{-0.010}$ mm 的公差带图

图 1—7　$\phi25^{+0.052}_{\ \ 0}$ mm 的公差带图

图 1—8　$\phi45^{+0.087}_{+0.025}$ mm 的公差带图

〔知识拓展〕

1. 孔的定义

孔通常指工件的圆柱形内表面，如图 1—1a 中的 $\phi25$ mm 圆柱孔；也包括非圆柱形内表面（由二平行平面或切面形成的包容面），如图 1—9 中的方孔和槽。

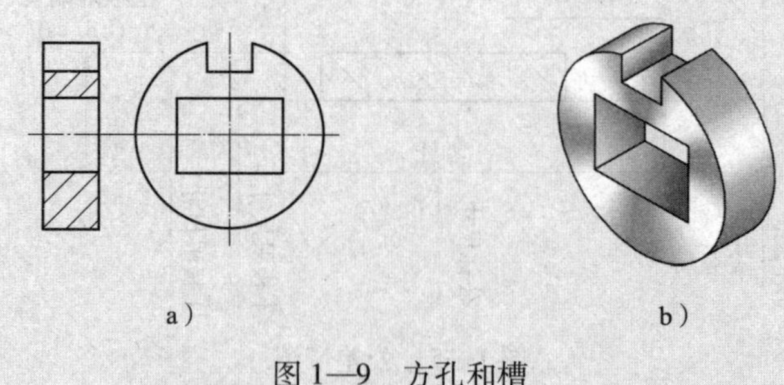

a）　　b）

图 1—9　方孔和槽

a）视图　b）立体图

2. 轴的定义

轴通常指工件的圆柱形外表面（如图 1—1a 中的 $\phi40$ mm 圆柱面），也包括非圆柱形外表面（由二平行平面或切面形成的被包容面），如图 1—10 中的键的外表面、方塞的外表面等。

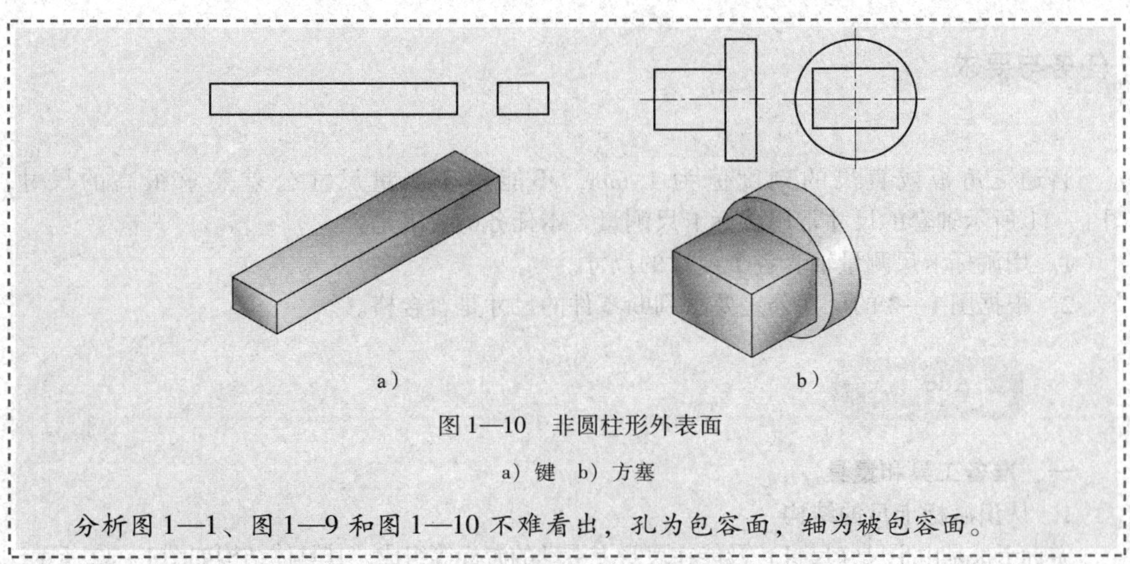

a）　　　　b）

图 1—10　非圆柱形外表面

a）键　b）方塞

分析图 1—1、图 1—9 和图 1—10 不难看出，孔为包容面，轴为被包容面。

子课题 2　用游标卡尺检测工件

学习目标

1. 了解游标卡尺的结构，掌握其刻线原理。
2. 掌握游标卡尺的使用方法，能用游标卡尺检测零件内径、外径和长度等尺寸。
3. 掌握使用游标卡尺的注意事项。
4. 了解游标卡尺的示值误差。
5. 了解其他类型的游标卡尺。

问题与思考

图 1—11 是根据图 1—2 的公差要求加工的零件，零件加工后尺寸是否合格，要通过测量才能知道。想一想，能用普通的三角板或直尺测量吗？如何准确地测量零件的尺寸？

图 1—11　轴套零件

任务与要求

普通三角板或直尺的刻度值为 1 mm，不能用来测量尺寸公差要求很高的尺寸。图 1—11 所示轴套的尺寸常用游标卡尺测量。本任务的要求是：

1. 用游标卡尺测量轴套各个要素的尺寸。
2. 根据图 1—2 的尺寸公差要求判断零件的尺寸是否合格。

任务实施

一、准备工具和量具

1. 认识游标卡尺的结构

游标卡尺是由主尺（尺身）及能在尺身上滑动的游标等组成，其具体结构如图 1—12 所示。

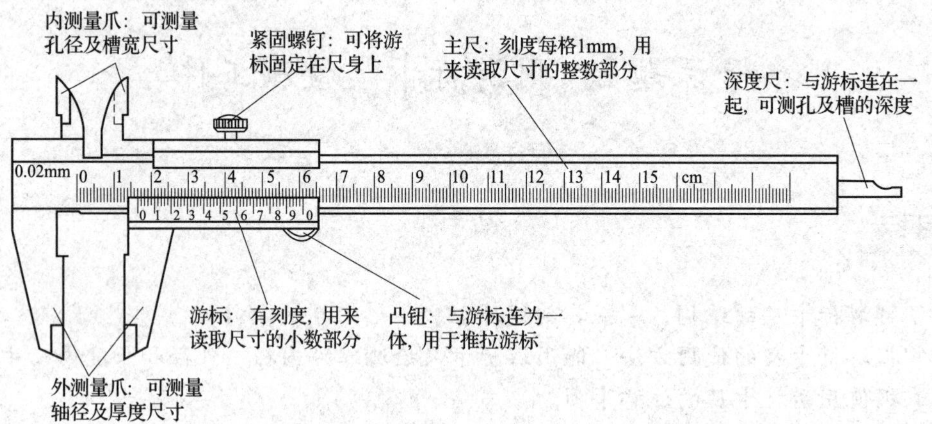

图 1—12　游标卡尺的结构

测量器具标尺上相邻两刻线所代表的量值之差称为分度值。按分度值的不同，常用的游标卡尺有 0.02 mm、0.05 mm、0.10 mm 三种规格，如图 1—13 所示，其中分度值为 0.02 mm 的游标卡尺最为常用。

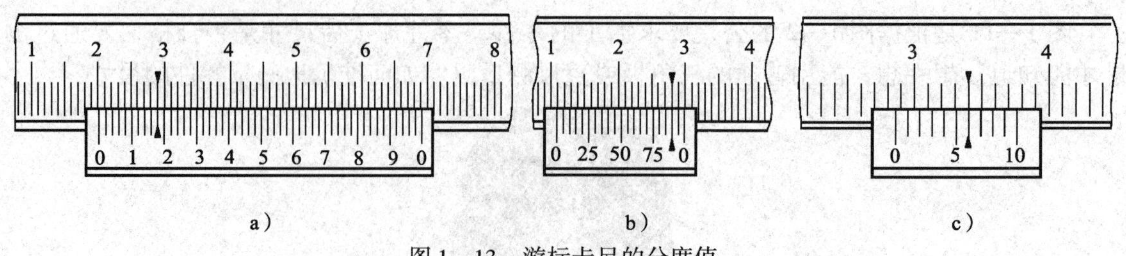

图 1—13　游标卡尺的分度值

a）分度值 0.02mm　b）分度值 0.05mm　c）分度值 0.10mm

分析图 1—13 不难看出，分度值为 0.02 mm 的游标卡尺的游标上每格刻度值为 0.02 mm，分度值为 0.05 mm 的游标卡尺的游标上每格刻度值为 0.05 mm，分度值为

0. 10 mm 的游标卡尺的游标上每格刻度值为 0. 10 mm。

按游标卡尺的测量范围，常用的游标卡尺有 0 ~ 125 mm、0 ~ 150 mm、0 ~ 180 mm、0 ~250 mm、0 ~300 mm 等多种规格。

2. 读取游标卡尺的示值

（1）读主尺

在游标卡尺的主尺上，为了便于读取数字，每 10 mm 标有一个数字。读数时，应先读取主尺上最靠近游标零线的尺寸数值（单位 mm），如图 1—14 所示的尺寸整数部分为 20 mm。

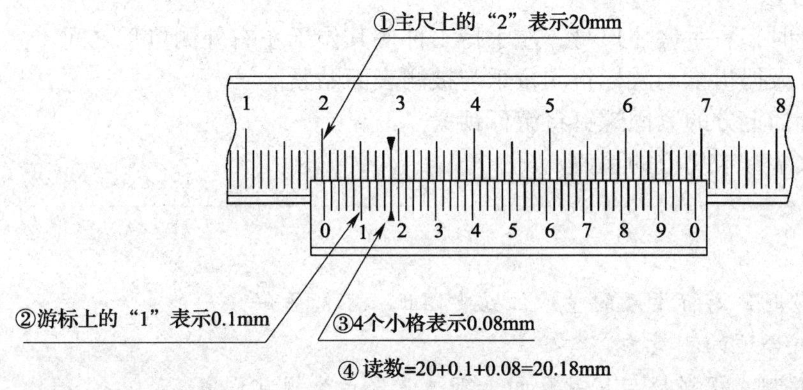

图 1—14　游标卡尺读取尺寸示意图

（2）读游标

读游标得到尺寸的小数部分，方法是找到游标与主尺对齐的刻线，然后读出其数值。图 1—14 所示游标上每 5 格标有一数字（数字的单位为 0. 1 mm），所以每格的尺寸表示 0. 02 mm。读游标上的数值时，先读出小数点后的第一位数“0. 1”，再读出小数点后的第二位“0. 08”，因此在游标上读出的小数为 0. 18 mm。

特别要注意，在读数时，若没有正好对齐的刻线，则取最接近对齐的刻线进行读数。

（3）计算尺寸数值

把主尺和游标上读取的两尺寸加起来，即为实际测量的尺寸。如图 1—14 所示的尺寸读数应为 20 +0. 18 =20. 18 mm。

3. 选择游标卡尺的规格

轴套最小尺寸公差为 0. 052 mm，应尽量选用测量精度高的游标卡尺，故选用分度值为 0. 02 mm 的游标卡尺。轴套上的最大尺寸为 45 mm，测量范围为 0 ~ 150 mm 的游标卡尺能满足其测量范围。因此选用分度值为 0. 02 mm、测量范围为 0 ~ 150 mm 的游标卡尺。

二、用游标卡尺测量轴套的尺寸

1. 测量前的准备工作

（1）使用前，应先将游标卡尺用软布擦干净。

（2）拉动游标，检查游标沿主尺滑动是否灵活，有无阻滞现象，紧固螺钉能否正常使用。

（3）合拢游标卡尺的两个量爪，检查量爪间是否透光，同时检验游标零线与主尺零线是否对齐。

（4）把被测工件表面的油污、灰尘等擦干净。

〔注意〕

合拢游标卡尺的量爪时，量爪间如漏光严重，需进行修理。如游标零线与主尺零线不对齐，则存在零位偏移，需进行调整。调整或维修游标卡尺是专业维修人员的工作，使用者不得自行拆卸和调整。

2. 测量方法

（1）测量时，右手握住尺身，左手持工件使其位于左右外测量爪之间。

（2）右手大拇指推动游标将测量爪与被测表面贴紧。

（3）用游标上方的紧固螺钉将游标锁紧。

（4）读取游标卡尺上的示值。

〔注意〕

1. 测量时，游标卡尺的量爪位置要摆正，不能歪斜。
2. 保持合适的测量力。
3. 读数时，视线应与尺身表面垂直，避免产生视觉误差。

3. 测量轴套

用游标卡尺测量轴套的方法和步骤见表1—2。

表1—2　　用游标卡尺测量轴套尺寸

被测尺寸（mm）	测量方法	注意事项
$\phi25^{+0.052}_{0}$		（1）卡爪张开的尺寸应小于工件的尺寸，然后拉动游标靠近工件内表面 （2）作用在游标上的推力要适中 （3）测量面应与被测孔的轴线重合
$\phi40^{+0.052}_{-0.010}$	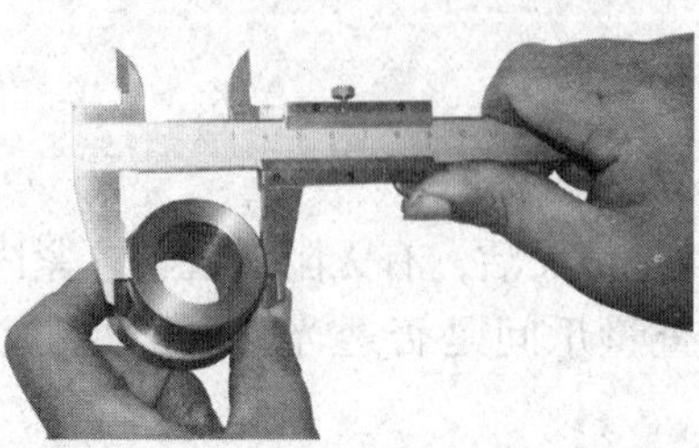	（1）卡爪张开的尺寸应大于工件的尺寸，然后推动游标靠近工件外表面 （2）量爪应通过工件中心

续表

被测尺寸（mm）	测量方法	注意事项
$\phi45^{+0.087}_{+0.025}$	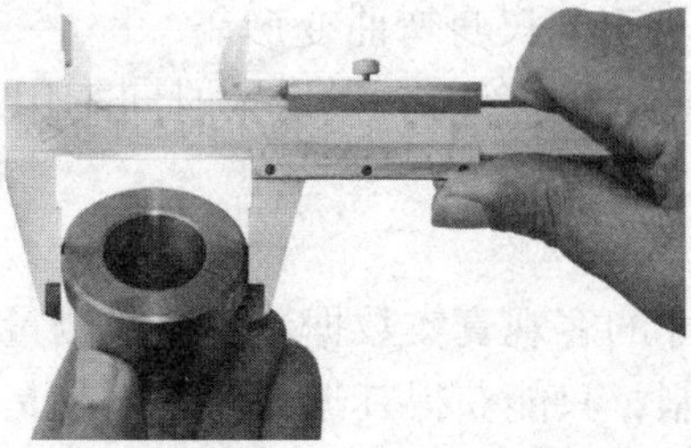	（1）卡爪张开的尺寸应大于工件的尺寸，然后推动游标靠近工件外表面 （2）量爪应通过工件中心
30±0.2	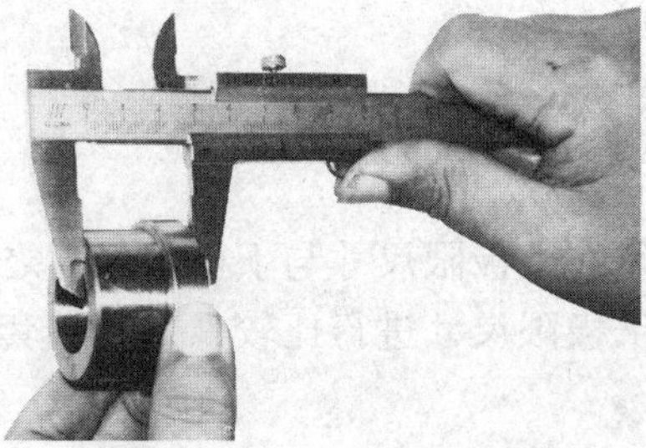	工件应摆正，让量爪与被测表面充分接触
10±0.1		

将测得的尺寸数值填入表1—3，为保证尺寸测量准确，可对轴套同一尺寸测量两三次。

表1—3　　轴套测得尺寸及尺寸合格性判断　　mm

被测尺寸	上极限尺寸	下极限尺寸	测得尺寸 l_1	测得尺寸 l_2	测得尺寸的算术平均值 $\bar{l}$	尺寸合格性
$\phi25^{+0.052}_{0}$	ϕ25.052	ϕ25	25.04	25.02	25.03	合格
$\phi40^{+0.052}_{-0.010}$	ϕ40.052	ϕ39.990	40.04	40.04	40.04	合格
$\phi45^{+0.087}_{+0.025}$	ϕ45.087	ϕ45.025	45.18	45.16	45.17	不合格
30±0.2	30.20	29.80	30.02	30.02	30.02	合格
10±0.1	10.10	9.90	10.04	10.02	10.03	合格

4．游标卡尺的保养

游标卡尺是一种比较精密的量具，使用完毕后要注意保养。

（1）游标卡尺用完后应将量爪合拢，以免深度尺露在外边，产生变形或折断。

（2）测量结束后要把卡尺平放，以免引起尺身弯曲变形。

（3）卡尺使用完毕，应擦净并放置在专用盒内。如果长时间不用，要涂油保存，防止弄脏或生锈。

三、处理数据，判断零件合格性

尺寸测量的目的是为了得到被测尺寸的客观真实数据，但由于测量方法、测量仪器、测量条件以及观测者水平等多种因素的限制，只能获得其近似值，也就是说测量一定是有误差的。为了减少误差，一般进行多次测量，计算测量数据的算术平均值。即：

$$\bar{l} = \frac{l_1 + l_2 + \cdots + l_n}{n}$$

式中　$l_1 + l_2 + \cdots + l_n$——测得尺寸之和，mm；

$\bar{l}$——测量数据的算术平均值，mm。

判断零件合格的条件是测得尺寸必须在上极限尺寸与下极限尺寸之间。将两次测量的测得尺寸的算术平均值与其上极限尺寸和下极限尺寸进行比较，判断轴套尺寸是否合格，见表1—3。

分析表1—3所示测量尺寸可知，该零件的最大外圆的测得尺寸的算术平均值为：

$$\bar{l} = \frac{l_1 + l_2}{2} = \frac{45.18 + 45.16}{2} = 45.17\ \text{mm}$$

由于测得尺寸的算术平均值大于要求的上限尺寸，所以零件的该尺寸不合格。由于该尺寸为外圆尺寸，所以零件没有完全报废，可以将零件返工，将尺寸加工到两极限尺寸之间。

〔知识拓展〕

一、游标卡尺的刻线原理

游标卡尺的主尺以mm为单位，每格尺寸为1 mm。游标则根据测量精度的不同有10格（9 mm）、20格（19 mm）和50格（49 mm）三种，分别对应0.10 mm、0.05 mm、0.02 mm三种分度值。下面以精度为0.02 mm的游标卡尺为例，介绍游标卡尺的刻线原理。

如图1—15所示，尺身每1格是1 mm，当两爪合并时，游标上的50格刚好等于尺身上的49格（49 mm），则游标每格间距为0.98 mm（49 mm ÷ 50 = 0.98 mm），主尺与游标每格间距相差0.02 mm（1 − 0.98 = 0.02 mm），即0.02 mm为该游标卡尺的最小读数示值（测量精度）。

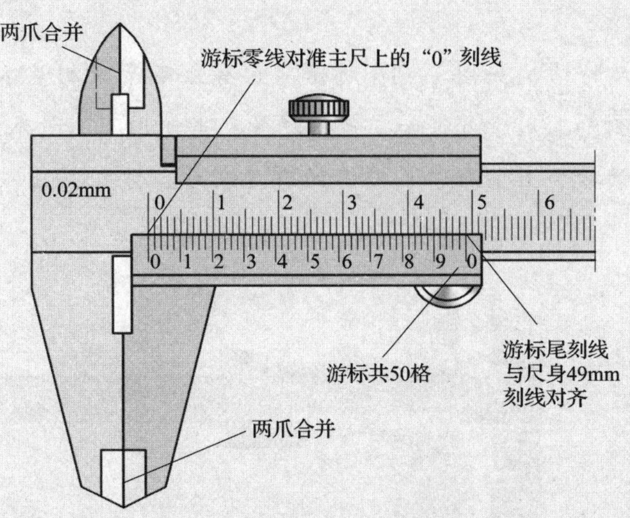

图 1—15　游标卡尺的刻线原理

二、游标卡尺的示值误差

游标卡尺是一种中等精度的量具，只适用于中等精度尺寸的测量和检验。用游标卡尺去测量锻造和铸造件的毛坯是不合理的，测量精度要求很高的尺寸也是不合理的。前者“大材小用”且容易损坏量具，后者测量精度达不到要求。

量具都有一定的示值误差，例如，用游标分度值为 0.02 mm 的游标卡尺（示值误差为 ±0.02 mm）测量 ϕ50 mm 的尺寸时，若游标卡尺上的读数为 50.00 mm，实际尺寸可能是 50.02 mm，也可能是 49.98 mm。这不是游标卡尺的使用方法上有什么问题，而是它本身制造精度所允许产生的误差。因此，分度值为 0.02 mm 的游标卡尺只能测量公差≥0.04 mm 的尺寸。常用游标卡尺的示值误差见表 1—4。

表 1—4　　游标卡尺的示值误差　　mm

游标分度值	0.02	0.05	0.10
示值误差	±0.02	±0.05	±0.10

三、其他游标卡尺

图 1—12 所示游标卡尺可以测量孔、轴的直径尺寸，还可以测量孔、槽的深度，因此称为三用游标卡尺。为了满足测量各种形体结构尺寸的需要，还有其他形状结构的游标卡尺，如双面游标卡尺、数显卡尺、带表卡尺、游标高度卡尺、游标深度卡尺、

游标齿厚卡尺等。

双面游标卡尺的结构如图 1—16 所示，它有上下两对测量爪，上测量爪用于内尺寸测量，下测量爪用于外径和内径的测量。当使用下测量爪测量工件内径时，应将游标卡尺的读数加上下测量爪本身的厚度尺寸，才能得出被测工件的实际尺寸。

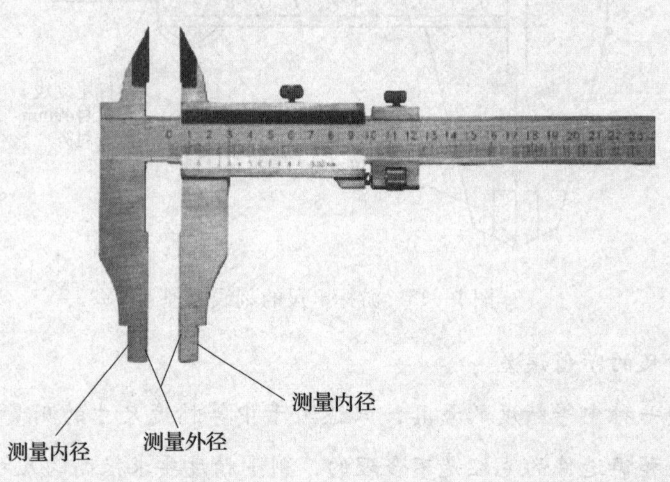

图 1—16　双面游标卡尺

数显卡尺的结构如图 1—17 所示，由尺身、传感器、控制运算部分和数字显示部分组成。数显卡尺读数方便，适合快速测量，但是示值误差较大（≥ ±0.03 mm），测量精度比普通游标卡尺差。

带表卡尺的结构如图 1—18 所示，它是利用机械传动系统将两测量面的相对移动转变为指示表针的回转运动。所测量的尺寸，由尺框左端面指示示值（mm）的整数部分，由表上的指针指示示值（mm）的小数部分。

游标高度卡尺的结构如图 1—19 所示，它由底座、主尺和尺框组成，尺框上安装的量爪分为测高量爪和划线量爪，分别用于测量高度和钳工划线。

游标深度卡尺的结构如图 1—20 所示，它由尺框和尺身组成，在测量深度时，其示值为尺框测量面和尺身测量面之间的距离。

游标齿厚卡尺的结构如图 1—21 所示，它相当于把两个游标卡尺相互垂直地连接起来。游标齿厚卡尺主要用于测量齿轮分度圆的弦齿厚。

图 1—17　数显卡尺

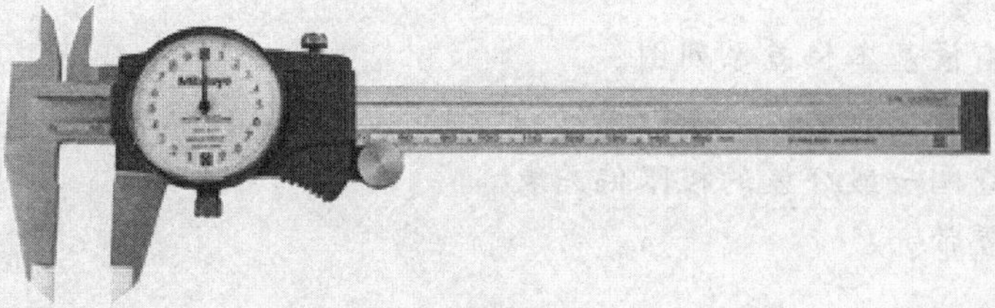

图 1—18　带表卡尺

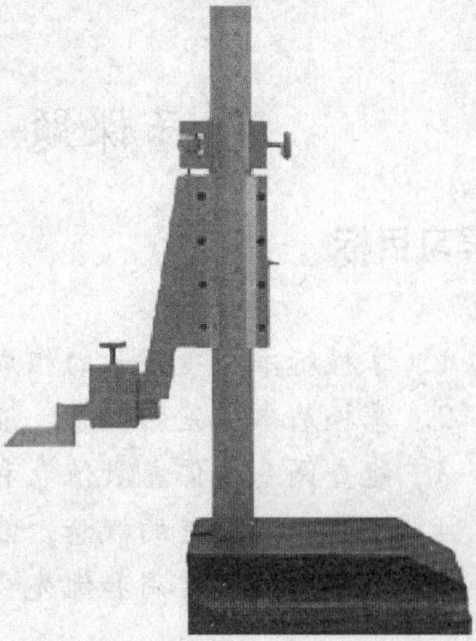

图 1—19　游标高度卡尺

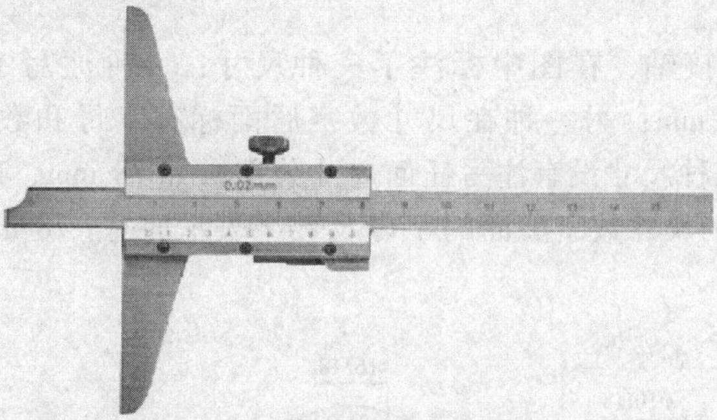

图 1—20　游标深度卡尺

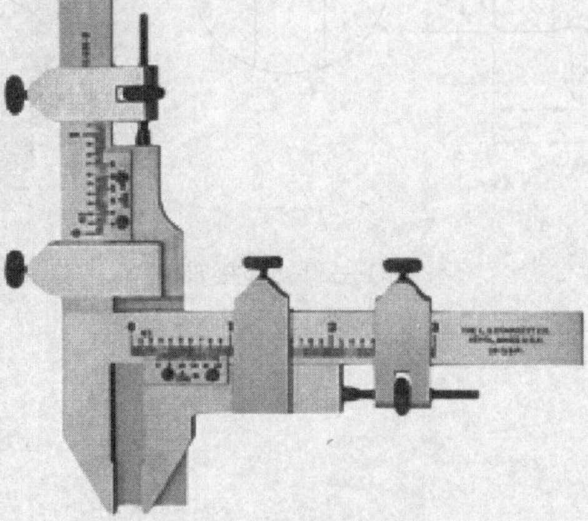

图 1—21　游标齿厚卡尺

课题二　公差代号与尺寸检测

子课题1　识读图样中的公差代号

学习目标

1. 掌握标准公差代号的组成。
2. 掌握基本偏差的概念，能看懂基本偏差系列图。
3. 能查阅基本偏差数值表和极限偏差表。
4. 了解一般公差的概念，能查阅一般公差的极限偏差表。
5. 了解一般、常用和优先公差带。

问题与思考

图1—22所示为连接轴，在图中标注了三种尺寸：一种注写了尺寸公差的尺寸，如 $42^{+0.2}_{0}$ mm、（18 ± 0.1）mm；另一种在尺寸数字后面标有字母和数字，如 ϕ45h7、ϕ25f7、ϕ10H8、16M8等；第三种尺寸没有注写任何尺寸公差，如78 mm、15 mm、*C*1等。ϕ45h7、ϕ25f7、ϕ10H8、16M8的尺寸数字后面的字母及数字表示何意？78 mm、15 mm、*C*1等尺寸有公差要求吗？

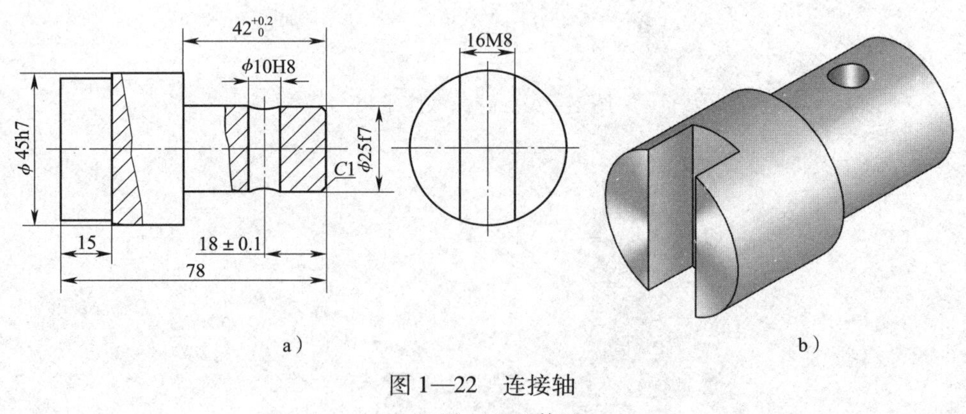

图1—22　连接轴

a）视图　b）立体图

任务与要求

在生产实践中，为了实现零件的互换性，尽可能减少零件、定值刀具、量具以及工艺装备的品种和规格，国家标准对尺寸公差值的大小及数量作了必要的限制，并用代号来表示。

本任务的要求是：

1. 识读图样上的公差代号。
2. 求出 ϕ45h7、ϕ25f7、ϕ10H8、16M8 的上极限偏差和下极限偏差。
3. 计算未注公差尺寸的尺寸公差。

任务实施

一、识读公差代号

在图 1—22 中，有些尺寸在公称尺寸的后面标有字母和数字，如 ϕ45h7、ϕ25f7、ϕ10H8、16M8 等。这些在公称尺寸后面标注的字母和数字为公差代号，它表示的也是极限偏差值，与标注上、下极限偏差的作用是一样的。

国家标准规定，一个完整的尺寸公差代号是由公称尺寸、基本偏差代号和公差等级组成的，如图 1—23 所示。

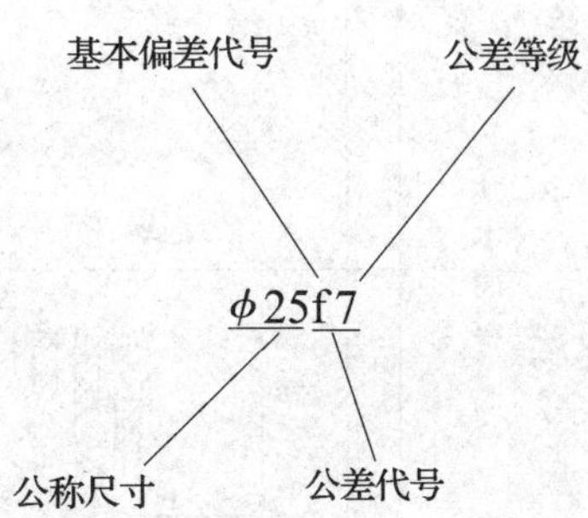

图 1—23　尺寸公差代号组成示意图

国家标准规定，标准公差的精度等级分为 20 个等级，用符号 IT 和阿拉伯数字组成的代号表示，分别为 IT01、IT0、IT1、IT2、…、IT18。其中，IT01 精度最高，其余依次降低，IT18 精度最低。同一公称尺寸的标准公差值依次增大，即 IT01 公差值最小，IT18 公差值最大，具体内容见附表 1—1。

基本偏差是在公差带图中靠近零线的那个极限偏差，它可能是上极限偏差，也可能是下极限偏差。国家标准规定，孔、轴的基本偏差各有 28 种，如图 1—24 所示。基本偏差用字母表示，孔的基本偏差用大写字母表示，轴的基本偏差用小写字母表示。基本偏差的数值见附表 1—2 和附表 1—3。

二、求 ϕ45h7、ϕ25f7、ϕ10H8、16M8 的上极限偏差和下极限偏差

1. 求 ϕ45h7 的上、下极限偏差

ϕ45h7 是轴的尺寸，所以基本偏差代号为小写字母，查阅附表 1—3（轴的基本偏差数值表）可知，基本偏差代号“h”的基本偏差为上极限偏差，数值为“0”，则 ϕ45h7 的上极限偏差为：

$$es = 0$$

根据代号中的数字“7”，查阅附表 1—1（标准公差数值表），在公称尺寸段“大于 30 至 50”行与公差等级“IT7”列交汇处查得数值 25 μm，则 ϕ45h7 的公差值为：

$$T_s = 25\ \mu m = 0.025\ mm$$

则 ϕ45h7 的下极限偏差为：

$$ei = es - T_s = 0 - (+0.025) = -0.025\ mm$$

所以，尺寸 ϕ45h7 也可书写为“$\phi 45^{\ 0}_{-0.025}$”。

2. 求 ϕ25f7 的上、下极限偏差

查阅附表 1—3（轴的基本偏差数值表）可知，基本偏差代号“f”的基本偏差为上极限偏差，在“大于 24 至 30”行与“f”列交汇处查得数值 −20 μm，则 ϕ25f7 的上极限偏差为：

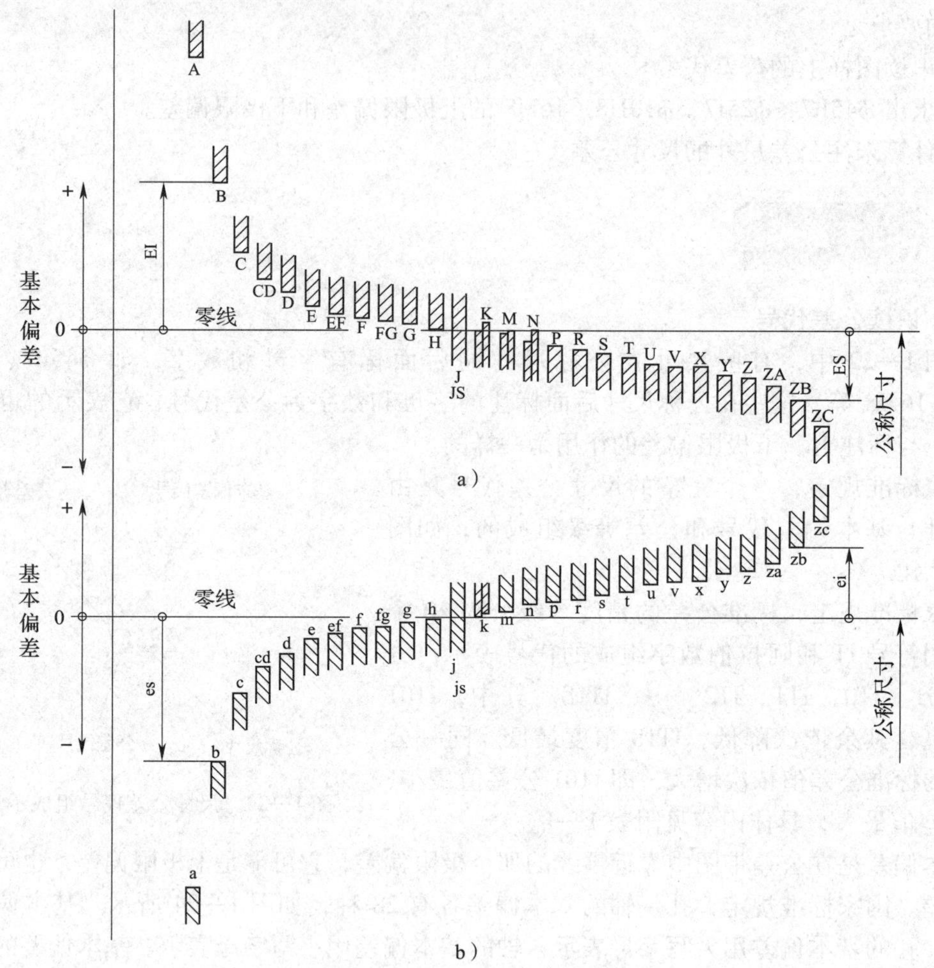

图 1—24　孔和轴的基本偏差系列图

a）孔　b）轴

$$es = -20\ \mu m = -0.020\ mm$$

根据代号中的数字“7”，查阅附表 1—1（标准公差数值表），在公称尺寸段“大于 18 至 30”行与公差等级“IT7”所在列交汇处查得数值 21μm，则 ϕ25f7 的公差值为：

$$T_s = 0.021\ mm$$

则 ϕ25f7 的下极限偏差为：

$$ei = es - T_s = -0.020 - (+0.021) = -0.041\ mm$$

所以，尺寸 ϕ25f7 也可书写为“$\phi25^{-0.020}_{-0.041}$”。

3. 求 ϕ10H8 的上、下极限偏差

根据 ϕ10H8 中的基本偏差代号“H”，查阅附表 1—2 可知 ϕ10H8 的基本偏差为下极限偏差，数值为“0”。即：

$$EI = 0$$

根据 ϕ10H8 的公差等级代号“8”，查阅附表 1—1 可知 ϕ10H8 的公差为 0.022 mm。因此 ϕ10H8 的上极限偏差为：

$$ES = EI + T_h = 0 + 0.022 = +0.022 \text{ mm}$$

因此 ϕ10H8 可书写为"$\phi 10^{+0.022}_{0}$"。

4. 求 16M8 的上、下极限偏差

根据 16M8 中的基本偏差代号"M"，查附表 1—2 可知 16M8 的基本偏差为上极限偏差，在"大于 14 至 18"行与"M（IT≤8）"列交汇处查得数值"$-7+\Delta$"。在附表 1—2 的续表中，在"大于 14 至 18"行与"Δ 值（IT = 8）"列交汇处查得 $\Delta = 9$ μm，则 16M8 的上极限偏差为：

$$ES = -7 + \Delta = -7 + 9 = 2 \text{ μm} = +0.002 \text{ mm}$$

根据代号中的数字"8"，查阅附表 1—1，在公称尺寸段"大于 10 至 18"行与公差等级"IT8"所在列交汇处查得数值 27 μm，则 16M8 的公差值为：

$$T_h = 0.027 \text{ mm}$$

则 16M8 的下极限偏差为：

$$EI = ES - T_h = +0.002 - 0.027 = -0.025 \text{ mm}$$

所以，尺寸 16M8 可书写为"$16^{+0.002}_{-0.025}$"。

三、计算未注公差尺寸的尺寸公差

在图 1—22a 中有些尺寸没有标注极限偏差，如 78 mm、15 mm、*C*1 等，通常把这一类尺寸称为一般公差尺寸或未注公差尺寸，也就是常说的"自由公差"。这一类尺寸不是没有公差，而是根据零件的使用要求，尺寸的公差值相对较大，在图样中作为非重要尺寸。国家标准把线性尺寸的一般公差划分了 4 个公差等级，即：f（精密级）、m（中等级）、e（粗糙级）、v（最粗级）。无论是孔、轴还是长度尺寸，其极限偏差值均采用对称偏差值。附表 1—4 为线性尺寸一般公差的极限偏差表，附表 1—5 为倒圆半径及倒角高度尺寸一般公差的极限偏差表。一般公差主要用于低精度的非配合尺寸。在进行零件加工或测量时，未注公差尺寸应从附表 1—4 和附表 1—5 中选取。

图 1—22 所示的连接轴属于一般用途的零件，选用中等精度等级（m），通过查阅附表 1—4 和附表 1—5 可得图 1—22 中未注公差的尺寸的一般公差，见表 1—5。

表 1—5　　连接轴的未注公差尺寸一般公差　　mm

序号	1	2	3
未注公差尺寸	78	15	*C*1
上、下极限偏差	±0.3	±0.2	±0.2
公差	0.6	0.4	0.4

〔知识拓展〕

一般、常用和优先公差带

按照国家标准中提供的标准公差与基本偏差系列，可将任一标准公差与任一基本偏差组合，从而得到大量的大小与位置不同的公差带。数量众多的公差带，势必使零件在生产时需要规格繁多的定值刀具和量具，造成使用的不方便和经济上的浪费。为此，国家标准规定了公称尺寸至500 mm的一般用途的119个轴的公差带和105个孔的公差带，然后从中选出59个常用轴的公差带和44个常用孔的公差带，再从中各选出13个孔和轴的优先公差带，见附表1—6。

为方便查表，在附表1—7和附表1—8中给出了孔（轴）优先公差带的极限偏差，使用中可以根据公差带代号和公差等级直接查出孔（轴）的上、下极限偏差。

子课题2　用千分尺检测工件

学习目标

1. 了解千分尺的结构。
2. 掌握千分尺的读数方法。
3. 培养使用千分尺测量工件的能力。
4. 了解使用千分尺的注意事项。

问题与思考

图1—25所示为连接轴及图样，从图中可以看出，尺寸$\phi 45_{-0.025}^{0}$ mm、$\phi 25_{-0.041}^{-0.020}$ mm、$\phi 10_{0}^{+0.022}$ mm、$16_{-0.025}^{+0.002}$ mm的公差较小，这些尺寸能用游标卡尺测量吗？

a）

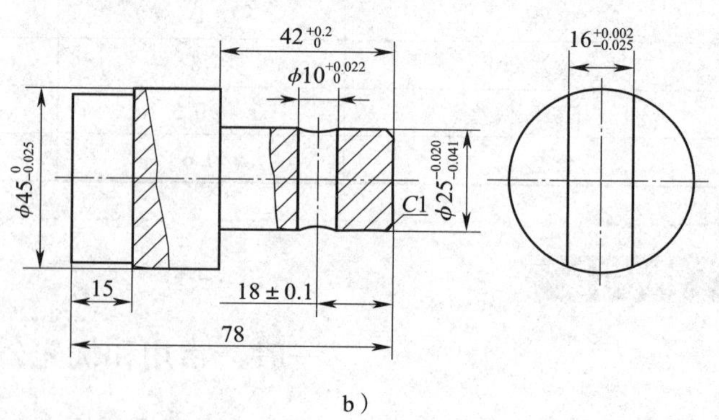

b）

图1—25　连接轴

a）实物　b）图样

任务与要求

常用游标卡尺的测量精度为 ± 0.02 mm，所以无法测量尺寸 $\phi45_{-0.025}^{\ 0}$ mm、$\phi25_{-0.041}^{-0.020}$ mm、$\phi10_{\ 0}^{+0.022}$ mm、$16_{-0.025}^{+0.002}$ mm。要想测量这些尺寸，必须使用更精密的量具，本任务要用千分尺测量工件尺寸，具体要求如下：

1. 用千分尺测量零件上 $\phi45_{-0.025}^{\ 0}$ mm、$\phi25_{-0.041}^{-0.020}$ mm、$\phi10_{\ 0}^{+0.022}$ mm、$16_{-0.025}^{+0.002}$ mm 的实际尺寸。

2. 判断零件上 $\phi45_{-0.025}^{\ 0}$ mm、$\phi25_{-0.041}^{-0.020}$ mm、$\phi10_{\ 0}^{+0.022}$ mm、$16_{-0.025}^{+0.002}$ mm 的实际尺寸是否合格。

任务实施

一、准备工具和量具

1. 认识千分尺

千分尺的结构如图 1—26 和图 1—27 所示。它是一种常用的精密量具，其测量精度（0.01 mm）要比游标卡尺高。千分尺的工作原理是通过螺旋传动，将测量杆的轴向位移转换成微分筒的圆周转动，使读数直观准确。千分尺增加了测力装置，保证了测量力的恒定。千分尺按测量范围分为 0 ~ 25 mm、25 ~ 50 mm（固定套管上的最小刻度值为 25 mm，最大刻度值为 50 mm）、50 ~ 75 mm 等规格；按测量方式分为外径千分尺、内径千分尺、深度千分尺、螺纹千分尺、公法线千分尺等，图 1—25 所示为外径千分尺，图 1—26 所示为内径千分尺，两者的读数方法是一样的。

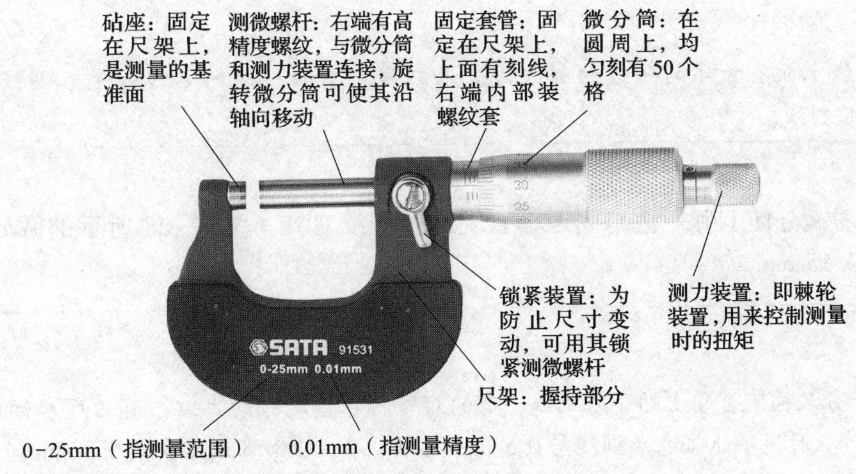

图 1—26　外径千分尺

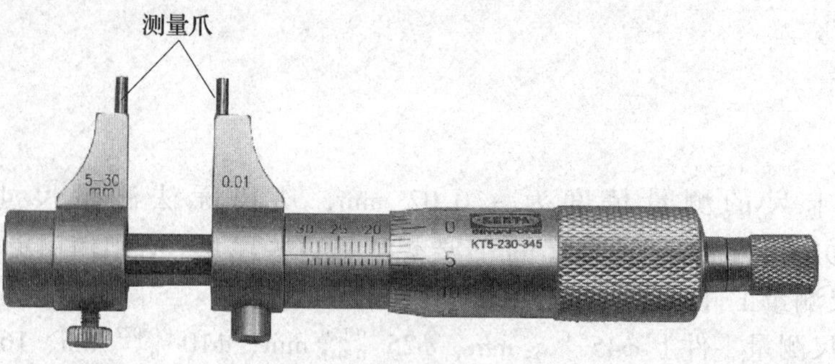

图 1—27　内径千分尺

2. 读取千分尺上的尺寸

在外径千分尺上读取尺寸的方法可分三步：

首先，读出微分筒边缘在固定套管（主尺）上的整毫米数和半毫米数。图 1—28 所示的主尺尺寸为 32.5 mm。

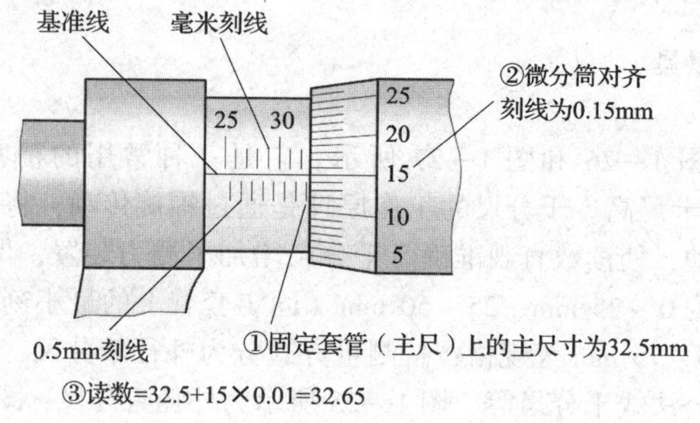

图 1—28　25 ~ 50 mm 外径千分尺读数示意图

〔注意〕

基准线上面有数字的一边的刻线为毫米刻线，下面一边的刻线为毫米刻线的中线，即 0.5 mm 刻线。

其次，看微分筒上哪一格与固定套管上的基准线对齐。图 1—28 所示的微分筒尺寸为 $15 \times 0.01 = 0.15$ mm。

〔注意〕

1. 千分尺固定套管上的毫米刻线，有的厂家标在基准线的上方，有的厂家标在基准线的下方。读数时绝不能将毫米刻线与 0.5 mm 刻线混淆，以防多读或少读 0.5 mm。

2. 由于千分尺的刻线采用了放大原理，所以当微分筒上的刻线与基准线对不齐时，可以采取估读的方法，即将尺寸读到千分之一毫米。

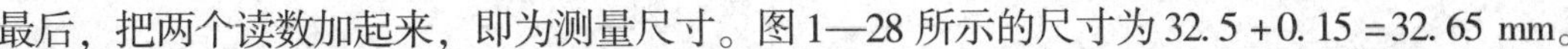

最后，把两个读数加起来，即为测量尺寸。图 1—28 所示的尺寸为 32.5 +0.15 =32.65 mm。

3. 选择千分尺的规格

本任务需要测量的尺寸为连接轴外圆柱面的外径尺寸 $\phi45_{-0.025}^{0}$ mm 和 $\phi25_{-0.041}^{-0.020}$ mm，内孔尺寸 $\phi10_{0}^{+0.022}$ mm 和槽宽 $16_{-0.025}^{+0.002}$ mm。因此，选用 0 ~ 25 mm 和 25 ~ 50 mm 外径千分尺各一把，选择规格为 5 ~ 30 mm 的内径千分尺一把。

4. 将外径千分尺校零

使用千分尺时，先要检查其零位是否校准，校零方法如图 1—29 所示。除 0 ~ 25 mm 的外径千分尺外，其他规格的千分尺均配有相应的标准校零检验棒。校零时，先松开锁紧装置，清除油污，特别是要清洗干净测砧与测微螺杆间的接触面。先旋转微分筒，直至测微螺杆要接近测砧时，旋转测力装置，当螺杆刚好与测砧接触时会听到"咔咔"声，这时停止转动，两零线应重合（两零线重合的标志是：微分筒的端面与固定套管上的零线重合，且可动刻度的零线与固定刻度的水平基准线重合）。如两零线不重合，可将固定套管上的锁紧螺钉松动，用专用扳手调节固定套管的位置，使两零线重合，再把锁紧螺钉拧紧。

图 1—29 外径千分尺校零示意图

a）0 ~ 25 mm 外径千分尺 b）25 ~ 50 mm 外径千分尺

二、用千分尺测量零件尺寸

下面以任务中的尺寸 $\phi45_{-0.025}^{0}$ mm、$\phi25_{-0.041}^{-0.020}$ mm、$\phi10_{0}^{+0.022}$ mm、$16_{-0.025}^{+0.002}$ mm 为例，介绍千分尺测量零件尺寸的方法，见表 1—6。

表 1—6 工件测量方法

被测尺寸（mm）	测量方法	注意事项
$\phi45_{-0.025}^{0}$		选用 25 ~ 50 mm 外径千分尺，测量该尺寸可采用双手测量法 双手测量法：左手握千分尺，右手转动微分筒，使测微螺杆靠近工件，然后用右手转动测力装置，保持恒定的测量力。测量时，必须保证测微螺杆的轴心线与零件的轴心线相交，且与零件的轴心线垂直。该方法适用于较大零件或较大尺寸的测量

续表

被测尺寸（mm）	测量方法	注意事项
$\phi25^{-0.020}_{-0.041}$		由于该尺寸的基本偏差为负值，因此应该选用0～25 mm的外径千分尺测量该尺寸，可采用单手测量法 单手测量法：左手拿工件，右手握千分尺，并同时转动微分筒。此法适用于较小零件或较小尺寸的测量。测量时，施加在微分筒上的扭矩要适当
$\phi10^{+0.022}_{0}$		测量时，内径千分尺在孔中不能歪斜，以保证测量准确
$16^{+0.002}_{-0.025}$		测量槽的宽度时，注意要将内径千分尺摆正，以测量的最小值作为槽的宽度

将连接轴精度要求较高的尺寸测量3次，将各测得尺寸填入表1—7，并取平均值作为测得尺寸。

表1—7　　连接轴的测定尺寸及尺寸合格性判断　　mm

序号	被测尺寸	测得尺寸1	测得尺寸2	测得尺寸3	测得尺寸平均值	上极限尺寸	下极限尺寸	尺寸合格性
1	$\phi45^{0}_{-0.025}$	44.99	45.00	44.98	44.99	$\phi45$	$\phi44.975$	合格
2	$\phi25^{-0.020}_{-0.041}$	25.01	25.01	24.99	25.003	$\phi24.980$	$\phi24.959$	不合格
3	$\phi10^{+0.022}_{0}$	10.00	10.01	10.02	10.01	$\phi10.022$	$\phi10$	合格
4	$16^{+0.002}_{-0.025}$	15.98	15.99	15.98	15.983	16.002	15.975	合格

连接轴上其他尺寸的精度要求较低，可用游标卡尺测量。

三、判断零件尺寸是否合格

将测得尺寸的平均值与其上极限尺寸和下极限尺寸进行比较，即可判断轴套的实际尺寸是否合格。从表1—7中可以看出，尺寸$\phi25^{-0.020}_{-0.041}$ mm的测得尺寸的平均值为25.003 mm，所以实际尺寸不合格。

〔知识拓展〕

一、千分尺的刻线原理

如图1—30所示，在千分尺的固定套管上刻有轴向中线，作为微分筒读数的基准线。在轴向中线的两侧刻有两排刻线，标有数字的一排刻线间距为1 mm，另一排为每毫米刻线的中线，即上、下两相邻刻线的间距为0.5 mm。当测微螺杆旋转不到1周时，可以从与测微螺杆连接成一体的微分筒的圆周刻度上读取数值。微分筒的圆锥面上刻有50条等分刻度线，当微分筒旋转1/50周（即转过1格）时，测微螺杆就轴向移动0.5 mm÷50＝0.01 mm。由此可知，千分尺的测量精度为0.01 mm。

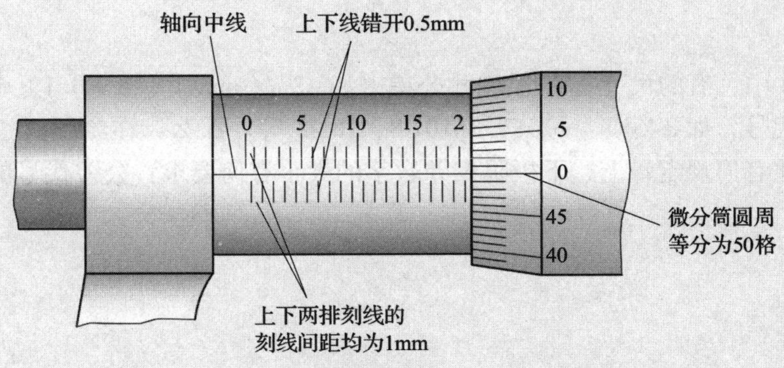

图1—30　千分尺的刻线原理

二、使用千分尺的注意事项

1. 千分尺是一种精密量具，只适用于精度较高零件的测量。不能用千分尺测量精度较低的零件，严禁测量表面粗糙的毛坯零件。

2. 测量前，必须把千分尺及工件的测量面擦拭干净。

3. 测量时，测微螺杆要缓慢接触工件，直至棘轮发出两三声“咔咔”的响声后，方可进行读数。

4. 单手测量时，旋转力矩要适当。

5. 读取千分尺的数值时，应尽量在零件上直接读取，但要使视线与刻线表面保持垂直。当需要离开工件读数时，必须锁紧测微螺杆。

6. 不能将千分尺与工具或零件混放。

7. 使用完毕，应将千分尺擦净，放置在专用盒内。若长时间不用，应涂油保存，以防生锈。

8. 千分尺应定期送交计量部门进行计量和保养，严禁擅自拆卸。

子课题3　标注尺寸公差及代号

学习目标

1. 掌握国家标准关于尺寸公差标注的基本要求。
2. 了解公差代号在图样上的标注形式。

问题与思考

在图1—22中，有的尺寸标注了尺寸公差，如$42^{+0.2}_{0}$ mm、（18±0.1）mm等；有的尺寸标注了公差代号，如ϕ45h7、ϕ25f7、ϕ10H8、16M8等。那么，在绘图时这些尺寸公差及公差代号的标注有何规定？上、下极限偏差数字的大小有何要求？公差代号的字母和数字的大小有何规定？

任务与要求

国家标准对尺寸公差和公差代号的书写有严格的规定，如，上极限偏差标注在公称尺寸的右上方，下极限偏差标注在公称尺寸的右下方，其数字比尺寸数字小一号，公差代号与公称尺寸的数字等高等。本任务的要求是：按表1—8中给定的内容和技术要求，在图1—31中标注相应的尺寸公差。

表1—8　　公差标注要求

序号	标注要素	公差要求
1	ϕ45 mm外圆直径	公称尺寸ϕ45 mm的上极限偏差为－0.025 mm，下极限偏差为－0.050 mm
2	ϕ20 mm外圆直径	公称尺寸ϕ20 mm的上极限偏差为＋0.025 mm，下极限偏差为－0.008 mm
3	ϕ30 mm外圆直径	公称尺寸ϕ30 mm的上极限偏差为0，下极限偏差为－0.013 mm
4	径向ϕ25 mm孔直径	公称尺寸ϕ25 mm的上极限偏差为＋0.021 mm，下极限偏差为0
5	径向ϕ25 mm孔中心距	公称尺寸18 mm的上极限偏差为＋0.01 mm，下极限偏差为－0.01 mm
6	键槽宽	公称尺寸8 mm的上极限偏差为0，下极限偏差为－0.036 mm
7	键槽深	公称尺寸26 mm的上极限偏差为0，下极限偏差为－0.20 mm
8	未注公差的尺寸的一般公差	公称尺寸125 mm、30 mm、38 mm、27 mm、6 mm的相应要素均按GB/T 1804—2000中的f级加工

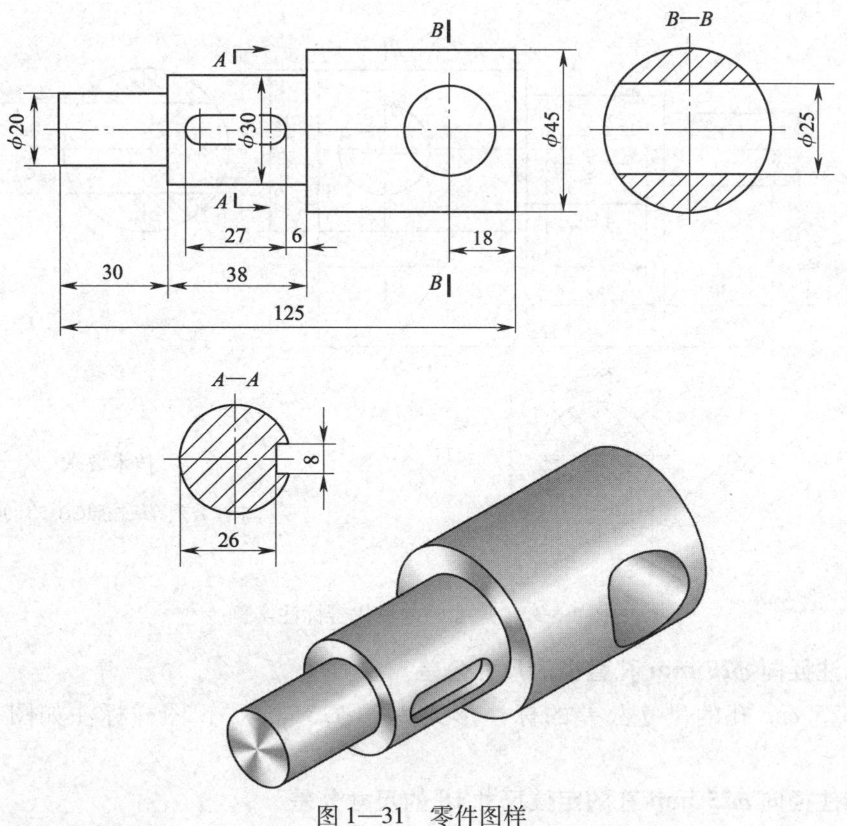

图 1—31　零件图样

任务实施

一、标注 $\phi45$ mm 外圆直径的尺寸公差

按国家标准的规定，公称尺寸 $\phi45$ 的极限偏差标注在公称尺寸后面。其中，上极限偏差“-0.025”标注在公称尺寸的右上方，下极限偏差“-0.050”标注在公称尺寸的右下方。极限偏差的数字比公称尺寸的数字小一号，当上、下极限偏差的小数点后的数字位数不同时，可以用“0”补齐，且小数点对齐，即标注为“$\phi45\,^{-0.025}_{-0.050}$”的形式。图样标注如图 1—32 中的①所示。

二、标注 $\phi20$ mm 外圆直径的尺寸公差

$\phi20$ mm 外圆直径尺寸公差的标注形式与尺寸 $\phi45\,^{-0.025}_{-0.050}$ mm 类似，可标注为“$\phi20\,^{+0.025}_{-0.008}$”，图样标注如图 1—32 中的③所示。

三、标注 $\phi30$ mm 外圆直径的尺寸公差

$\phi30$ mm 外圆直径的上极限偏差为 0，下极限偏差为 -0.013 mm。国家标准规定：当上极限偏差（或下极限偏差）为 0 时，小数点后的“0”一般不注出，要将上、下极限偏差的个位“0”对齐。因此，$\phi30$ mm 外圆直径的尺寸公差标注为“$\phi30\,^{\ \ 0}_{-0.013}$”，图样标注如图 1—32 中的②所示。

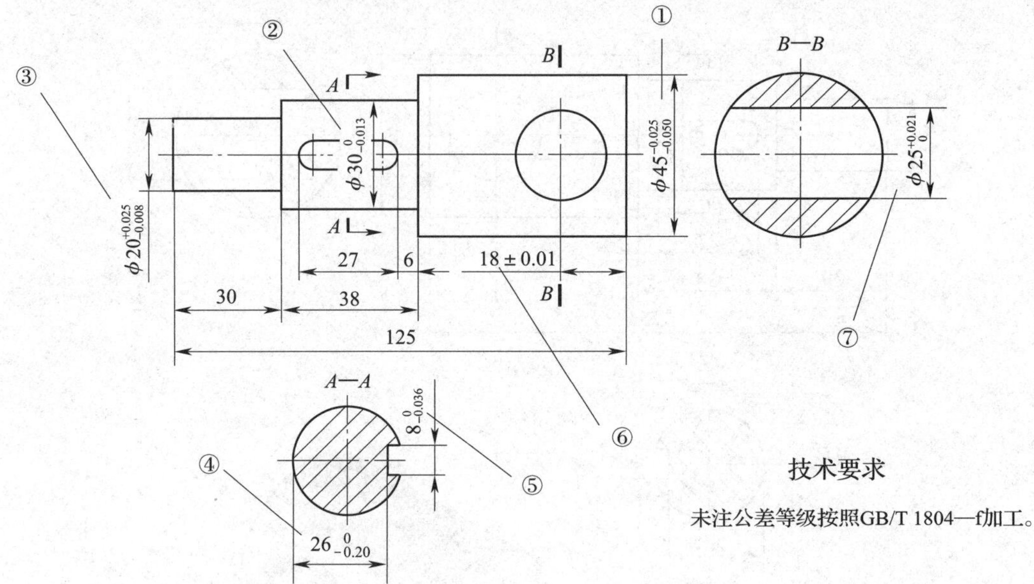

图 1—32 尺寸公差及代号标注实例

四、标注径向 ϕ25 mm 孔直径的尺寸公差

径向 ϕ25 mm 孔的尺寸公差的标注形式为“$\phi 25^{+0.021}_{\ 0}$”，图样标注如图 1—32 中的⑦所示。

五、标注径向 ϕ25 mm 孔的定位尺寸 18 的尺寸公差

由于公称尺寸为 18 mm 的上极限偏差为 +0.01 mm，下极限偏差为 −0.01 mm，其数值相同。国家标准规定：当尺寸公差的上、下极限偏差的数字相同，正负相反时，只需注写一次数字，且高度与基本尺寸相同，并在极限偏差与基本尺寸之间注出符号 ±。因此，18 mm 的尺寸公差的标注形式为“18 ±0.01”，图样标注如图 1—32 中的⑥所示。

六、标注键槽宽度的尺寸公差

键槽宽度的尺寸公差标注形式为“$8^{\ 0}_{-0.036}$”，图样标注如图 1—32 中的⑤所示。

七、标注键槽深度的尺寸公差

键槽深度的尺寸公差标注形式为“$26^{\ 0}_{-0.20}$”，图样标注如图 1—32 中的④所示。

八、标注一般公差

一般公差不标注在每个尺寸上，而是标注在图样技术要求中或技术文件中，其形式如图 1—32 所示。

〔知识拓展〕

公差代号在图样上的标注形式

1. 用公差代号标注线性尺寸的公差时，公差代号要与公称尺寸的数字高度相同，如图 1—33 所示。

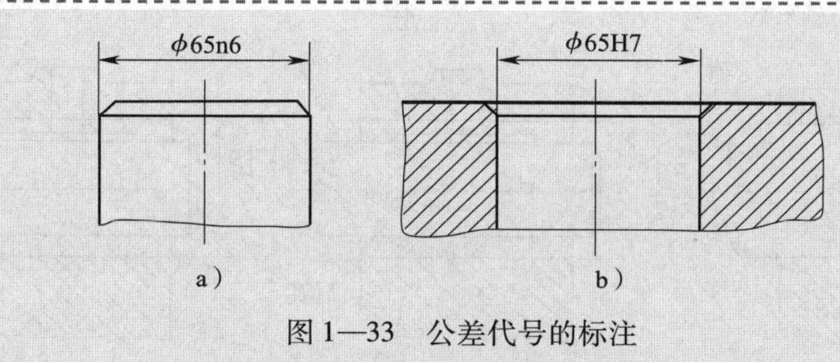

图 1—33　公差代号的标注

a）轴　b）孔

2. 当同时用公差代号和相应的极限偏差数值标注线性尺寸的公差时，公差代号在前，极限偏差在后并加圆括号，如图 1—34 所示。

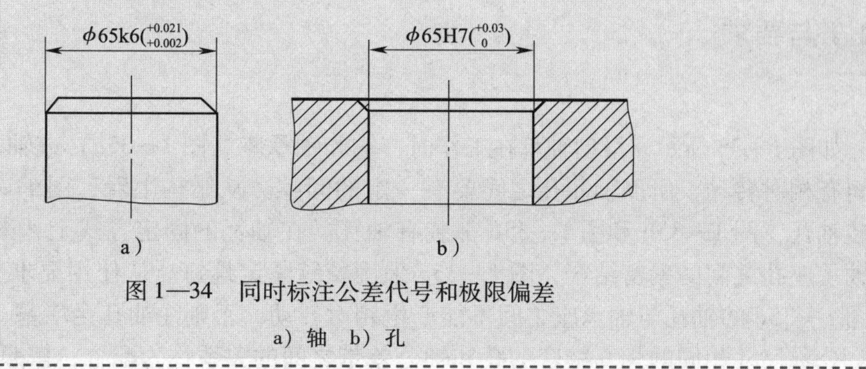

图 1—34　同时标注公差代号和极限偏差

a）轴　b）孔

课题三　配合代号及选用

子课题 1　识读配合代号

学习目标

1. 掌握配合的定义和配合代号的组成。
2. 掌握配合的种类，能根据公差带图分析配合性质。
3. 掌握计算最大（最小）间隙（过盈）的方法。
4. 了解配合制。

问题与思考

在机械设备中，经常遇到轴与孔的结合，图 1—35 所示为三种不同结构的滑动轴承，它们是如何工作的？这三种滑动轴承各有什么结构特点？

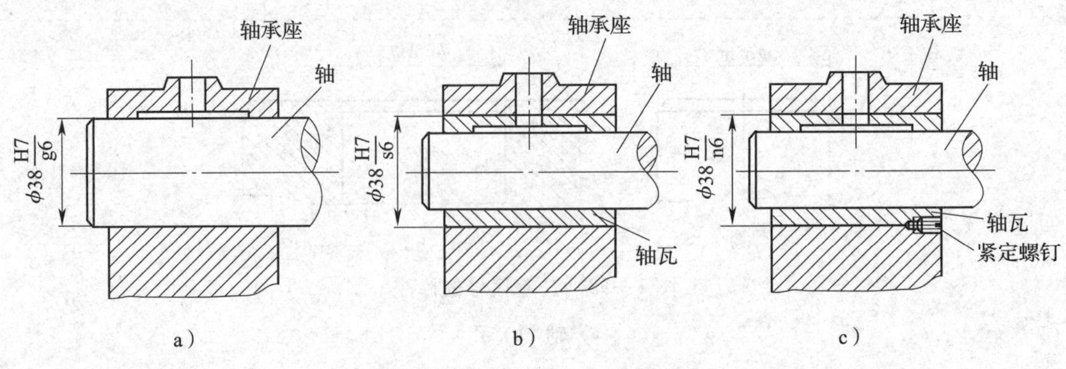

图 1—35　滑动轴承装配图

a）间隙配合　b）过盈配合　c）过渡配合

任务与要求

如图 1—35 所示，滑动轴承在工作时，轴和轴承座（图 1—35a）或轴瓦（图 1—35b、c）之间有相对转动，所以轴和孔之间要有一定的间隙。从结构上看，图 1—35a 的滑动轴承没有装轴瓦，图 1—35b 和图 1—35c 都装有轴瓦。在轴瓦的固定方式上，图 1—35b 依靠轴瓦与轴承座孔之间的紧密结合，图 1—35c 采用骑缝紧定螺钉。从使用要求上来看，图 1—35b 与图 1—35c 的轴瓦与轴承座之间不能产生相对转动，否则注油孔会堵塞，影响润滑。

公称尺寸相同的相互结合的孔和轴公差带之间的关系称为配合，按照孔公差带和轴公差带的相对位置不同，配合分为间隙配合、过渡配合和过盈配合三种。图 1—35a 中轴和轴承座之间有配合关系，图 1—35b、c 轴和轴瓦之间，轴瓦和轴承座之间也有配合关系。本任务的要求是：

1. 识读图 1—35 中标注的配合尺寸代号 $\phi 38\frac{H7}{g6}$、$\phi 38\frac{H7}{s6}$ 和 $\phi 38\frac{H7}{n6}$。

2. 查表并计算 $\phi 38\frac{H7}{g6}$、$\phi 38\frac{H7}{s6}$ 和 $\phi 38\frac{H7}{n6}$ 的孔和轴的尺寸公差。

3. 绘制 $\phi 38\frac{H7}{g6}$、$\phi 38\frac{H7}{s6}$ 和 $\phi 38\frac{H7}{n6}$ 的公差带图，分析配合性质。

任务实施

一、分析配合尺寸 $\phi 38\frac{H7}{g6}$

1. 识读图 1—35a 中所注配合尺寸 $\phi 38\frac{H7}{g6}$

在图 1—35a 中标注了配合尺寸 $\phi 38\frac{H7}{g6}$，其配合代号是将孔的公差代号和轴的公差代号组合在了一起。其中，分子 H7 为孔的公差带代号，分母 g6 为轴的公差带代号。

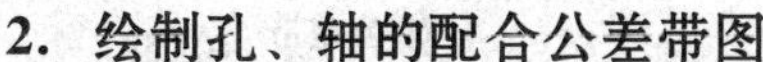

2. 绘制孔、轴的配合公差带图

查附表 1—1 和附表 1—2，可计算出图 1—35a 中轴承座孔径的上、下极限偏差（$\phi38^{+0.025}_{0}$ mm），查附表 1—1 和附表 1—3，可计算出轴径的上、下极限偏差（$\phi38^{-0.009}_{-0.025}$ mm）。将孔、轴的尺寸及上、下极限偏差标在图 1—36a、b 中，画出孔和轴的公差带图，如图 1—36c 所示。

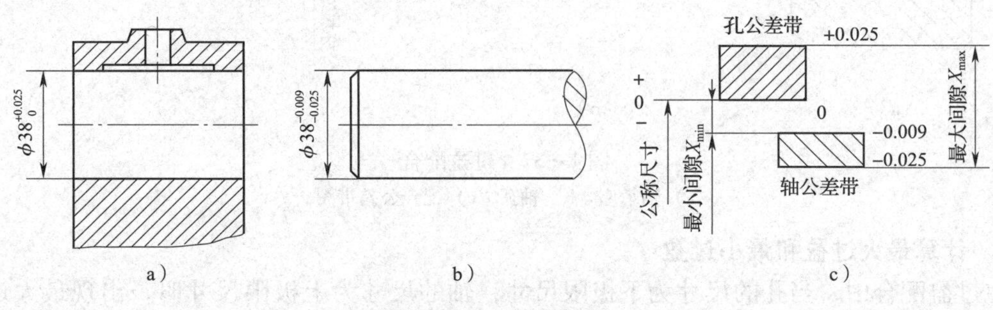

图 1—36 间隙配合

a）轴承座 b）轴 c）配合公差带图

3. 分析配合性质

分析图 1—36c 可知，此时孔的公差带完全在轴的公差带之上。这表明从一批尺寸合格的孔和轴中任取一对，装配后都具有间隙。这种有间隙（包括最小间隙等于零）的配合称为间隙配合，间隙配合可以保证轴在孔中自由转动。

4. 计算最大间隙和最小间隙

在间隙配合中，孔的上极限尺寸与轴的下极限尺寸之差，为最大间隙，用 X_{max} 表示。即：

$$X_{max} = D_{up} - d_{low} = ES - ei = +0.025 - (-0.025) = +0.05\ mm$$

在间隙配合中，孔的下极限尺寸与轴的上极限尺寸之差，为最小间隙，用 X_{min} 表示。即：

$$X_{min} = D_{low} - d_{up} = EI - es = 0 - (-0.009) = +0.009\ mm$$

二、分析配合尺寸 $\phi38\frac{H7}{s6}$

1. 识读图 1—35b 中所注配合尺寸 $\phi38\frac{H7}{s6}$

在图 1—35b 中，标注了配合尺寸 $\phi38\frac{H7}{s6}$。其中，分子 H7 为轴承座孔的公差带代号，分母 s6 为轴瓦外圆柱面的公差带代号。

2. 绘制孔、轴的配合公差带图

图 1—35b 轴承座孔的公称直径和上、下极限偏差（$\phi38^{+0.025}_{0}$ mm）与图 1—35a 相同。查附表 1—1 和附表 1—3，可得到图 1—35b 中轴瓦外圆柱面的上、下极限偏差（$\phi38^{+0.059}_{+0.043}$ mm）。将孔、轴的尺寸及上、下极限偏差标在图 1—37a、b 中，画出孔和轴的公差带图，如图 1—37c 所示。

3. 分析配合性质

从图 1—37c 中可以看出，孔的公差带完全在轴的公差带之下。这表明从一批尺寸合格的孔和轴中任取一对零件，孔的尺寸总是小于轴的尺寸。装配时，必须施加一定的压力才能把轴装入到孔中。这种有过盈（包括最小过盈等于零）的配合称为过盈配合。

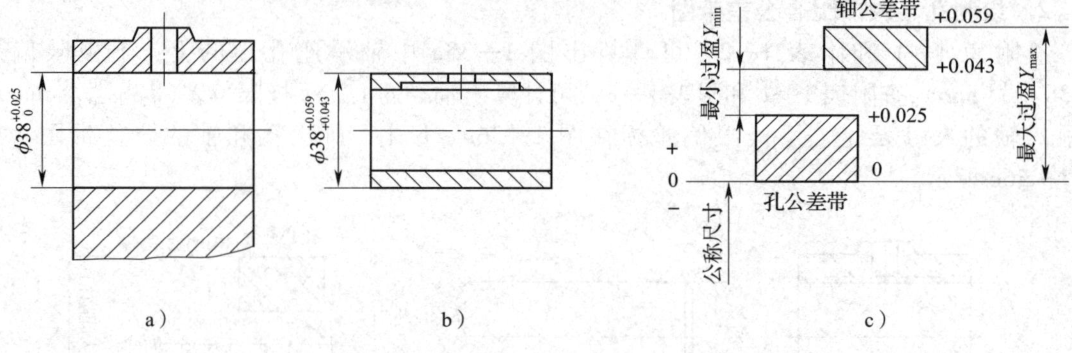

a）　　　　　　b）　　　　　　c）

图 1—37　过盈配合

a）轴承座　b）轴瓦　c）配合公差带图

4. 计算最大过盈和最小过盈

在过盈配合中，当孔的尺寸为下极限尺寸，轴的尺寸为上极限尺寸时，出现最大过盈，用 Y_{max} 表示。即：

$$Y_{max}=D_{low}-d_{up}=EI-es=0-(+0.059)=-0.059\ mm$$

在过盈配合中，当孔的尺寸为上极限尺寸，轴的尺寸为下极限尺寸时，出现最小过盈，用 Y_{min} 表示。即：

$$Y_{min}=D_{up}-d_{low}=ES-ei=+0.025-(+0.043)=-0.018\ mm$$

［注意］

间隙数值的前面必须加正号，过盈数值的前面必须加负号。

三、分析配合尺寸 $\phi38\frac{H7}{n6}$

1. 识读图 1—35c 中所注配合尺寸 $\phi38\frac{H7}{n6}$

在图 1—35c 中，标注了配合尺寸 $\phi38\frac{H7}{n6}$。其中，分子 H7 为轴承座孔的公差带代号，分母 n6 为轴瓦外圆柱面的公差带代号。

2. 绘制孔、轴的配合公差带图

图 1—35c 轴承座孔的公称直径和上、下极限偏差（$\phi38^{+0.025}_{0}$ mm）也与图 1—35a 相同。查附表 1—1 和附表 1—3，可得到图 1—35c 中轴瓦外圆柱面的上、下极限偏差（$\phi38^{+0.033}_{+0.017}$ mm）。将孔、轴的尺寸及上、下极限偏差标在图 1—38a、b 中，画出孔和轴的公差带图，如图 1—38c 所示。

3. 分析配合性质

由图 1—38c 可知，轴的公差带和孔的公差带相互交叠，这表明从一批尺寸合格的孔和轴中任取一对零件，孔的尺寸可能大于轴的尺寸，也可能小于轴的尺寸，但间隙和过盈都很小。这种可能有间隙，也可能有过盈的配合，称为过渡配合。

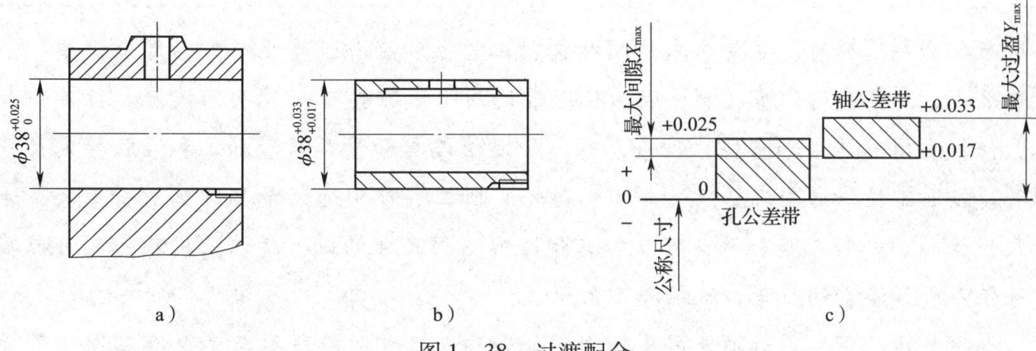

图 1—38　过渡配合

a）轴承座　b）轴瓦　c）配合公差带图

4. 计算最大间隙和最大过盈

在过渡配合中，当孔的尺寸为上极限尺寸，轴的尺寸为下极限尺寸时，出现最大间隙。即：

$$X_{max}=D_{up}-d_{low}=ES-ei=+0.025-(+0.017)=+0.008\ mm$$

在过渡配合中，当孔的尺寸为下极限尺寸，轴的尺寸为上极限尺寸时，出现最大过盈。即：

$$Y_{max}=D_{low}-d_{up}=EI-es=0-(+0.033)=-0.033\ mm$$

〔知识拓展〕

配　合　制

只要改变相互配合的孔或轴的公差带位置，都会引起配合松紧的变化，在实际应用中，通常把孔或轴的公差带位置固定一个，通过改变另一个来得到不同的配合，这种方法称为配合制。配合制分为基孔制和基轴制。

1. 基孔制

基本偏差为一定的孔的公差带，与不同基本偏差的轴的公差带形成各种配合的制度称为基孔制。基孔制的孔为配合的基准件（基准孔），它的基本偏差（下极限偏差）为零，偏差代号为“H”，基孔制的轴为非基准件（非基准轴）。在图 1—35 中，轴承座孔的基本偏差代号为 H，轴承座孔与轴（或轴瓦）的配合都是基孔制配合。

2. 基轴制

基本偏差为一定的轴的公差带，与不同基本偏差的孔的公差带形成各种配合的制度称为基轴制。基轴制的轴为配合的基准件（基准轴），它的基本偏差（上极限偏差）为零，偏差代号为“h”，基轴制的孔为非基准件（非基准孔）。在图 1—39 中，轴和轴套之间的配合尺寸 $\phi18\frac{F7}{h6}$ 为基轴制配合。

3. 配合制的选择

基孔制和基轴制都能满足同样的配合要求，所以配合制的选择与使用要求无关。

在进行配合制选择时，主要从零件的结构、工艺性和经济性等几个方面综合考虑。一般情况下，应优先选用基孔制，因为孔通常使用定值刀具（如钻头、铰刀、拉刀）加工，使用定值量具（如塞规）检查，每一种定值刀具和量具只能加工和检验特定尺寸的孔。轴通常使用通用刀具（如车刀、砂轮）加工，使用通用量具（如游标卡尺、千分尺）检验，一种刀具和量具可以加工和检验不同尺寸的轴，所以采用基孔制可以减少定值刀具和量具的数量，既经济又合理。

在某些情况下，则必须采用基轴制，如当同一尺寸的轴段要与多个有不同工作要求的孔相配合，则宜采用基轴制。如图 1—40 所示，销轴与活塞的轴孔的配合为过渡配合，而与轴套的配合为间隙配合。如要采用基孔制，则要把销轴加工成两头大中间小的台阶轴，显然不利于加工，更无法将轴套装配在销轴上。

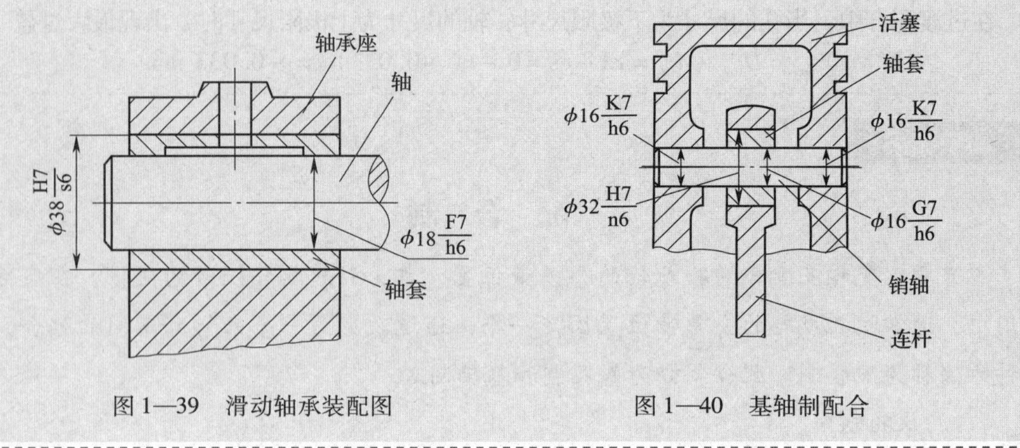

图 1—39　滑动轴承装配图　　图 1—40　基轴制配合

〔注意〕

在配合代号中，若有“H”存在，为基孔制配合；若有“h”存在，为基轴制配合；若两者都不存在，为混合配合。混合配合应用较少。

子课题 2　公差与配合的选择

学习目标

1. 掌握配合制和孔、轴公差等级的选择方法，能合理选择配合尺寸的配合制和孔、轴的公差等级。

2. 掌握配合种类及轴、孔的公差带的选择方法，能合理地选择配合种类及孔、轴的公差带。

3. 能正确地标注配合代号。

问题与思考

图1—41所示为钻模的装配图，轴与底座、衬套之间，钻模板与衬套、钻套之间都是配合表面，如何确定它们的公差带？

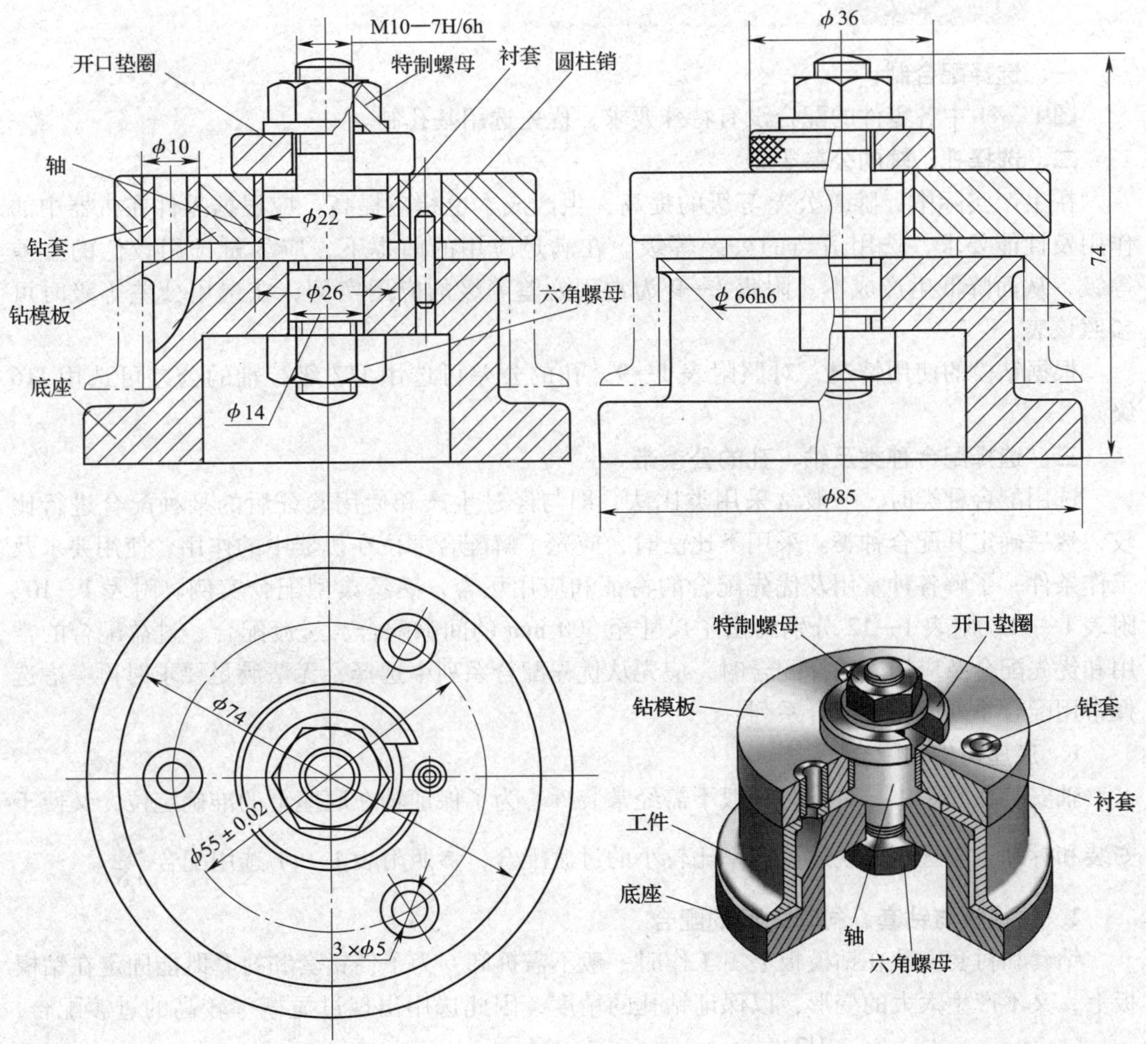

图1—41　钻模

任务与要求

孔、轴公差带的选择是机械设计的重要环节，直接影响机械产品的使用性能和制造成本。选择原则是在满足使用要求的前提下，获得最佳的经济效益。本任务的具体要求是：

1．选择配合制。

2．选择公差等级。

3．选择配合种类及基本偏差。

4．标注配合代号。

任务实施

一、选择配合制

图 1—41 中各零件的配合没有特殊要求，优先选用基孔制。

二、选择孔、轴的公差等级

在生产实际中，随着公差等级的提高，生产成本也相应提高。应根据零件在机器中的作用及性能要求，选用适当的公差等级。在满足应用的前提下，应尽量选用较低的公差等级，从而降低生产成本。附表 1—9 为常用公差等级的应用实例，在选用公差等级时可参照该表。

根据钻模的使用情况，对照附表 1—9，孔的公差可选用 IT7 级，轴的公差可选用 IT6 级。

三、选择配合种类及轴、孔的公差带

选用配合种类时，一般常采用类比法，即与经过生产和使用验证后的某种配合进行比较，然后确定其配合种类。采用类比法时，应先了解配合部位在机器中的作用、使用要求及工作条件，了解各种常用及优先配合的特征和应用场合，熟悉典型配合实例。附表 1—10、附表 1—11、附表 1—12 分别给出了尺寸至 500 mm 的间隙配合、过渡配合、过盈配合的常用和优先配合及应用。选择配合时，应先从优先配合系列中选择，无法满足要求时再考虑选择常用配合系列或一般配合系列。

1．底座与轴的配合

轴安装在底座中，工作时一般不需经常装拆。为了保证轴在底座上的准确定位，又便于安装和拆卸，应选用出现过盈概率比较小的过渡配合，参照附表 1—11 选用配合 $\frac{H7}{k6}$。

2．钻模板与钻套、衬套之间的配合

钻套和衬套安装在钻模板上，工作时一般不需拆卸。为了使钻套和衬套既能固定在钻模板上，又不产生太大的变形，以保证钻孔的精度，因此选用出现过盈概率较高的过渡配合，参照附表 1—11 选用配合 $\frac{H7}{n6}$。

3．轴与衬套之间的配合

在装拆被加工的零件时，需要将钻模板拆下，所以衬套与轴之间应为间隙配合。但是如

果间隙过大，则影响钻模板的定位，从而影响加工精度，因此选用较小间隙的间隙配合，参照附表 1—10 选用配合 $\frac{H7}{h6}$。

四、标注配合代号

将各配合尺寸的配合代号标在图样上，如图 1—42 所示。

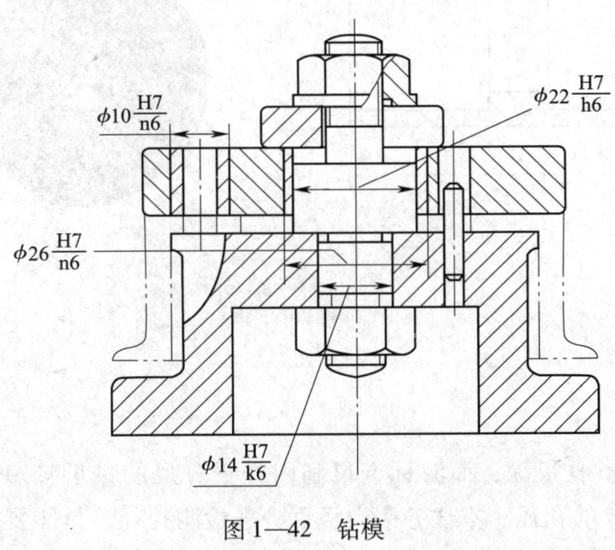

图 1—42　钻模

课题四　其他尺寸检测方法

子课题 1　用内径百分表检测孔径

学习目标

1. 了解内径百分表的结构。
2. 掌握内径百分表的读数方法。
3. 掌握用外径千分尺校对内径百分表零位的方法。
4. 掌握内径百分表的测量方法，用内径百分表检测轴套的孔径。

问题与思考

图 1—43 所示为轴套，其内部 $\phi32^{+0.050}_{0}$ mm 孔的尺寸能否用游标卡尺或内径千分尺测量？为什么？

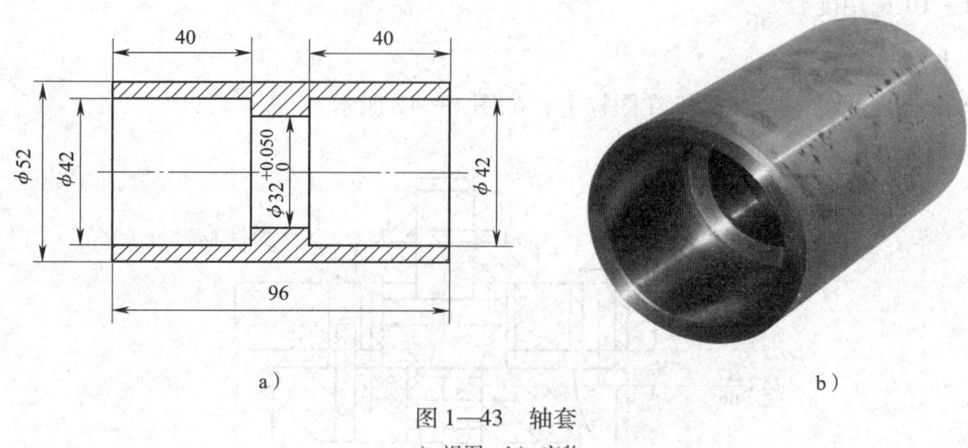

图 1—43　轴套

a）视图　b）实物

任务与要求

由于 $\phi32^{+0.050}_{0}$ mm 孔很深，而游标卡尺和内径千分尺的量爪较短，无法用它们测量图 1—43 中 $\phi32^{+0.050}_{0}$ mm 的孔径。本任务用内径百分表检测孔径，具体要求如下：

1. 安装和调整内径百分表。
2. 用内径百分表检测孔径。

任务实施

一、准备工具和量具

1. 认识百分表

百分表是指针式量具，其外形结构如图 1—44 所示。它利用机械传动系统，将测量的直线位移转换为指针的角位移，并在表盘上读取被测量值。百分表的分度值为 0.01 mm。用百分表测量尺寸时，大表盘指针和小表盘指针的位置都在变化。大指针转一圈，小指针转一格（1 mm），所以毫米整数值从小指针转过的格数来读得，毫米小数值从大指针的指示位置读得，当指针停在两条刻线之间时，可以进行估读，读出小数第三位，即微米（μm）。图 1—44 所示百分表的示值为 3.636 mm。

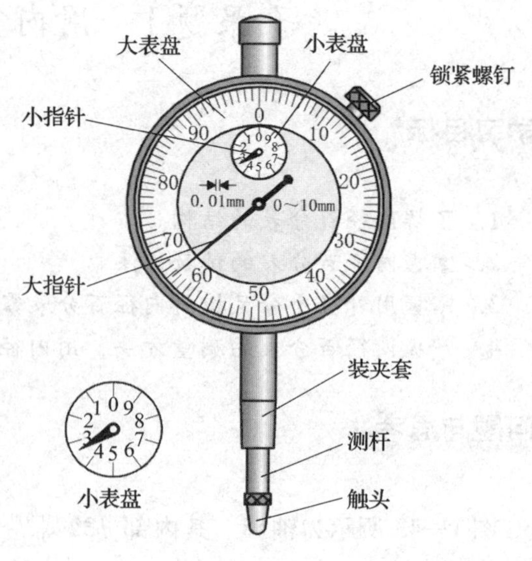

图 1—44　百分表

[注意]

1. 读百分表时，眼睛要垂直看向指针，否则会出现读数误差。

2. 百分表的分度值和测量范围一般都刻在百分表的表盘上。

2. 认识内径百分表

内径百分表的结构如图1—45所示，它由百分表、锁紧装置、手柄、测量杆、定位护桥、活动测头、可换测头等组成。内径百分表是一种比较测量仪器，它是将测头的直线位移转变为指针的角位移，主要用于测量孔径尺寸。内径百分表特别适合测量深孔的直径尺寸。

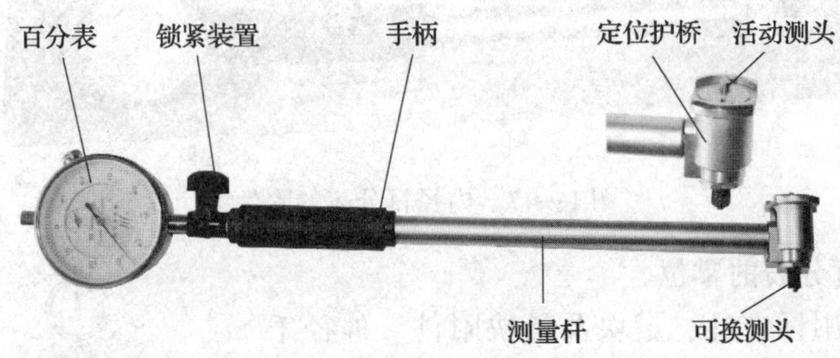

图1—45　内径百分表

3. 选择内径百分表的规格

轴套的被测尺寸为 $\phi 32^{+0.050}_{0}$ mm，因此选择测量范围为18～35 mm，精度为0.01 mm的内径百分表一把。

4. 安装与调整内径百分表

如图1—46所示，将百分表装入测量杆内，预压1 mm左右，使小指针指在1的位置上，旋紧锁紧装置。

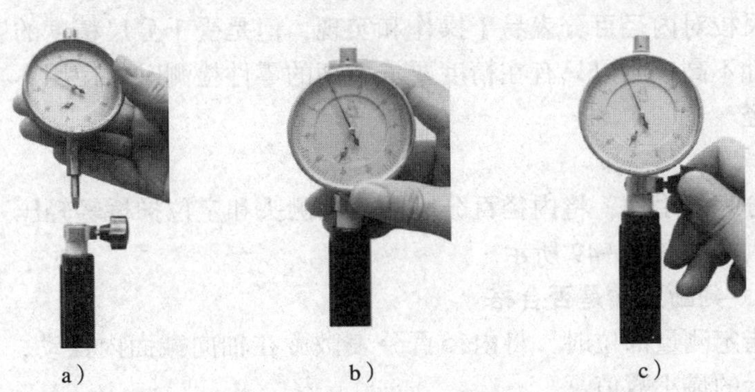

a）　　b）　　c）

图1—46　内径百分表的安装与调整

a）插装　b）预压　c）锁紧

5. 安装可换测头

内径百分表的活动测头可以沿轴向移动，小尺寸的活动测头只有 0 ~ 1 mm 的移动量，大尺寸的活动测头可有 0 ~ 3 mm 的移动量。每个内径百分表都配有成套的可换测头，如图 1—47 所示，更换或调整可换测头可使内径百分表在一定范围内测量尺寸。在用内径百分表测量尺寸时，应根据被测零件的公称尺寸选择合适的可换测头，并保证可换测头与活动测头之间的长度大于被测尺寸 0.8 ~ 1 mm，以便测量时活动测头能在公称尺寸的一定范围内上下自由移动。

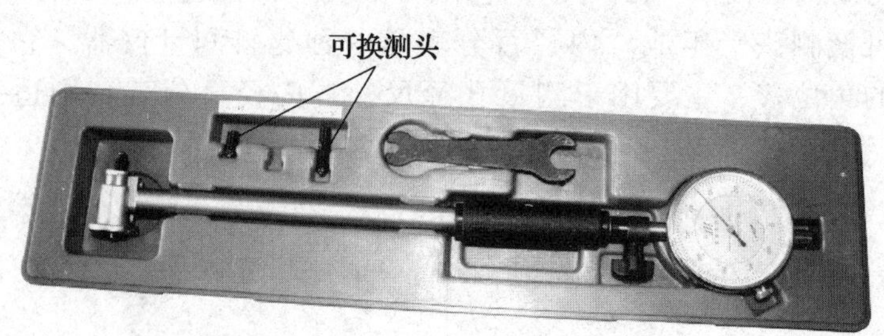

图 1—47　内径百分表的附件

6. 校正内径百分表的零位

内径百分表可用标准环、量块及量块附件、外径千分尺等来校对零位。在此，主要介绍用外径千分尺校正内径百分表的零位，具体操作如下：

（1）将外径千分尺调到 32 mm。为了提高测量精度，调整外径千分尺的尺寸时，应从 31 mm 加到 32 mm，并使用测微螺杆。

（2）把内径百分表的两测头放在外径千分尺两测砧之间，转动表盘使其上的零刻线与指针重合，即校对零位，如图 1—48 所示。

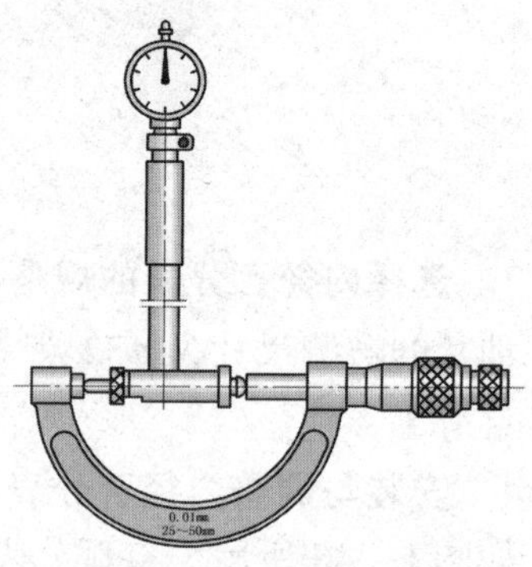

图 1—48　内径百分表校零

用外径千分尺校对内径百分表易于操作和实现，但是受千分尺精度的影响，其校对零位的准确性和稳定性不高，所以只有在精度要求不高的零件检测时才使用。

二、测量孔径

1. 压入测头

握着内径百分表的手柄，将内径百分表的活动测头和定位护桥轻轻压入被测孔中，然后再将可换测头放入，如图 1—49 所示。

2. 测量数值，判断尺寸是否合格

当测头到达指定测量部位时，将内径百分表微微在轴向截面内摆动，如图 1—50 所示，同时读出指针指示的最小数值。

读数时，要正确判断实际偏差的正、负值。在内径百分表的测头压入被测孔前，活动测头处于自由状态，内径百分表的示值最大。当内径百分表的测头被压入被测孔内时，活动测头向内收缩测头所测尺寸由大变小，同时百分表的指针沿顺时针旋转。当表针指在“零”

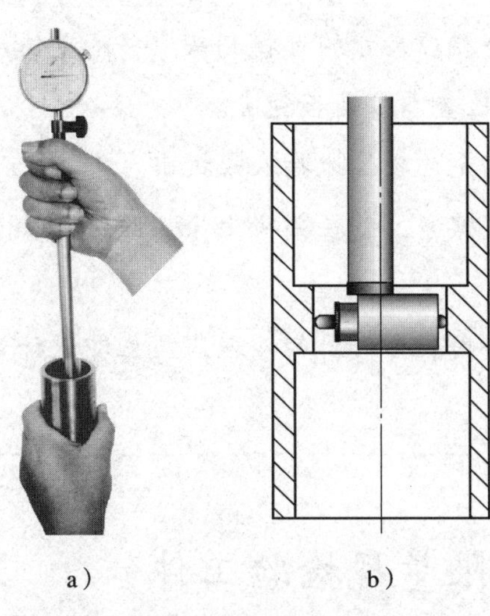

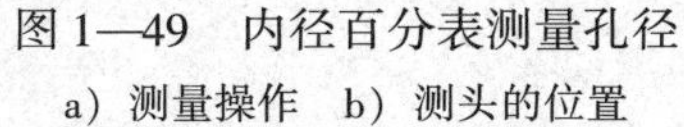

图 1—49 内径百分表测量孔径

a）测量操作 b）测头的位置

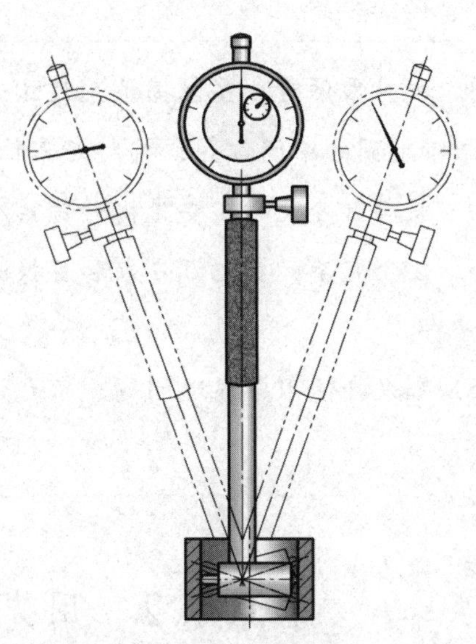

图 1—50 测量数据

位时，被测内径应恰好为 32 mm；当表针未达到“零”位时，说明被测尺寸大于 32 mm，百分表读数为正值；当表针超过“零”位时，说明被测尺寸小于 32 mm，百分表的读数应为负值。图 1—51 所示为测量 ϕ32 mm 孔的读数，从表中刻度盘上读到的数值为 0.27 mm，该数值为测量孔径的实际偏差，由于表针已经偏过零线，所以该数值为负值，因此孔径实测尺寸为：

$$32+(-0.27)=31.73\ \text{mm}$$

很显然，加工的 ϕ32 mm 孔的实际尺寸（ϕ31.73 mm）小于该尺寸的最小极限尺寸（ϕ32 mm），实际尺寸不合格。但是由于孔小了可以再扩大，因此零件可以返工。

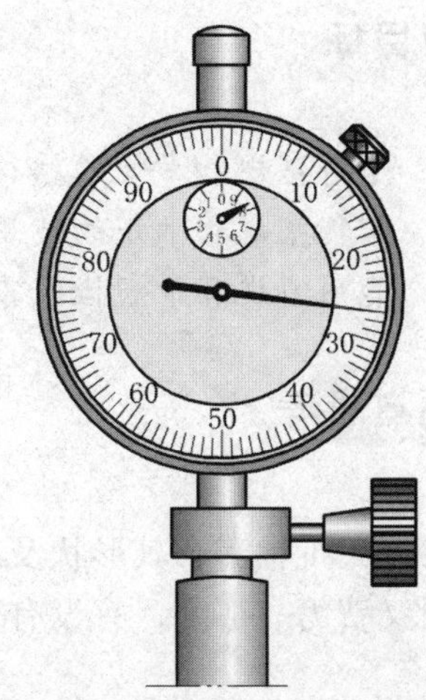

图 1—51 百分表的示值

〔知识拓展〕

使用内径百分表的注意事项

1. 使用前，首先检查内径百分表是否有影响使用的缺陷，尤其应注意查看可换测头和固定测头的球面部分的磨损情况。

2. 装百分表时，夹紧力不宜过大，并且要有一定的预压缩量（一般为 1 mm 左右）。

3. 校对零位时，要根据被测尺寸选取一个相应尺寸的可换测头，并尽量使活动测头在活动范围的中间位置，校对好零位后，要检查零位是否稳定。

4. 装卸百分表时，要先松开锁紧装置，不允许硬性地插入或拔出。

5. 使用完毕，要把百分表和可换测头取下擦净，并在测头上涂油防锈，放入专用盒内保存。

6. 如果在使用中发现问题，不允许继续使用和自行拆卸修理，应立即送计量部门检修。

子课题 2　用光滑极限量规检验工件

学习目标

1. 了解塞规和卡规的结构和工作原理。
2. 掌握塞规和卡规的使用方法，了解其使用注意事项。
3. 能用塞规和卡规检验零件。

问题与思考

有一大批轴套，其形状及尺寸如图 1—52 所示，如果用游标卡尺或千分尺逐个测量，则既费时又费力。那么，有没有更加快速、准确检验零件尺寸是否合格的方法呢？

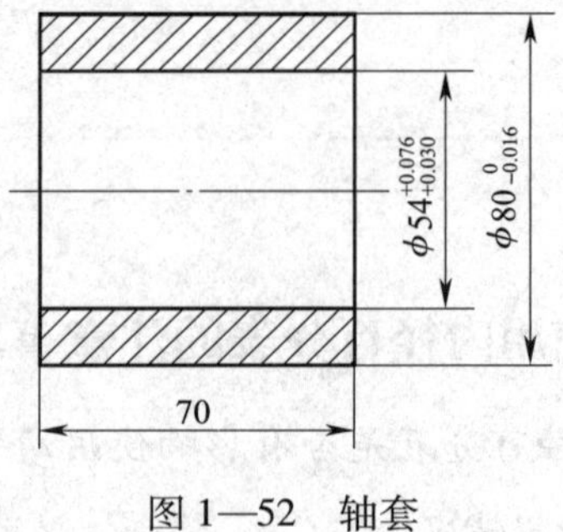

图 1—52　轴套

任务与要求

在某一零件的成批大量生产过程中，常用具有固定尺寸的量具来检验工件的光滑圆柱孔或轴，这种量具称为光滑极限量规，分为塞规和卡规两种。本任务的要求是：

1. 认识塞规和卡规。
2. 用塞规和卡规检验工件的内、外径尺寸。

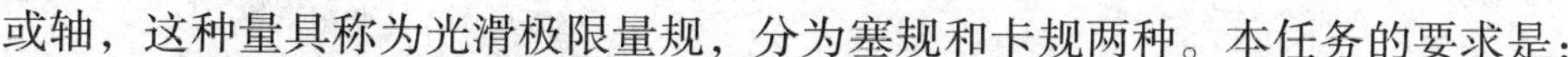

任务实施

一、准备工具和量具

检验工件尺寸的光滑圆柱孔或轴时，可用通用量具，也可使用光滑极限量规。通用量具（如游标卡尺、千分尺、百分表等）有具体的测量示值，能直接读出或计算出工件的尺寸。光滑极限量规是一种没有刻线的专用量具，它不能测量工件的实际尺寸，只能判断工件合格与否。

1. 认识塞规

塞规是孔用光滑极限量规，有通端（根据孔的下极限尺寸确定，用字母 T 表示）和止端（根据孔的上极限尺寸确定，用字母 Z 表示），如图 1—53 所示。如图 1—54 所示塞规的通端尺寸为 54. 030 mm，止端尺寸为 54. 076 mm。

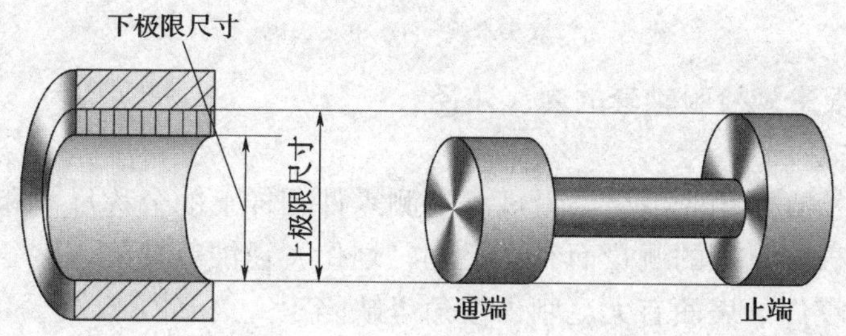

图 1—53　塞规检测零件示意图

用塞规检验工件孔径时，如果塞规的通端能通过工件被检孔，而止端不能通过工件被检孔，则表明工件孔径合格；如果塞规的通端和止端都能通过工件被检孔，则表明工件孔径太大，已成废品；如果通端和止端都不能通过工件被检孔，则表明工件孔径太小，不合格，但可以返工。

2. 认识卡规

卡规是轴用光滑极限量规，也有通端（根据轴的上极限尺寸确定）和止端（根据轴的下极限尺寸确定，如图 1—55 所示）。常用卡规有单头卡规和双头卡规两种，如图 1—56 所示。双头卡规的通端和止端各在一头，其测量面为两平行平面。单头卡规的通端和止端在一起，通端在外侧，止端在内侧。图 1—56a 所示为检验图 1—52 所示轴套外径尺寸的卡规，其通端尺寸为 $80-0=80$ mm，止端尺寸为 $80-0.016=79.984$ mm。

用卡规检验工件轴径时，合格工件的轴颈应当能通过通端而不能通过止端。

3. 选择量具

选择符合尺寸要求的塞规和卡规各一把。

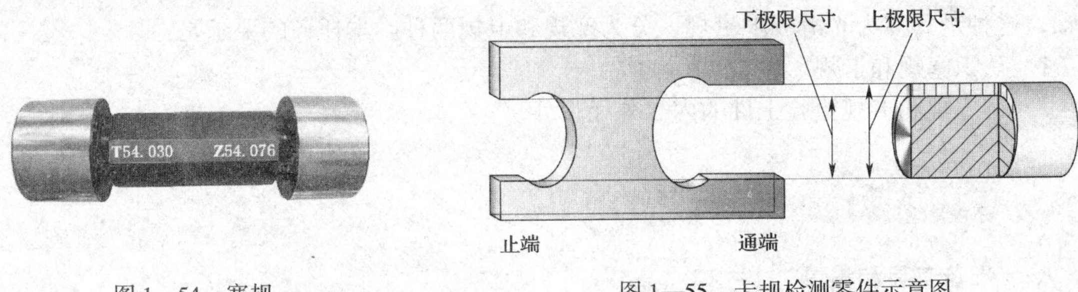

图 1—54　塞规

图 1—55　卡规检测零件示意图

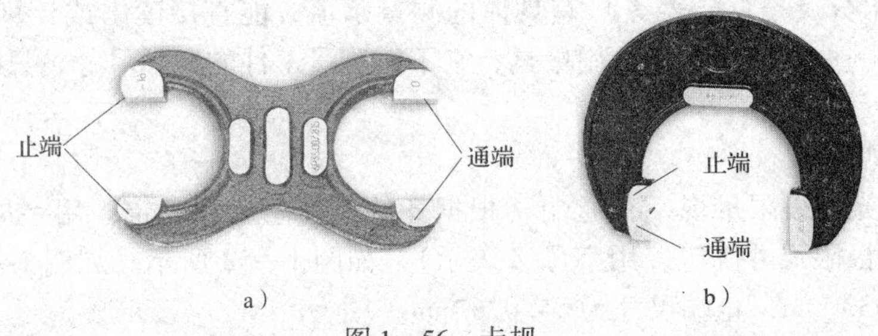

图 1—56　卡规

a）双头卡规　b）单头卡规

二、用光滑极限量规检验轴套的内、外径

1. 测量前的准备

（1）测量前，检查所用光滑极限量规与被测零件图样上的公称尺寸和公差是否相符。

（2）检查光滑极限量规的测量面有无毛刺、划伤、锈蚀等缺陷。

（3）检查被测零件的表面有无毛刺、棱角等缺陷。

（4）用清洁的细棉纱或者软布，把光滑极限量规的工作表面擦干净，允许在工作表面上涂一层薄油，以减少磨损。

（5）辨别通端和止端。

2. 用塞规检验孔径

用塞规检验工件时，如通规能通过被测套的孔，止规不能通过，则零件的被测孔属于合格产品。使用塞规时应注意：

（1）检验时保证塞规的轴线与被测零件孔的轴线重合，并以适当的接触力接触，让通端自由进入零件孔内，如图 1—57a 所示。

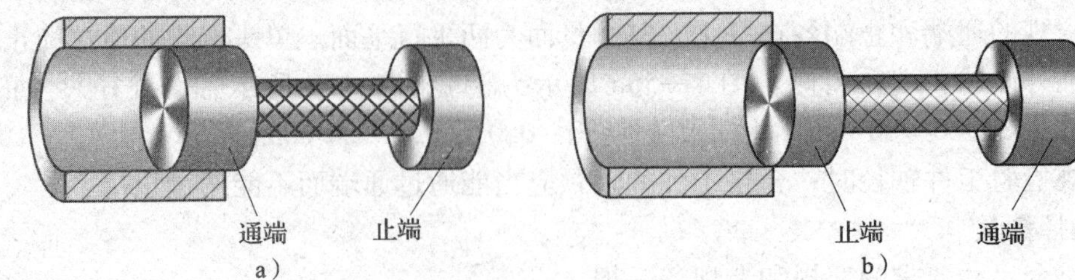

图 1—57　用塞规测量工件

a）通端进入零件孔内　b）止端不能进入零件孔内

（2）止端只允许顶端倒角部分放入孔口边，而不能全部塞入，如图 1—57b 所示。

（3）注意不可将塞规倾斜塞入孔中，也不可强推、强压塞规，塞规的通端不能在孔内转动，否则可能会损坏塞规。

（4）塞规通端要在孔的整个长度上检验，塞规止端只需在孔的两头进行检验即可。

3. 用卡规检验外圆柱面直径

用卡规测量工件时，如被测轴套的外圆柱面能通过卡规的通端，而不能通过卡规的止端，则该轴套的外圆柱面尺寸合格。使用卡规时应注意：

（1）轻握卡规，并使卡规的测量面与被测轴颈的轴线垂直，如图 1—58 所示。使卡规的通端在零件上滑过，止端只与被测零件接触即可。

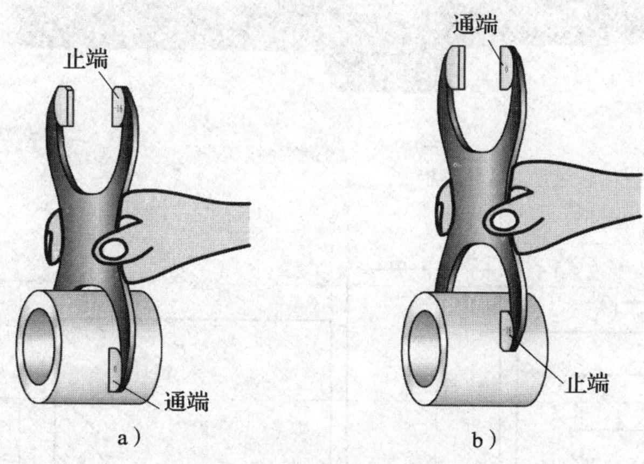

图 1—58　用卡规测量工件

a）通端在零件上滑过　b）止端只与被测零件接触

（2）要在多个不同截面、不同位置（应沿轴和围绕轴不少于 4 个位置）上检测，每个位置都合格才算合格。

（3）不可用力将卡规压在工件表面上，以免影响测量精度或使卡规测量面磨损、变形等。

（4）卡规的测量面不得歪斜，以免影响检测的准确性。

子课题 3　零件尺寸的综合测量

学习目标

1. 掌握常见尺寸的测量方法。
2. 能熟练使用千分尺和游标卡尺进行各种尺寸测量。

问题与思考

图 1—59 所示为小轴实物及其标注尺寸的图样，从图样上可看出有些尺寸精度要求较高（如 $\phi16_{-0.027}^{\ 0}$ mm、$\phi18_{-0.027}^{\ 0}$ mm、$6_{-0.030}^{\ 0}$ mm 和 $\phi8_{\ 0}^{+0.036}$ mm），有些尺寸精度要求稍低（如 $26_{\ 0}^{+0.084}$ mm、$13_{-0.10}^{\ 0}$ mm），还有的尺寸未注公差（如 95 mm、30 mm、$\phi30$ mm、17 mm、37 mm）。检测小轴时，这些尺寸用什么量具测量？

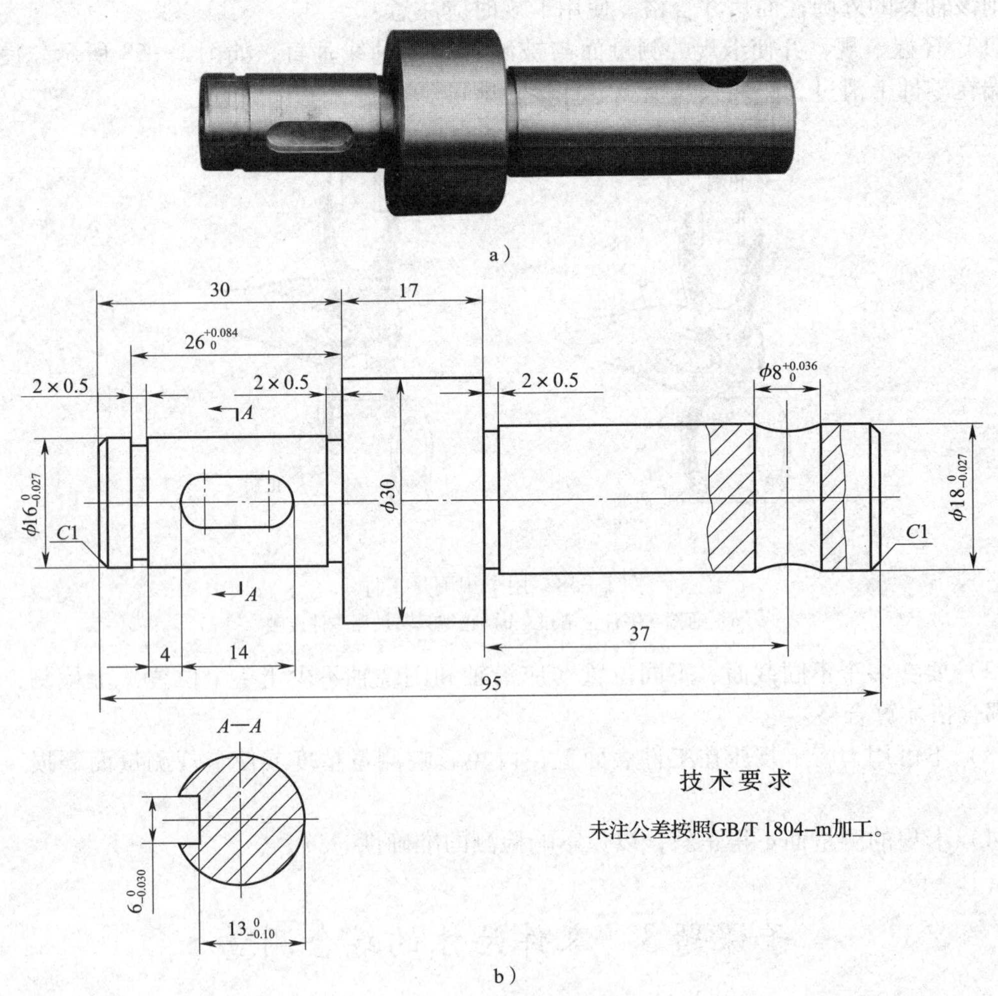

图 1—59　小轴实物及图样

a）实物　b）视图

任务与要求

图 1—59b 中，尺寸 $\phi16_{-0.027}^{\ 0}$ mm、$\phi18_{-0.027}^{\ 0}$ mm、$6_{-0.030}^{\ 0}$ mm 和 $\phi8_{\ 0}^{+0.036}$ mm 的公差较小，需要用千分尺测量；尺寸 $26_{\ 0}^{+0.084}$ mm、$13_{-0.10}^{\ 0}$ mm 的公差较大，可以用游标卡尺测量；未注

公差的尺寸也用游标卡尺测量。本任务的具体要求如下：

1. 用千分尺测量尺寸 $\phi16_{-0.027}^{0}$ mm、$\phi18_{-0.027}^{0}$ mm、$6_{-0.030}^{0}$ mm 和 $\phi8_{0}^{+0.036}$ mm，判断尺寸是否合格。

2. 用游标卡尺测量其他尺寸，判断尺寸是否合格。

任务实施

一、准备工具和量具

需要用外径千分尺测量的尺寸有外圆 $\phi16_{-0.027}^{0}$ mm 和 $\phi18_{-0.027}^{0}$ mm，根据尺寸范围选用规格为 0 ~ 25 mm 的外径千分尺。需要用内径千分尺测量的尺寸有键槽宽 $6_{-0.030}^{0}$ mm 和孔径 $\phi8_{0}^{+0.036}$ mm，根据尺寸范围选用规格为 5 ~ 30 mm 的内径千分尺。

需要用游标卡尺测量的最大尺寸为 95 mm，因此选用规格为 0 ~ 150 mm 的游标卡尺。

二、用千分尺测量尺寸，并判断尺寸是否合格

用千分尺测量尺寸 $\phi16_{-0.027}^{0}$ mm、$\phi18_{-0.027}^{0}$ mm、$6_{-0.030}^{0}$ mm 和 $\phi8_{0}^{+0.036}$ mm 的方法及结果见表 1—9。

表 1—9　　用千分尺测量尺寸

实际要素	被测尺寸（mm）	测量方法	测得尺寸（mm）	尺寸合格性
外圆直径	$\phi16_{-0.027}^{0}$	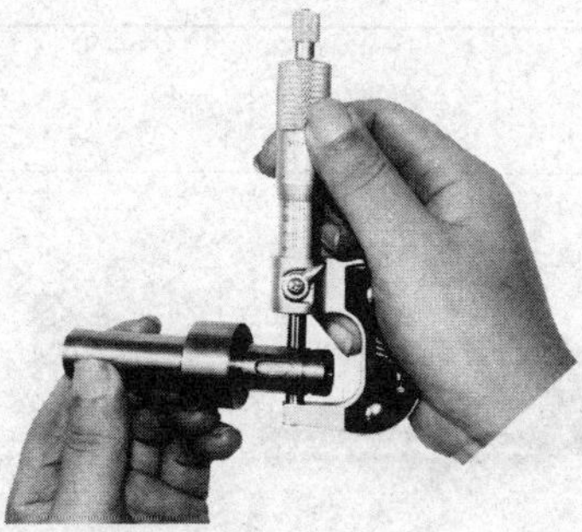	$\phi15.99$	合格
外圆直径	$\phi18_{-0.027}^{0}$	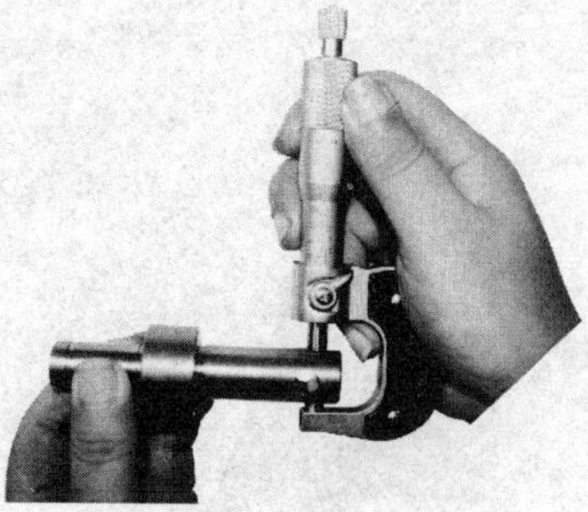	$\phi18.99$	不合格

续表

实际要素	被测尺寸（mm）	测量方法	测得尺寸（mm）	尺寸合格性
键槽宽	$6_{-0.030}^{\ 0}$	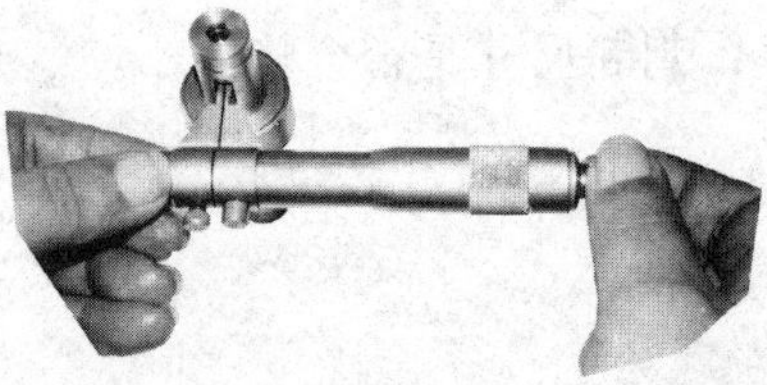	5.98	合格
孔径	$\phi8_{\ 0}^{+0.036}$	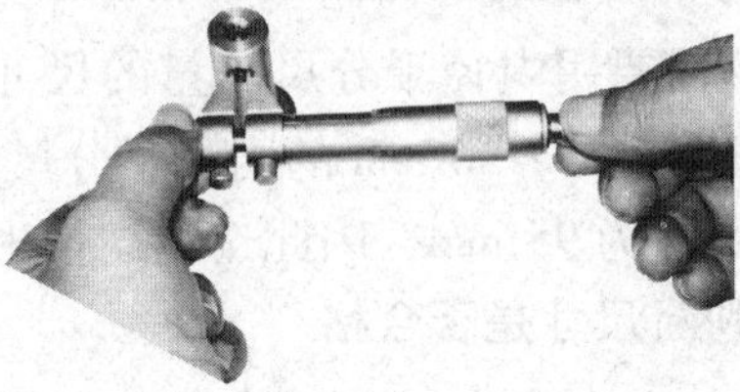	ϕ8.03	合格

三、用游标卡尺测量尺寸，并判断尺寸是否合格

ϕ30 mm 圆柱左右端面处的 2 mm × 0.5 mm 退刀槽的尺寸可由刀具保证，不需要测量。其他尺寸的测量和计算方法及结果见表 1—10。

表 1—10　　用游标卡尺测量尺寸

实际要素	被测尺寸（mm）	测量方法	测得尺寸（mm）	尺寸合格性
长度	95 ± 0.3	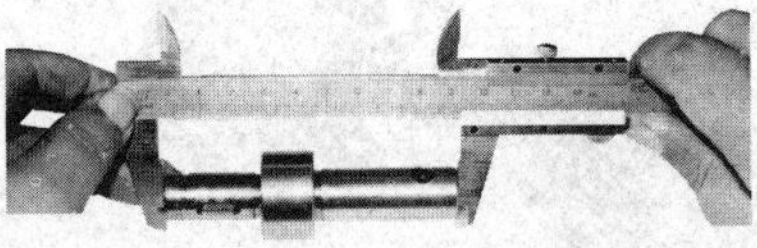	95.10	合格
长度	30 ± 0.2	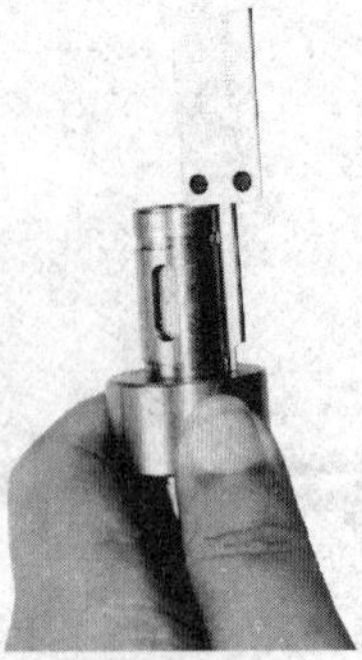	30.12	合格

续表

实际要素	被测尺寸（mm）	测量方法	测得尺寸（mm）	尺寸合格性
长度	17 ±0. 2	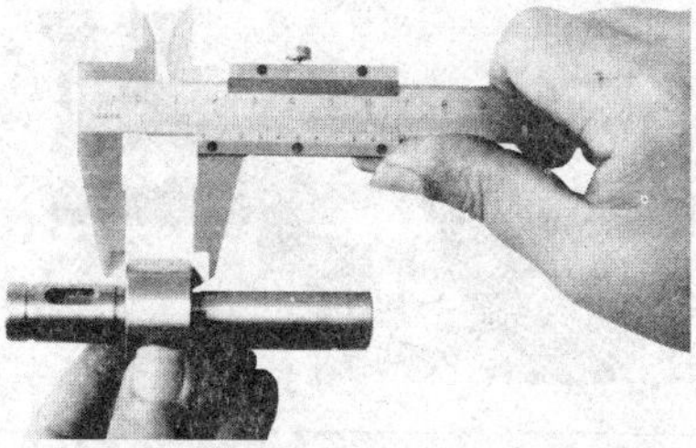	17. 08	合格
长度	$26^{+0.084}_{0}$	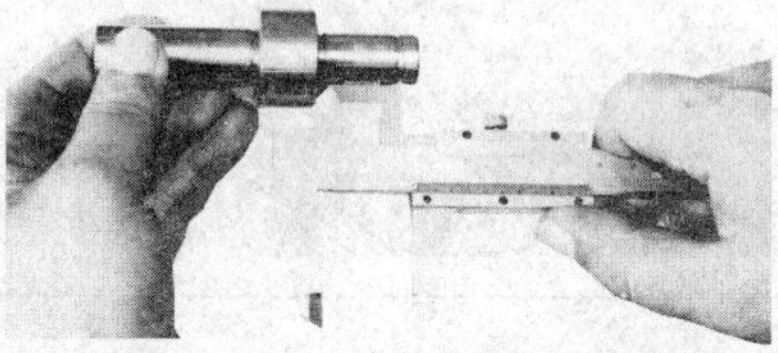	25. 98	不合格
外圆直径	$\phi30 \pm 0.2$	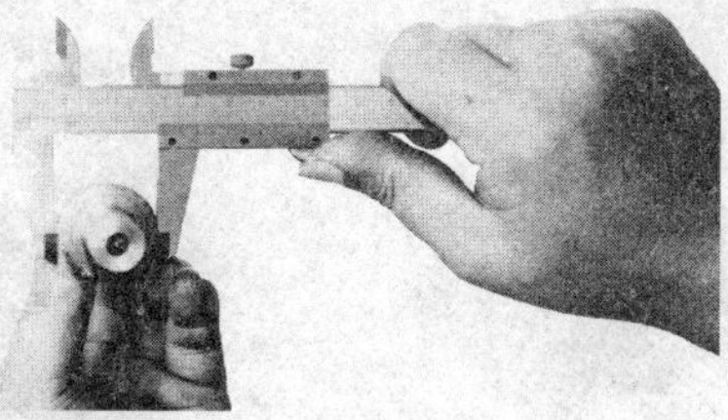	$\phi29.92$	合格
键槽深度	$13^{0}_{-0.10}$	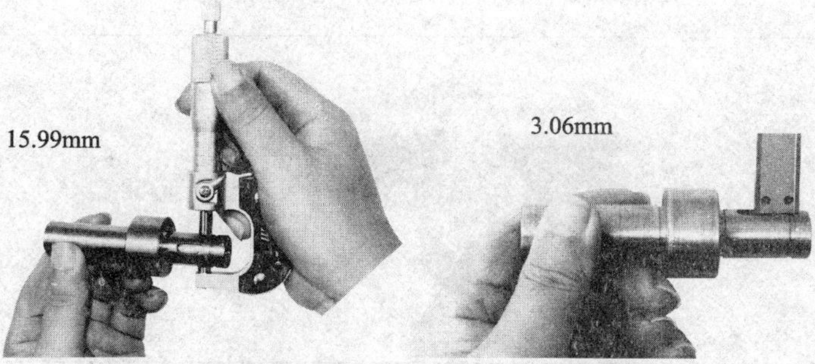 15.99mm　3.06mm 键槽深度 = 15. 99 − 3. 06 = 12. 93 mm	12. 93	合格
键槽长度	14 ±0. 2	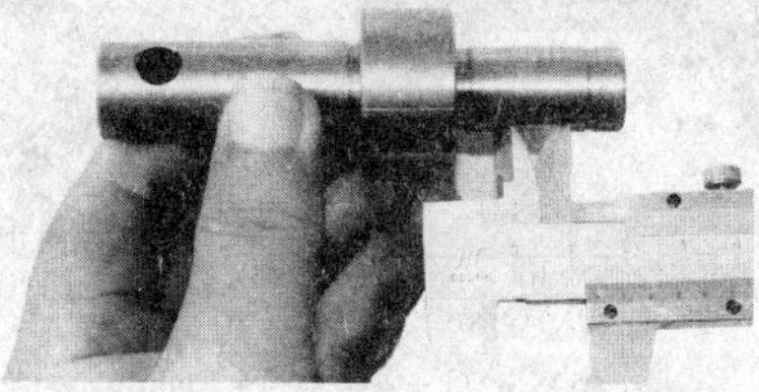	14. 02	合格

续表

实际要素	被测尺寸（mm）	测量方法	测得尺寸（mm）	尺寸合格性
键槽位置	4 ±0. 1		3. 92	合格
沟槽宽度	2 ±0. 1		2. 08	合格
沟槽深度	0. 5 ±0. 1	沟槽深度 =（15. 99 − 14. 86）÷2 =0. 565 mm	0. 565	合格
长度	$26^{+0.084}_{0}$		25. 88	不合格
孔定位尺寸	37 ±0. 3	39. 76 − 8. 03 ÷2 =35. 745 mm	35. 745	不合格

〔知识拓展〕

浮标式气动量仪简介

浮标式气动量仪的结构如图 1—60 所示，它是一种将被测尺寸的变化转换成锥度玻璃管内浮标位置的变化，从而实现尺寸比较测量的仪器，也称流量式气动量仪。

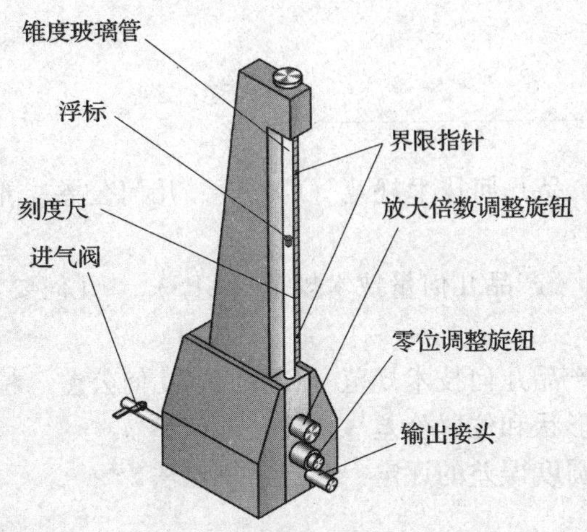

图 1—60　浮标式气动量仪

浮标式气动量仪的工作原理如图 1—61 所示，清洁、干燥和恒压的空气由锥形玻璃管下端引入，经浮标与玻璃锥管间的间隙，由锥形玻璃管上端流出，再经连接管由测量喷嘴流入大气。当被测工件尺寸发生变化时，测量喷嘴与工件间的间隙发生变化，因而使流过喷嘴的气体流量也发生变化，从而引起浮标位置的变化，当浮标与锥管间的空气流量和测量喷嘴处的流量相等时，浮标不动，此时即可从对应玻璃管刻度尺上读出示值。

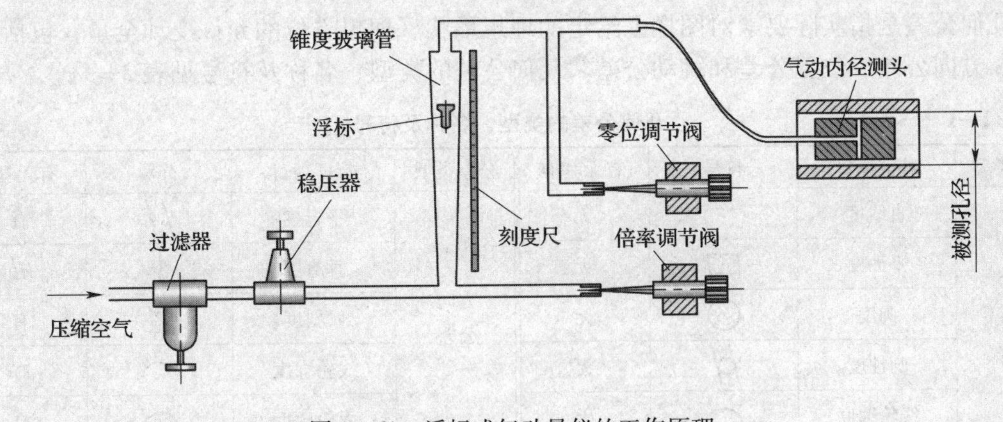

图 1—61　浮标式气动量仪的工作原理

模块二　几何公差与检测

相关标准

GB/T 1182—2008《产品几何技术规范（GPS）　几何公差　形状、方向、位置和跳动公差标注》

GB/T 18780. 1—2002《产品几何量技术规范（GPS）　几何要素　第 1 部分：基本术语和定义》

GB/T 1958—2017《产品几何技术规范（GPS）　几何公差　检测与验证》

GB/T 1184—1996《形状和位置公差　未注公差值》

GB/T 4380—2004《圆度误差的评定　两点、三点法》

构成机械零件几何特征的点、线、面统称为几何要素，简称要素。要素按照存在的状态分为理想要素和实际要素。理想要素是指具有几何学意义的点、线、面，它们不存在任何误差，零件图样上表示的要素均为理想要素。零件加工后实际存在的要素称为实际要素。在评定几何误差时，通常由若干测点构成的测得要素代替实际要素。

零件在生产加工过程中，由于机床的运动精度、工件装夹方法以及材料变形等诸多因素的影响，实际加工出的零件不仅会产生尺寸误差，还会产生形状、方向、位置、跳动等几何误差，它们同样影响零件的使用功能。为了保证零件的互换性和工作精度要求，国家标准还规定了一系列几何公差。

几何公差是指实际要素对图样上给定的理想形状、理想方位的允许变动全量，包括形状公差、方向公差、位置公差和跳动公差。几何公差的类型、名称及符号见表 2—1。

表 2—1　　几何公差的类型、名称及符号

公差类型	特征项目	符号	有无基准	公差类型	特征项目	符号	有无基准
形状公差	直线度	—	无	方向公差	平行度	//	有
	平面度	▱	无		垂直度	⊥	有
	圆度	○	无		倾斜度	∠	有
	圆柱度	⌭	无		线轮廓度	⌒	有
	线轮廓度	⌒	无		面轮廓度	⌓	有
	面轮廓度	⌓	无	位置公差	位置度	⌖	有或无

续表

公差类型	特征项目	符号	有无基准	公差类型	特征项目	符号	有无基准
位置公差	平行度	//	有	位置公差	线轮廓度	⌒	有
	同心度（用于中心点）	◎	有		面轮廓度	⌓	有
	同轴度（用于轴线）	◎	有	跳动公差	圆跳动	↗	有
	对称度	⌯	有		全跳动	⌰	有

课题一　识读并检测形状公差

形状公差是指单一实际要素的形状所允许的变动全量，包括直线度、平面度、圆度、圆柱度、线轮廓度、面轮廓度等。

子课题 1　识读并用合像水平仪检测直线度

学习目标

1. 了解要素的相关概念，掌握被测要素的概念。
2. 掌握直线度的概念，了解直线度的公差带，看懂直线度公差框格的含义。
3. 了解合像水平仪的结构，掌握其读数方法。
4. 掌握用合像水平仪测量并处理数据的方法。

问题与思考

如图 2—1 所示，卧式车床的导轨由 V 形导轨和平面导轨两部分组成，其 V 形导轨两斜面的交线必须平直，否则会使加工的零件产生误差。想一想，如何限定 V 形导轨两斜面的交线的形状？

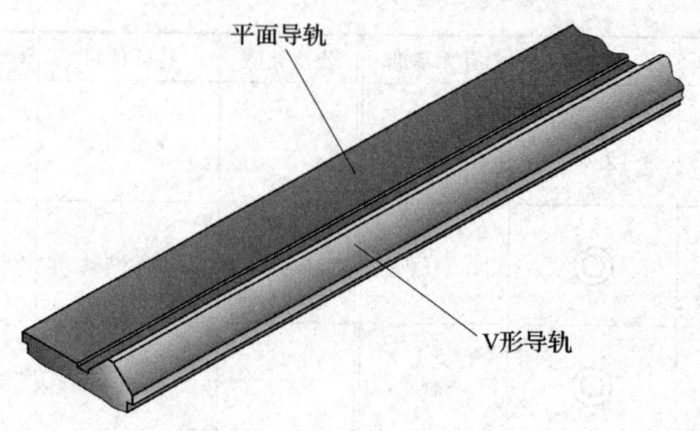

图 2—1　卧式车床的导轨

任务与要求

图 2—1 中 V 形导轨两斜面的交线为空间直线，限定其形状可用多种方法，如用水平方向的两平行平面、垂直方向的两平行平面、四棱柱的四个侧面、圆柱面等都可限制棱线的位置，如图 2—2 所示。

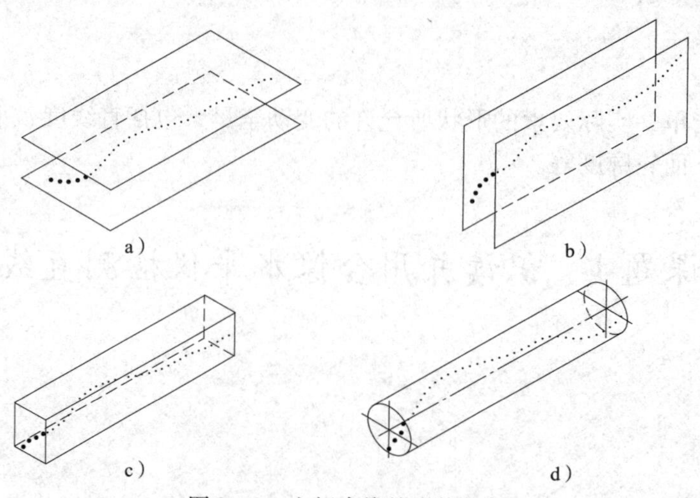

图 2—2　空间直线的形状限制

a）水平方向的两平行平面　b）垂直方向的两平行平面　c）四棱柱的四个侧面　d）圆柱面

图 2—3 为卧式车床的 V 形导轨的图样，为了保证车床的加工精度，对 V 形导轨的上棱边给出了直线度公差，本任务的要求是：

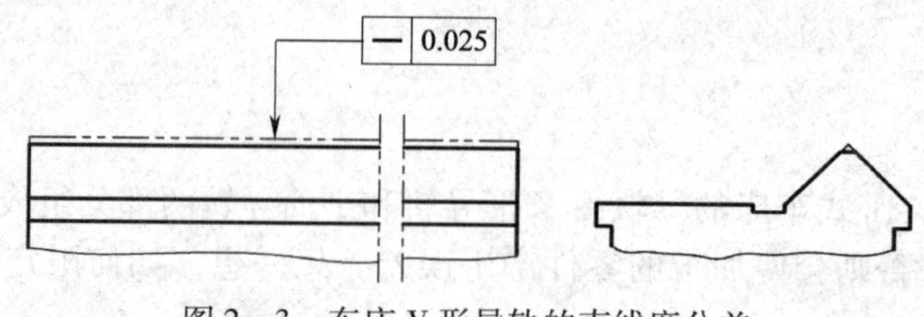

图 2—3　车床 V 形导轨的直线度公差

1. 识读直线度公差框格。

2. 用合像水平仪检测 V 形导轨两斜面交线的直线度误差值，判断导轨的直线度是否合格。

预备知识

一、被测要素的概念

被测要素是指图样上给出几何公差要求的要素，是被检测的对象。被测要素可以是零件上某结构的表面、棱线，也可以是对称面、轴线等，如图 2—3 中的被测要素为 V 形导轨两斜面的交线。

二、直线度的概念

直线度用于限制平面内的直线或空间直线的形状误差，国家标准规定的直线度公差带有三种，其公差带含义和标注见表 2—2。

表 2—2　　直线度公差

项目	功用	公差带的含义	示　例
给定平面	用于限制给定平面内的直线形状误差	注：图中 a 为任意距离 公差带为在给定平面内和给定方向上，间距等于公差值 t 的两平行直线所限定的区域	— 0.1 在任一平行于图示投影面的平面内，上表面的实际线应限制在距离等于公差值 0.1 mm 的两平行直线之间
给定方向	用于限制给定方向上的直线形状误差	在给定方向上，公差带是距离为公差值 t 的两平行平面所限定的区域	— 0.1 被测实际棱线应限定在间距等于公差值 0.1 mm 的两平行平面之间
任意方向	用于限制空间直线的形状误差	ϕt 在任意方向上，公差带为直径等于公差值 t 的圆柱面所限定的区域	— ϕ0.1 被测外圆柱面的实际轴线应限定在直径等于 ϕ0. 1 mm 的圆柱面内

任务实施

一、识读直线度公差

1. 认识直线度公差框格

形状公差在图样中一般用框格的形式表达，如图 2—3 所示，|— |0.025|表示零件的形状公差要求。形状公差由公差框格和指引线组成，如图 2—4 所示。框格中的“—”是直线度的符号。

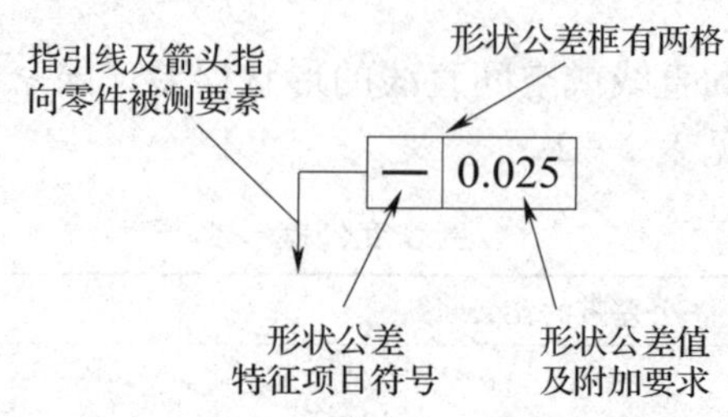

图 2—4　形状公差组成示意图

2. 分析直线度公差带

框格中的“0. 025”是指形状公差值，它是被测要素相对于理想要素所允许的变动全量。即 V 形导轨两斜面相交的棱线的直线度误差应限定在间距等于 0. 025 mm 的两水平平行平面之间。

〔注意〕

1. 形状公差的被测要素为单一要素。
2. 形状公差带的方向和位置是浮动的。

二、准备工具和量具

1. 认识合像水平仪

合像水平仪是一种用来测量微小角度的量仪，合像水平仪的结构如图 2—5 所示，其主要结构有底板、棱镜、目镜、微分筒和大刻度视窗等。在机械制造中，常用合像水平仪来测量零件的形状和位置误差。

2. 认识桥板

桥板的形状如图 2—6 所示，其下方的 V 形槽与车床 V 形导轨接触，其上方的平面放置合像水平仪。

3. 选择工具和量具

准备精度为 0. 01 mm/1 000 mm 合像水平仪一台、桥板一块。

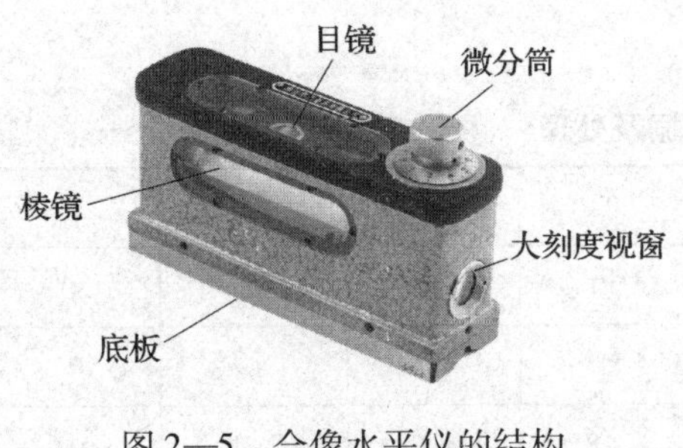

图 2—5　合像水平仪的结构

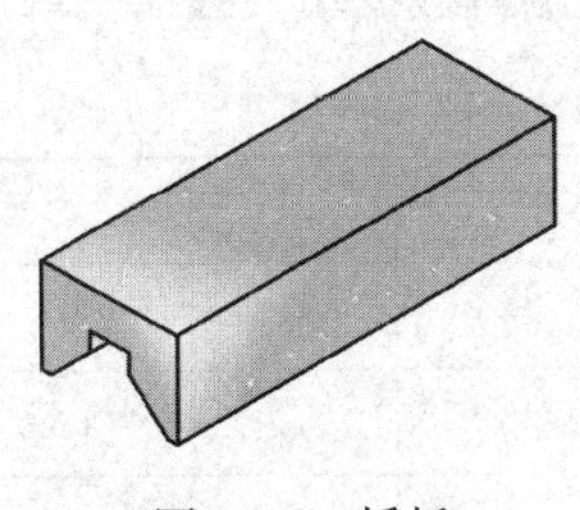

图 2—6　桥板

三、用合像水平仪测量直线度误差

按照桥板的长度在被测要素上分出若干个首尾相接等间距的节距点，将放置合像水平仪的桥板放在某相邻的两节距点上，如图 2—7 所示。合像水平仪模拟的理想要素是水平直线，通过水平仪可以读出两节距点连线与水平直线之间的微小角度。因为被测要素有直线度误差，所以不同的测量部位角度的读数就发生相应的变化。通过对逐个节距的测量和读数，然后用作图或计算的方法，即可求出被测要素的直线度误差值。具体操作步骤如下：

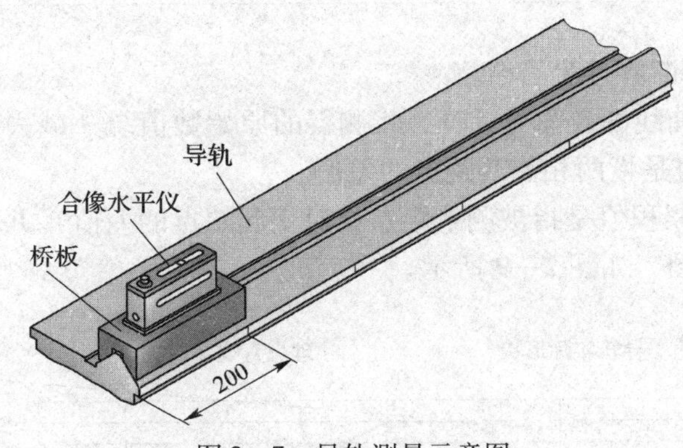

图 2—7　导轨测量示意图

1. 将导轨大体调整至水平位置。
2. 根据桥板长度确定导轨节距为 200 mm，如图 2—7 所示。
3. 将合像水平仪放于桥板最左端，使微分筒在操作者的右手方向（图 2—7）。
4. 将桥板依次沿一个方向放在各节距的位置。每放一个节距后，旋转微分筒，使目镜中的两半像重合，如图 2—8 所示。然后在侧面大刻度视窗中读取百位数，在微分筒上读取十位和个位数。

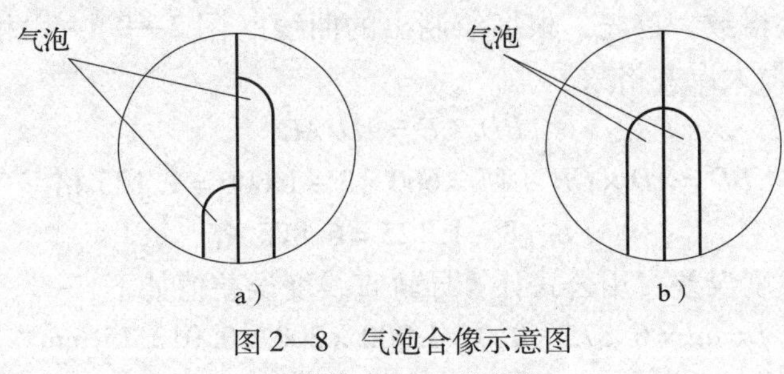

图 2—8　气泡合像示意图
a）调节前　b）调节后

5. 将测得数据填入表 2—3。

表 2—3　　测量数据及处理

节距序号	一	二	三	四	五	六	七	八
测得数值（格）	32	33	33	30	28	28	30	29
相对值（格）	+2	+3	+3	0	−2	−2	0	−1
累积值（格）	+2	+5	+8	+8	+6	+4	+4	+3

〔注意〕

1. 移动桥板时，必须首尾相接。

2. 调节合像时，必须让气泡稳定后方可读数。

3. 测量前，应做好量具和导轨被测表面的清洁工作。

四、处理数据，判断零件是否合格

1. 为了便于绘制曲线图及简化计算，将测得的原始数值统一减去 30，得出相对值，见表 2—3。因此，相对值是指两相邻节距点的差值。

2. 计算累积值（累积值是指被测节距点相对于起始点的差值）并填入表 2—3。

3. 绘制导轨曲线图，如图 2—9 所示。

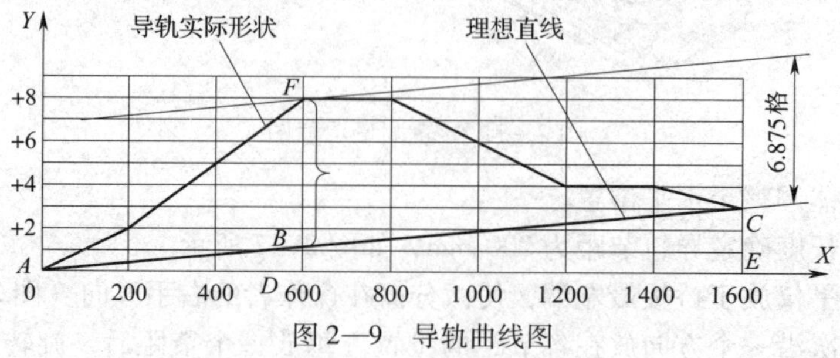

图 2—9　导轨曲线图

绘制曲线图时，一般在坐标纸上进行。Y 轴表示水平仪倾斜格数，即累积值，X 轴表示导轨分段间距和导轨长度。按累积值找出各点坐标，并依次连接。

4. 计算最大误差格数。首先，根据绘制出的曲线（图 2—9），用相似三角形法计算导轨相对于理想直线的最大误差格数。

$$BD/CE = AD/AE$$

$$BD = AD \times CE \div AE = 600 \times 3 \div 1\,600 = 1.125 \text{ 格}$$

$$FB = 8 - 1.125 = 6.875 \text{ 格}$$

5. 计算导轨直线度误差。用公式计算导轨直线度误差值如下：

$$f = nil = 6.875 \times 0.01/1\,000 \times 200 = 0.013\,75 \text{ mm}$$

式中　f——直线度误差，mm；

n——曲线格数；

i——水平仪的精度；

l——分段节距，mm。

6．判断零件直线度误差是否合格。只要计算出的 V 形导轨的两斜面相交的棱线的直线度误差值≤0.025 mm，就表明其直线度符合图样要求。根据计算，所测棱线的直线度误差值为 0.013 75 mm，符合图样上标注的直线度公差要求，被测导轨直线度误差合格。

子课题 2　识读并用间隙法检测直线度

学习目标

1．了解量块、塞尺、刀口尺、平尺的结构及使用方法。

2．掌握用平尺、量块和塞尺等测量直线度误差及处理数据的方法。

3．掌握用间隙法测量直线度误差的方法。

问题与思考

图 2—10 所示为一长方体垫铁，其上工作平面有公差值为 0.10mm 的直线度要求，想一想，是否有比用合像水平仪更简单的测量方法？

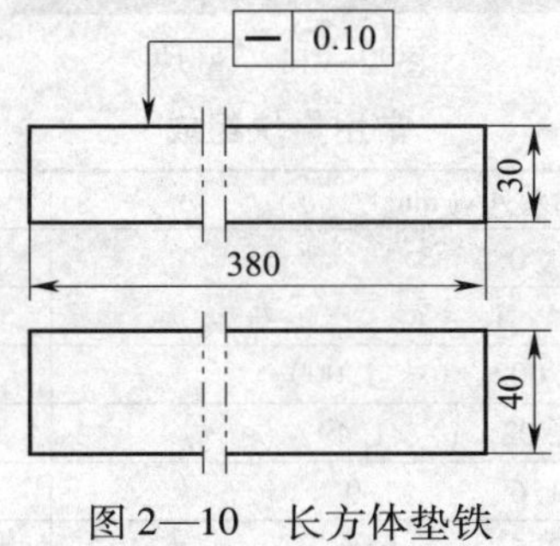

图 2—10　长方体垫铁

任务与要求

测量直线度误差的方法有很多，除了用合像水平仪测量外，还可以采用间隙法进行测量，也可用刀口尺进行测量。本任务的要求是：

1．用量块组合尺寸。

2．使用量块、塞尺和平尺等测量长方体垫铁的直线度误差。

任务实施

一、识读直线度公差

1. 认识直线度公差框格

图 2—10 中的 | — | 0.10 | 表示零件的直线度要求，“—”是直线度的符号，引线箭头指向的被测要素是长方体垫铁的上表面。

2. 分析平面度公差带

框格中的“0. 10”是直线度公差值，即被测表面的素线必须位于平行于图样正投影面，且距离为公差值 0. 10 mm 的两平行线内。

二、准备工具和量具

1. 认识量块

量块是由两个相互平行的测量面之间的距离来确定其工作长度的一种高精度的端面量具，也称块规，其外形如图 2—11 所示。量块普遍采用 GCr15 轴承钢制造，它具有线膨胀系数小、不易变形、耐磨性好等优点。我国生产的成套量块有 91 块、87 块、46 块、42 块等几种规格，表 2—4 列出了常用量块的尺寸构成系列。

图 2—11 量块

表 2—4 常用量块组成

总块数	尺寸系列（mm）	间隔（mm）	块数
91	0. 5	—	1
	1	—	1
	1. 001、1. 002、…、1. 009	0. 001	9
	1. 01、1. 02、…、1. 49	0. 01	49
	1. 5、1. 6、…、1. 9	0. 1	5
	2. 0、2. 5、…、9. 5	0. 5	16
	10、20、…、100	10	10
87（83 +4）	0. 5	—	1
	1	—	1
	1. 005	—	1
	1. 01、1. 02、…、1. 49	0. 01	49
	1. 5、1. 6、…、1. 9	0. 1	5
	2. 0、2. 5、…、9. 5	0. 5	16
	10、20、…、100	10	10
	1. 5（护块）	—	2
	1（护块）	—	2

如图 2—12 所示，量块的形状为长方体，其上有两个测量面，两测量面之间具有精确的尺寸。每个量块都刻有代表其标称长度的数码，标称长度不大于 5.5 mm 的量块，代表其标称长度的数码刻印在测量面上；标称长度大于 5.5 mm 的量块，代表其标称长度的数码刻印在面积较大的一个侧面上。

由于量块的测量面非常平整和光洁，让两个量块的测量面互相接触，并少许用力使其作切向相对滑动，就能使两块量块研合在一起，通过多块量块的组合就可组成各种尺寸。量块组合时应尽量减少量块组的块数，一般不超过 4 块。如要求从 87 块一套的量块中组合尺寸为 65.655 mm 的量块组，可采用如下方法：

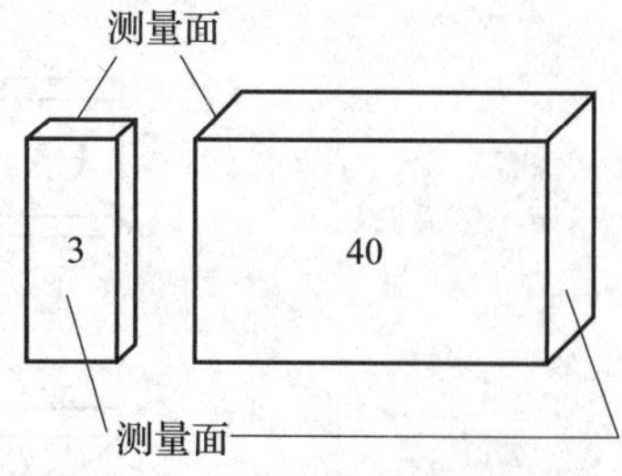

图 2—12　量块的结构

65.655	需要组合出量块的尺寸
−1.005	选用第一块量块尺寸为 1.005 mm
64.65	剩余尺寸
−1.15	选用第二块量块尺寸为 1.15 mm
63.5	剩余尺寸
−3.5	选用第三块量块尺寸为 3.5 mm
60	选用第四块量块尺寸为 60 mm

在 87 块的量块组中，有 4 块护块，护块用钢制成，也有用硬质合金制成的，它通常截去一个角，或用特殊标志以示区别。护块研合在量块组的两端，以减少量块的磨损，起到保护量块的作用。

量块是一种精密量具，其加工精度高，价格也较高，使用时应注意以下几点：

（1）所选量块应用航空汽油清洗、洁净软布擦干。使用量块时，不可以对着量块说话，以防唾沫溅在量块上而导致其生锈。

（2）量块要轻拿、轻放，杜绝磕碰、跌落等情况的发生。常用量块要放入干燥器内，随用随取，这样可以省去涂油和清洗时间。

（3）量块使用完毕，应用航空汽油清洗，并擦干后涂上防锈脂存放在干燥处。长期不用的量块要定期（至少每年一次）进行清洗、重涂防锈油。

2. 认识塞尺

塞尺是指具有标准厚度尺寸的单片或成组的薄片，又称厚薄规，如图 2—13 所示。塞尺用于测量两结合面之间的间隙，使用时可以一片或数片重叠在一起插入间隙内。

3. 认识平尺

平尺是在检测直线度或平面度时用作基准的一种量尺，按其形状分为矩形平尺、工字形平尺和桥形平尺，如图 2—14 所示。矩形平尺和工字形平尺有上、下两个工作面，桥形平尺只有一个工作面。

平尺一般用优质铸铁制造，矩形平尺也可用轴承钢或花岗石制造。平尺用于以着色法、指示表法检验平板、长导轨等零件的平面度，也常用于以光隙法检验工件棱边的直线度。

图 2—13　塞尺

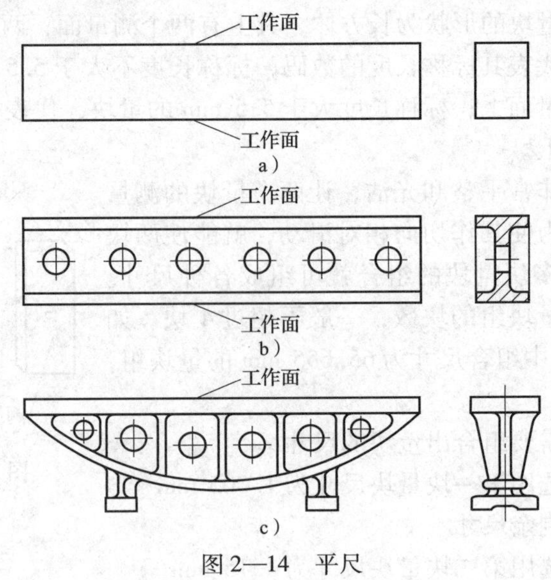

图 2—14　平尺

a）矩形平尺　b）工字形平尺　c）桥形平尺

4. 选择工具和量具

准备 87 块一套的量块一套、塞尺一把、长 400 mm 的平尺一把。

三、用间隙法测量零件直线度误差

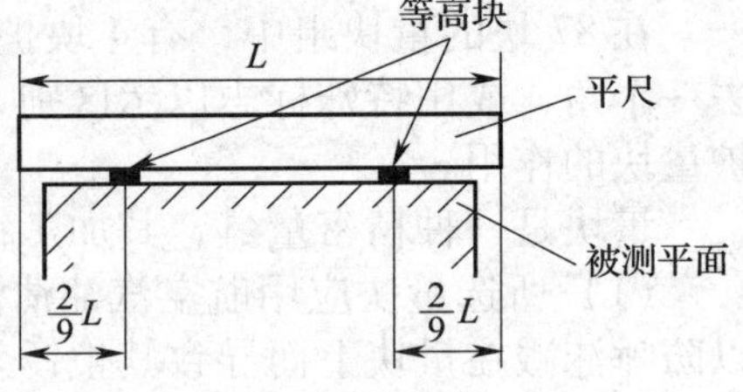

图 2—15　用平尺测量直线度

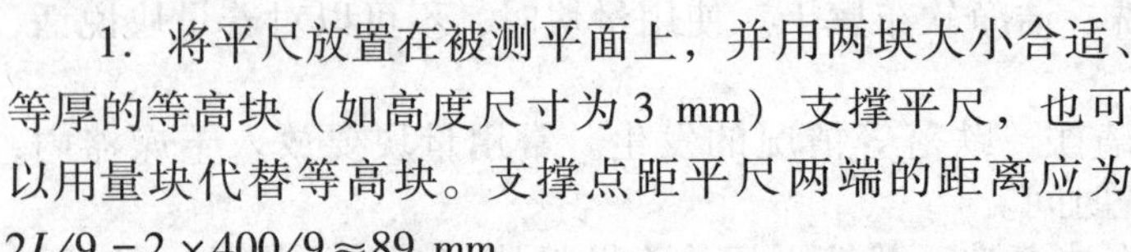

根据图 2—10 知长方体垫铁的长为 380 mm，用平尺测量长方体垫铁直线度的方法如图 2—15 所示，具体步骤如下：

1. 将平尺放置在被测平面上，并用两块大小合适、等厚的等高块（如高度尺寸为 3 mm）支撑平尺，也可以用量块代替等高块。支撑点距平尺两端的距离应为 $2L/9=2\times400/9\approx89$ mm。

2. 用平尺模拟测量基准，将带护块的量块和塞尺放置在所形成的间隙处直接测出平尺工作表面与被测直线之间的距离，并不断调整量块（或塞尺）的位置测得多组数据。在测量过程中，须不断调整量块（或塞尺）的厚度，保证所测距离的精确性。

在被测平面上的不同位置进行多次测量，将测量的数据填入表 2—5。

表 2—5　　直线度测量数据

测量次数	1	2	3	4	5	6	7
测量值（mm）	3.06	3.04	3.02	2.94	3.04	3.05	3.03

四、处理数据，判断零件是否合格

该表面的直线度误差为：

$$f=f_{\max}-f_{\min}=3.06-2.94=0.12\text{ mm}$$

式中　f——直线度误差，mm；

$f_{\max}$——测得的最大值，mm；

f_{min}——测得的最小值，mm。

测得的直线度误差为0. 12 mm，图样中提出的直线度公差为0. 10 mm。直线度误差超出了图样的直线度要求，所以该零件的直线度不合格。

〔知识拓展〕

一、用刀口尺检测直线度误差

刀口尺是具有一个测量面的刀口形直尺，如图 2—16a 所示。刀口尺主要用来测量工件的直线度或平面度误差，用刀口尺测量直线度误差的方法如图 2—16b 所示，具体步骤如下：

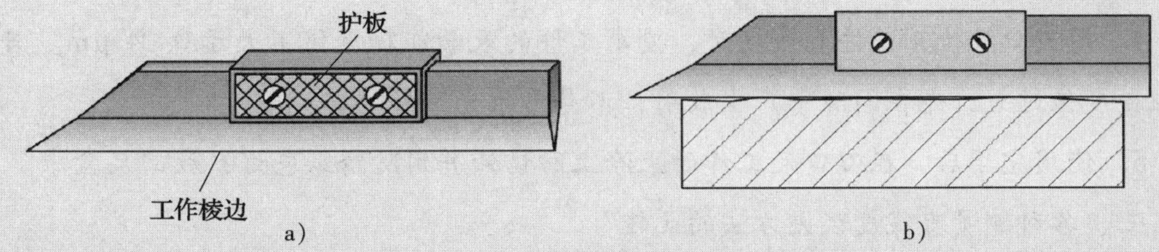

图 2—16 刀口尺及直线度检测

a）刀口尺 b）用刀口尺检测直线度误差

1. 手握刀口尺的护板，使刀口尺的工作边轻轻地与被测面接触，凭刀口尺的自重使其工作棱边与被测面紧密贴合，不允许对刀口尺施加压力。

2. 观察刀口尺与被测线之间的最大光隙，并根据光隙大小选择测量方法。

（1）当光隙较大时，可用塞尺测量其数值。

（2）当光隙较小时，需要通过与标准光隙比较来估读光隙量的大小。产生标准光隙的方法如图 2—17 所示，在测量平台上水平放置平尺，用两块等高量块研合在平尺的工作面上，选取比等高量块尺寸依次小 1、2、3、4 μm 的 4 块量块，按图示位置研合在平尺上，然后将刀口尺架在两等高量块上，这样就构成了 1 ~4 μm 的标准光隙。

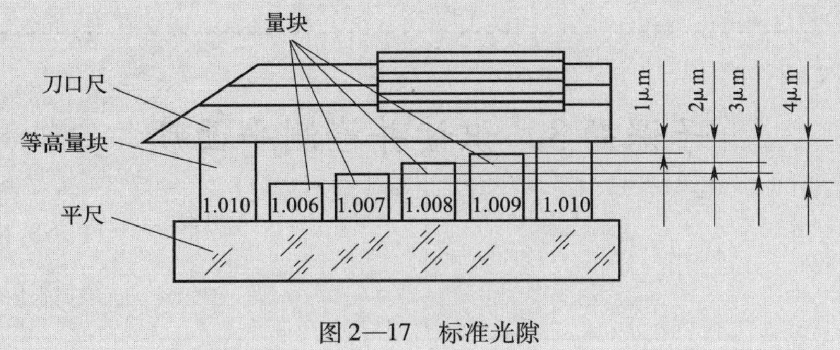

图 2—17 标准光隙

（3）当光隙较小时，还可以通过观察透光颜色判断间隙大小。若间隙大于2.5 μm，透光颜色为白光；间隙为1 ~2 μm 时，透光颜色为红光；间隙为1 μm 时，透光颜色为蓝光；间隙小于1 μm，透光颜色为紫光；间隙小于0.5 μm，则不透光。

二、使用刀口尺的注意事项

1. 测量前，应检查刀口尺测量面是否清洁，不得有划痕、碰伤、锈蚀等缺陷。

2. 手应握持护板，以避免温度对测量结果的影响和产生锈蚀。

3. 使用刀口尺时不得碰撞，以确保其工作棱边的完整，否则将影响测量的准确度。

4. 用刀口尺检测工件直线度时，要求工件的表面粗糙度值不大于0.04 μm。若表面粗糙度值过大，光在间隙中产生散射，不易看准光隙量。

5. 使用完毕后，在刀口尺工作面上涂上防锈油并用防锈纸包好，放回尺盒中。

三、各种测量直线度误差方法的比较

1. 用合像水平仪测量直线度误差的特点

合像水平仪的灵敏度较高，可以测量直线度要求较高的要素的直线度误差，与桥板配合使用，也可以测量尺寸较大的结构要素。但是其数据处理比较麻烦，一般用于大、中型零件垂直截面内直线度误差的测量。

2. 用间隙法测量直线度误差的特点

用间隙法测量直线度误差的原理比较简单，数据处理比较方便，但是测量精度相对较低，一般用于直线度要求不太高的场合。

3. 用刀口尺测量直线度误差的特点

用刀口尺测量直线度误差的方法简单实用，但测量精度与测试人员经验有关。另外，由于受到刀口尺尺寸限制，只适于检测磨削或研磨加工的小平面的直线度以及短圆柱面、圆锥面的素线直线度。

子课题3　识读并检测平面度

学习目标

1. 掌握平面度的概念，了解平面度的公差带，读懂平面度公差框格的含义。

2. 了解千分表的结构，掌握其读数方法。

3. 掌握用千分表测量平面度误差并处理数据的方法。

问题与思考

图2—18为一块工作面为340 mm×250 mm的长方形的小平板，能用直线度限制该平面的误差吗？如果将小平板放在一个铸铁平板上，如何保证工作平面与铸铁平板的工作面平行？

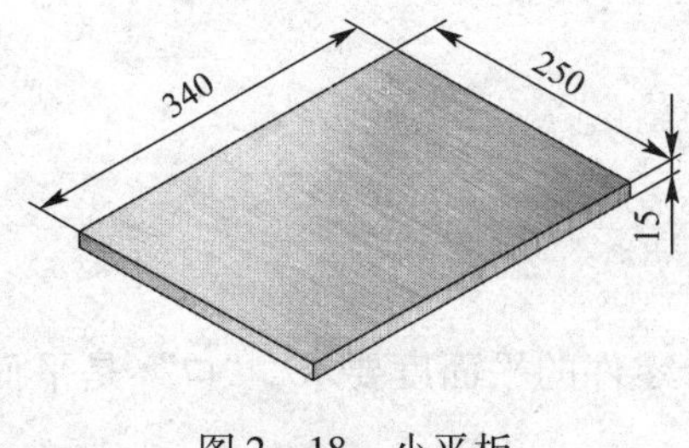

图2—18　小平板

任务与要求

直线度公差不能用来限制长、宽尺寸都较大的平面的误差，限制其误差需要用平面度公差。小平板工作平面的平面度公差要求如图2—19所示，本任务的具体要求是：

1. 读懂图2—19中平面度公差的含义。

2. 用千分表检测小平板工作平面的平面度误差，判断被测平面的平面度是否合格。

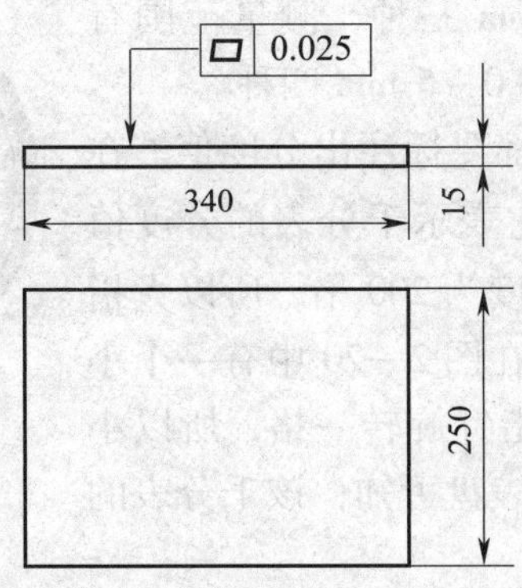

图2—19　小平板的平面度要求

预备知识

平面度是指单一实际平面所允许的变动全量，其公差带含义和标注见表2—6。

表 2—6　　　　平面度公差

项目	功用	公差带的含义	示例
平面度公差	用于限制被测实际平面的形状误差	公差带为间距等于公差值 t 的两平行平面所限定的区域	▱ 0.08 被测实际表面应限定在间距等于公差值 0.08 mm 的两平行平面之间

任务实施

一、识读平面度公差

1. 认识平面度公差框格

图 2—19 中的 ▱ 0.025 表示零件的平面度要求，“▱”是平面度的符号，指引线箭头指向的被测要素是小平板的上表面。

2. 分析平面度公差带

框格中的“0.025”是平面度公差值，即实际被测平面的平面度误差应限定在间距等于 0.025 mm 的两平行平面之间。

二、准备工具和量具

1. 认识千分表

千分表的外形结构与百分表类似，只是分度盘的分度值不同，如图 2—20 所示。千分表的分度值有 0.001 mm、0.002 mm 和 0.005 mm 三种，测量范围有 0 ~ 1 mm、0 ~ 2 mm、0 ~ 3 mm 和 0 ~ 5 mm 四种。

一般情况下，在表盘上一般都要标注出分度值。在图 2—20 中，标注了“→|1 μm|←”，它表示千分表的分度值为 0.001 mm。该千分表每圈的刻度为 200 格，所以大指针旋转一周则测头移动 0.2 mm。在图 2—20 中有一个小刻度盘，大指针每旋转一圈，小指针旋转一格，所以小表盘上的 2 表示 0.2 mm。分析小表盘可知，该千分表的测量范围为0 ~ 1 mm。

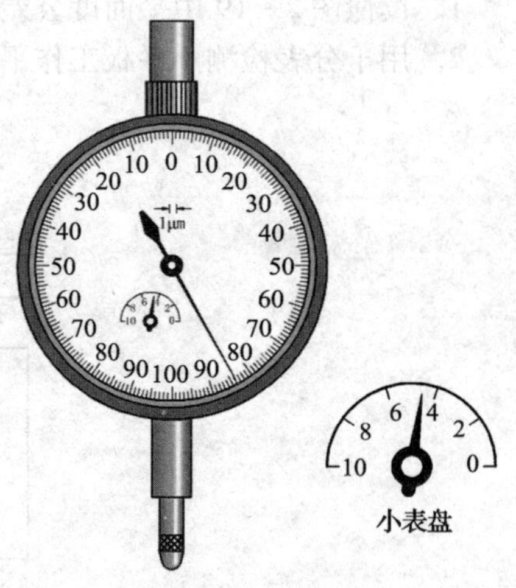

图 2—20　千分表

在读取千分表的示值时，要先读出小表盘的示值，再读出大表盘的示值。图 2—20 中千分表小指针的示值为 0.4 mm，大指针的示值为0.084 mm，所示该千分表的示值为：0.4 + 0.084 = 0.484 mm。

2. 选择工具和量具

选择分度值 0.001 mm，测量范围 0 ~ 1 mm 的千分表一块。选择铸铁平板一块、活头千斤顶 3 个、表架一套。

三、用千分表测量小平板上表面的平面度误差

在实际中常用三远点法测量平面度误差，其原理是以通过被测实际表面上相距最远且不在一条直线上的三个点建立一个基准平面，各测点对此基准平面的偏差中最大值与最小值之差即为平面度误差，具体测量方法和步骤如下：

1. 布置测量点

根据小平板的尺寸大小，在小平板上表面上，按图 2—21 所示的方法布置 24 个测量点。

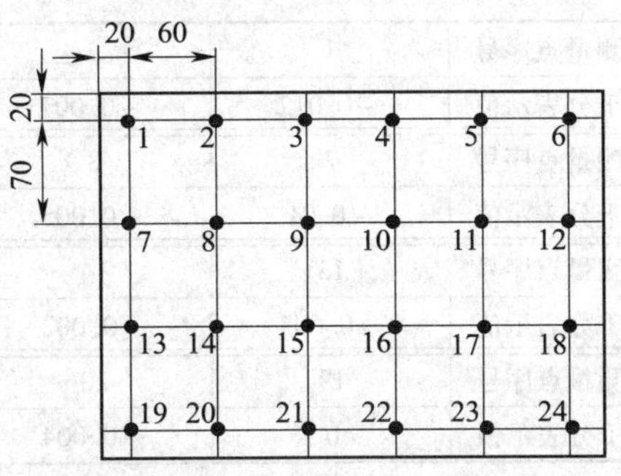

图 2—21　小平板测量点分布示意图

2. 安装活头千斤顶

将小平板的上表面朝上，在铸铁平板上放三个活头千斤顶，将小平板撑起。为使三个活头千斤顶的位置为小平板上相距最远的三个点，将三个活头千斤顶分别放置于测量点 3 与 4 的中点的下方和测量点 19、测量点 24 的下方，如图 2—22 所示。

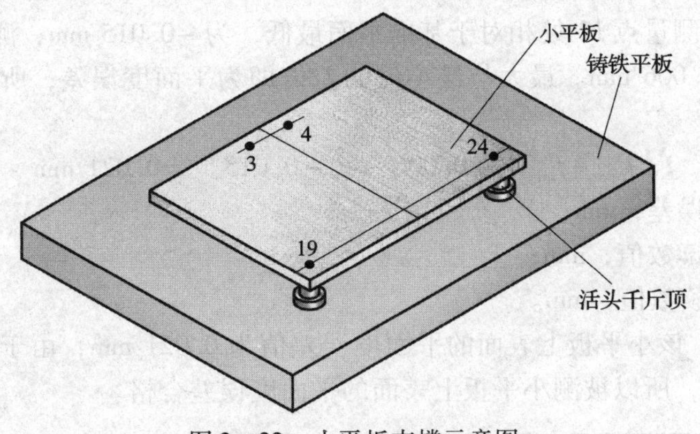

图 2—22　小平板支撑示意图

3. 建立基准平面

将千分表安装在表架上，使测杆垂直于被测表面，调节活头千斤顶使三点到铸铁平板工作面的距离一致，如图 2—23 所示。

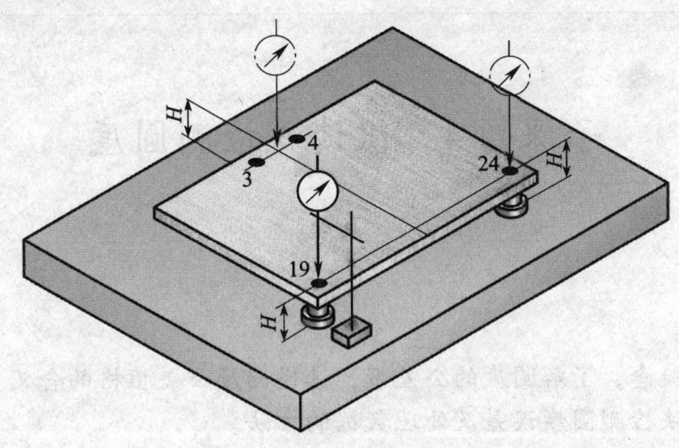

图 2—23　小平板基准平面找正示意图

4. 测量并记录数据

将千分表调零，按布点位置逐一测量各点相对于基准平面的误差值，并记录各示值，填入表2—7中。

表2—7 各测点千分表读数值 mm

测量点序号	1	2	3	4	5	6
千分表示值	-0.012	-0.007	0	0	-0.005	-0.01
测量点序号	7	8	9	10	11	12
千分表示值	-0.01	-0.005	+0.006	+0.003	0	-0.015
测量点序号	13	14	15	16	17	18
千分表示值	-0.005	+0.002	+0.005	-0.005	-0.01	-0.01
测量点序号	19	20	21	22	23	24
千分表示值	0	+0.004	+0.003	0	+0.002	0

四、处理数据，判断零件是否合格

表2—7显示，测量点12处相对于基准平面最低，为-0.015 mm；测量点9处相对于基准平面最高，为+0.006 mm。最大与最小值的差值即为平面度误差，所以零件的平面度误差为：

$$f = f_{max} - f_{min} = +0.006 - (-0.015) = 0.021\ \text{mm}$$

式中 f——平面度误差，mm；

f_{max}——最大读数值，mm；

f_{min}——最小读数值，mm。

通过计算可知，该小平板上表面的平面度误差值为0.021 mm，由于该数值小于平面度公差要求0.025 mm，所以被测小平板上表面的平面度误差合格。

〔注意〕

1. 用三远点法测量平面度误差时，测量精度与三基准点选择和布点密集程度有直接关系。
2. 用三远点法测量出的平面度误差值会稍大于实际误差值。

子课题4 识读并检测圆度

学习目标

1. 掌握圆度的概念，了解圆度的公差带，读懂圆度公差框格的含义。
2. 掌握用三点法检测圆度误差及处理数据的方法。
3. 了解用两点法检测圆度误差的方法。

4. 了解用圆度仪检测圆度误差的方法。

问题与思考

如图 2—24 所示为薄壁套，将其放在 V 形架上旋转一周，用百分表检测其外圆柱面是否变形时，百分表在 0 ~ 6 格间摆动了 3 次，这是为什么？

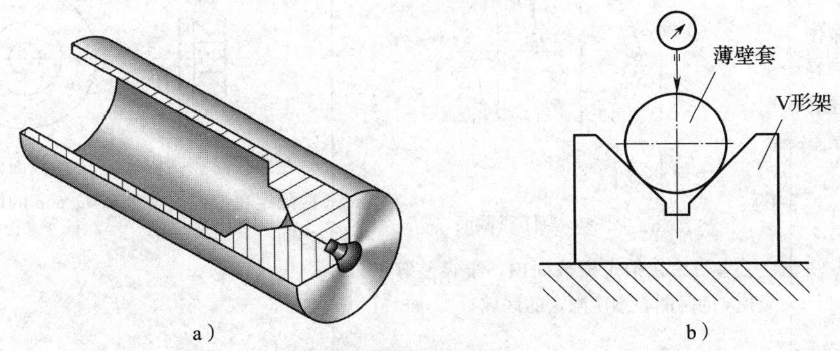

图 2—24 薄壁套及变形检测

a）薄壁套 b）变形检测

任务与要求

薄壁零件在加工过程中，因夹紧力或刀具切削力等因素的作用，薄壁圆柱面会产生变形。薄壁套的圆度公差要求如图 2—25 所示，本任务的要求是：

1. 识读圆度公差框格。
2. 用三点法检测薄壁套的圆度误差。

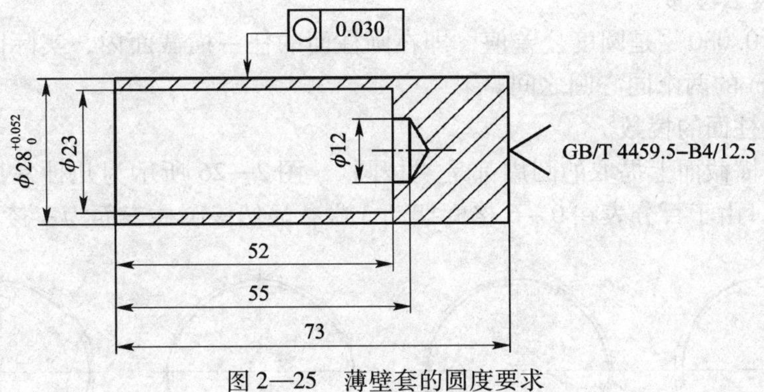

图 2—25 薄壁套的圆度要求

预备知识

圆度是指单一实际圆所允许的变动全量。其公差带含义和标注见表 2—8。

表 2—8 圆度公差

项目	功用	公差带的含义	示例
圆度公差	用于限制回转表面径向截面轮廓的形状误差	注：图中 a 为任意截面 公差带为在给定横截面内，半径差等于公差值 t 的两同心圆所限定的区域	在圆柱面和圆锥面的任意截面内，实际圆周应限定在半径差等于 0.03 mm 的两共面同心圆之间

任务实施

一、识读圆度公差

1. 认识圆度公差框格

图 2—25 中的 [○ | 0.030] 表示零件的圆度要求，“○”是圆度的符号，指引线箭头指向的被测要素是圆柱最外素线，并与圆柱最外素线垂直。

2. 分析圆度公差带

框格中的“0.030”是圆度公差值，即在圆柱面的任一横截面内，实际圆周应限定在半径差为 0.030 mm 的两个同心圆之间。

二、分析圆柱面的棱数

实际圆柱面横截面上提取的圆周都是“棱圆”，图 2—26 所示为几种常见的棱圆（图形误差有所放大）。由于百分表在 0～6 格间摆动 3 次，显然该圆柱表面为三棱圆。

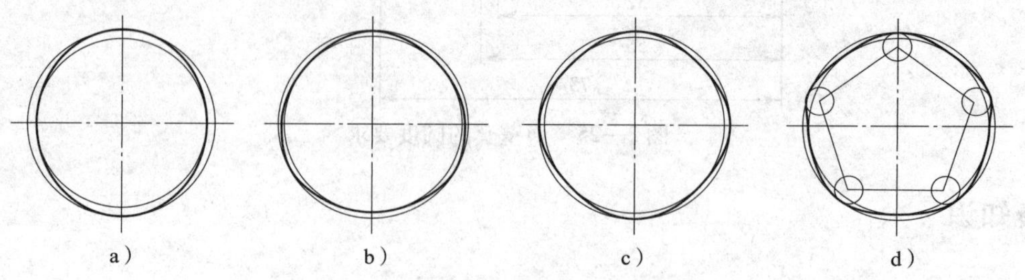

图 2—26 几种常见棱圆

a）椭圆（两棱） b）三棱圆 c）四棱圆 d）五棱圆

三、准备工具和量具

准备铸铁平板一块、90°V 形架一个、方箱一个、百分表及表架一套、ϕ10 mm 钢球一个。

四、用三点法测量圆度误差

1. 测量前的准备工作

（1）将待测零件、90°V 形架、铸铁平板等清理干净，将零件放在 V 形架上，为了保证在同一截面上测量，以钢球及方箱作轴向定位，如图 2—27 所示。

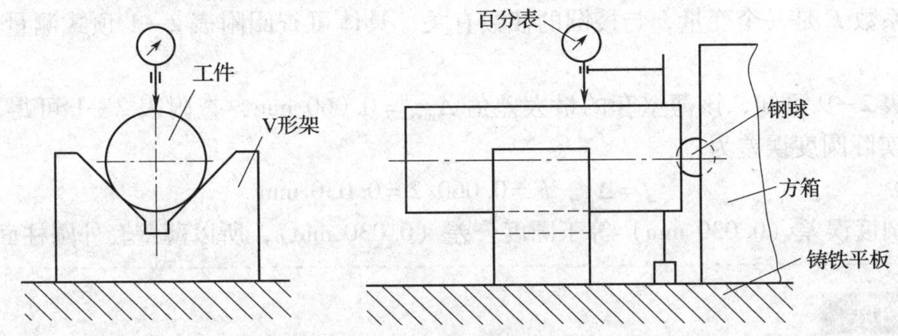

图 2—27 三点法测量圆度误差

（2）用手轻轻推压百分表的测头，检查测杆和指针动作是否灵敏。

（3）将百分表安装到表架上，调整百分表的高度，使百分表与被测要素接触良好。

（4）调整百分表的位置，使百分表的测量杆垂直于零件轴线。

（5）将百分表校零。

在这种测量方法中，V 形架的两侧面、百分表测量触头等三个点与被测圆接触，测量这三个点的位置变化作为直径的变化，所以称为三点法。三点法用于测量奇数棱圆柱的圆度误差。

2. 测量并记录数据

（1）使被测零件旋转一周，记录测得的最大值和最小值，填入表 2—9 中。

（2）均匀测量若干个截面，并记录每个截面的数据。

表 2—9 薄壁套圆度测量数据及处理 mm

测量次数	1	2	3	4	5	6
最大读数值 f_{max}	+0.035	+0.035	+0.033	+0.030	+0.035	+0.025
最小读数值 f_{min}	−0.025	−0.023	−0.020	−0.020	−0.020	−0.005
差值 Δ	0.060	0.058	0.053	0.050	0.055	0.030

五、处理数据，判断零件是否合格

1. 计算差值 Δ

差值 Δ 为百分表每个截面测得的最大读数值与最小读数值之差，即：

$$\Delta = f_{max} - f_{min}$$

式中 Δ——差值，mm；

f_{max}——百分表最大读数值，mm；

f_{min}——百分表最小读数值，mm。

2. 计算圆度误差

用三点法测量圆度误差时，计算出 Δ 值后，其圆度误差需用下式计算：

$$f=\Delta_{max}/F$$

式中 f——实际圆度误差，mm；

Δ_{max}——最大差值，mm；

F——反映系数。

反映系数 F 是一个变量，与棱圆的棱数有关，具体可查阅附表 2—1 顶式测量的反映系数。

根据表 2—9 可知，该薄壁套的最大差值 $\Delta_{max}=0.060$ mm，查附表 2—1 可得反映系数 $F=2$，则实际圆度误差为：

$$f=\Delta_{max}/F=0.060/2=0.030\ \text{mm}$$

实际圆度误差（0.030 mm）等于圆度公差（0.030 mm），所以薄壁套外圆柱面合格。

〔知识拓展〕

一、用两点法测量圆度误差

两点法是指利用直径方向上的两点对圆度进行测量的方法。检验时可采用游标卡尺、千分尺、百分表等量具，在被测零件回转一周过程中，测量孔或轴实际表面同一正截面的直径方向上尺寸的变动全量。将量具读数的最大差值的一半作为单个截面的圆度误差，测量若干截面，取其中最大误差值作为该零件的圆度误差。两点法适合对偶数棱圆柱面的圆度误差进行测量。用百分表测量圆度误差的具体步骤如下：

1. 将被测零件放置在铸铁平板上。

2. 将百分表安装到表架上，调整百分表的高度，使百分表与被测要素接触良好，如图 2—28 所示。

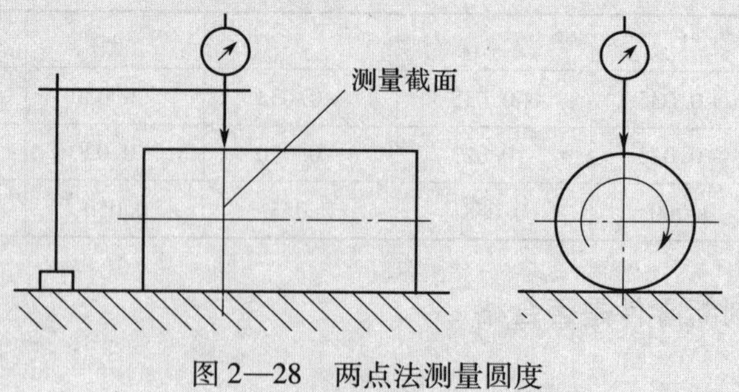

图 2—28　两点法测量圆度

3. 调整百分表的位置，使百分表的测量杆垂直于零件轴线。

4. 使被测零件旋转一周，记录测得的最大值和最小值。旋转零件时注意防止零件轴向移动。

5. 均匀测量若干个截面，处理测得数据，得到圆度误差值。另外，两点法与三点法可组合使用，用于测量不知具体棱数的圆柱面的圆度误差。

二、用圆度仪测量圆度误差

圆度仪主要用于测量圆度误差。圆度仪的实物如图 2—29 所示，其工作原理如图 2—30所示。测量时，被测件安置在回转工作台上，随工作台一起转动。传感器在支架上固定不动，传感器测头与被测件轮廓相接触。在被测件回转过程中，传感器将被测件截面的变化输入到测量放大器放大并作相应的信号处理后，输送到记录器记录或用计算机处理并显示结果。

多功能型圆度仪还可测量圆柱度、同心度、同轴度、径向跳动、轴向跳动、平行度、垂直度、圆柱端面的平面度等误差。

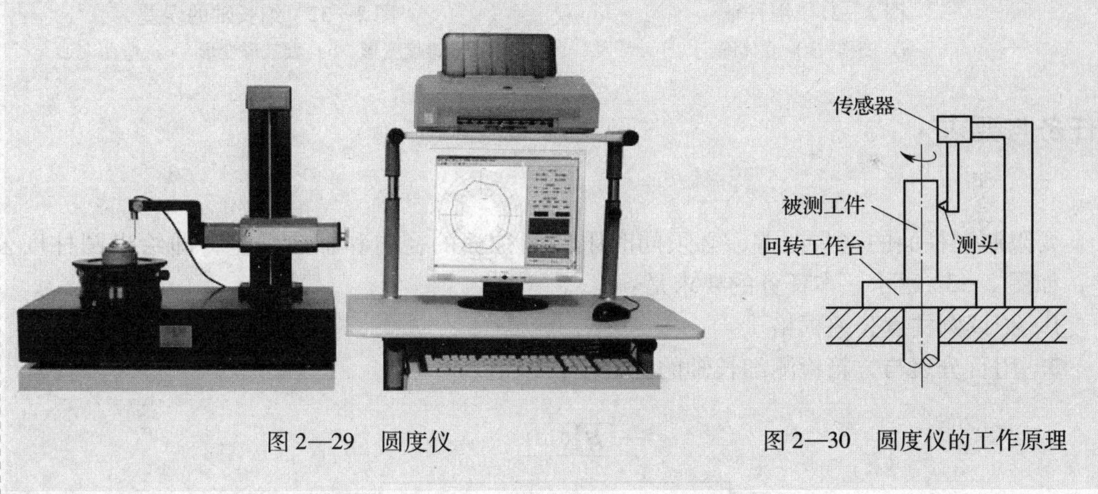

图 2—29 圆度仪　　图 2—30 圆度仪的工作原理

子课题5 识读并检测圆柱度

学习目标

1. 掌握圆柱度的概念，了解圆柱度的公差带，读懂圆柱度公差框格的含义。
2. 掌握用百分表与方箱检测圆柱度误差的方法。

问题与思考

图 2—31 所示为一细长轴，零件在加工中可能产生锥度变形、腰鼓形变形、弯曲变形等形状误差，如图 2—32 所示。那么，如何测量这些误差呢？

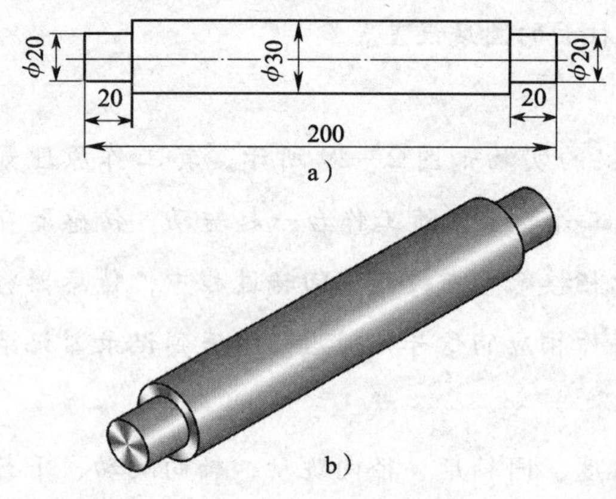

图 2—31　细长轴
a）图样　b）立体图

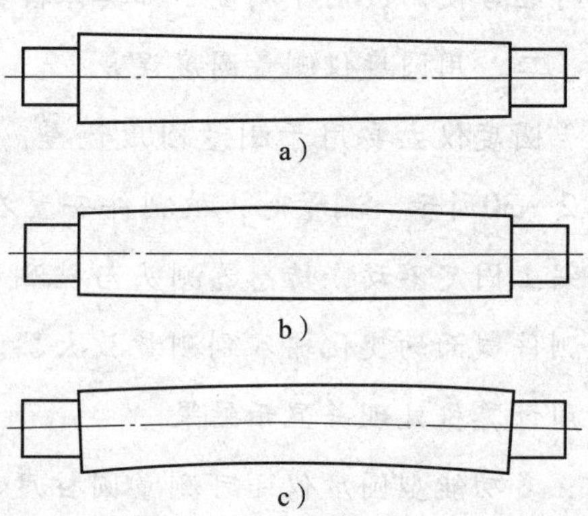

图 2—32　细长轴的误差
a）锥度变形　b）腰鼓形变形　c）弯曲变形

任务与要求

要限制圆柱面的这些误差，必须同时限制圆柱面的径向和轴向误差，即给出圆柱度公差，如图 2—33 所示。本任务的要求是：

1. 识读圆柱度公差框格。
2. 用百分表与方箱检测细长轴的圆柱度误差值。

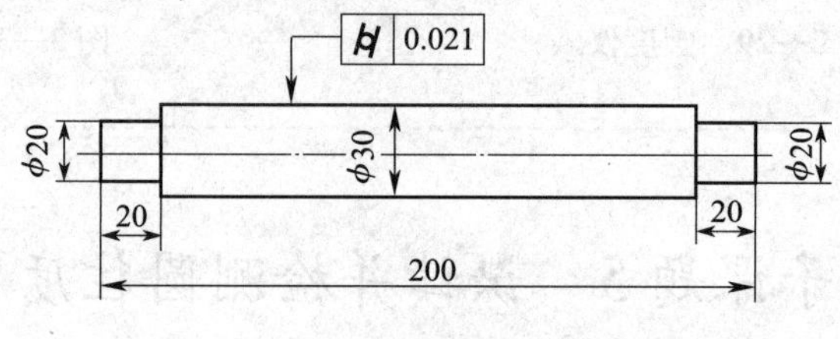

图 2—33　细长轴的圆柱度要求

预备知识

圆柱度是指单一实际圆柱所允许的变动全量，圆柱度公差用于控制圆柱表面的形状误差，其公差带含义和标注见表 2—10。

表 2—10　　圆柱度公差

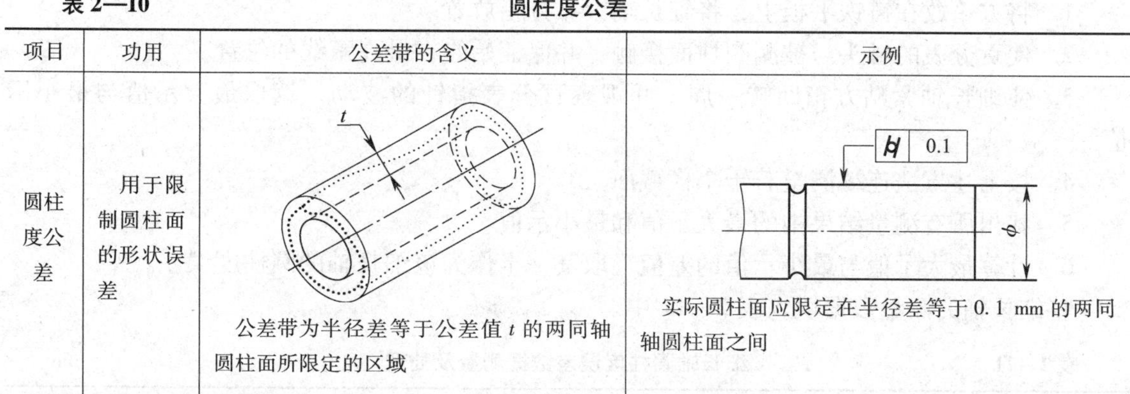

项目	功用	公差带的含义	示例
圆柱度公差	用于限制圆柱面的形状误差	公差带为半径差等于公差值 t 的两同轴圆柱面所限定的区域	实际圆柱面应限定在半径差等于 0.1 mm 的两同轴圆柱面之间

任务实施

一、识读圆柱度公差

1. 认识圆柱度公差框格

图 2—31 中的 [⌭ 0.021] 表示零件的圆柱度要求；“⌭”是圆柱度公差的符号；指引线箭头指向的被测要素是圆柱面的最外素线，并与圆柱面最外素线垂直。

2. 分析圆柱度公差带

框格中的“0.021”是圆柱度公差值，即实际圆柱面应限定在半径差为 0.021 mm 的两个同轴圆柱面之间。

二、准备工具和量具

准备铸铁平板一块、方箱一个、百分表及表架一套。

三、测量圆柱度误差

圆柱度误差可以采用圆度仪、三坐标仪测量，也可以用百分表、铸铁平板和方箱测量，如图 2—34 所示，具体测量步骤如下：

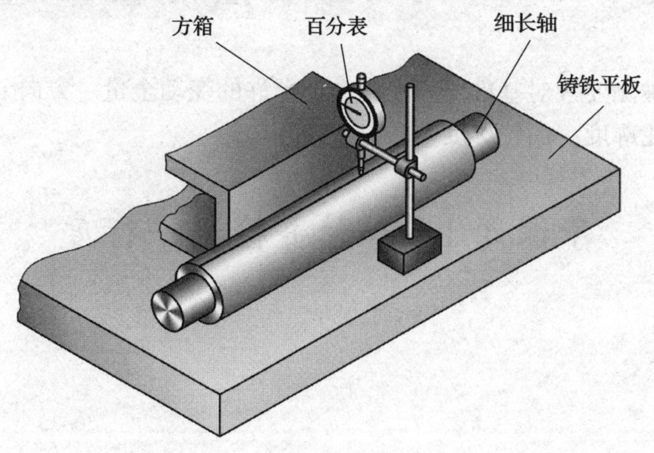

图 2—34　细长轴圆柱度的测量

1. 将方箱放在铸铁平板上，将细长轴紧靠方箱放置。

2. 使百分表的触头与被测圆柱面接触，并保证始终在最高素线的位置。

3. 使细长轴紧贴方箱回转一周，并观察百分表指针的波动，读取最大示值与最小示值。

4. 按上述方法连续测量若干个横截面。

5. 找出所有测量结果中的最大示值和最小示值。

6. 计算最大示值与最小示值的差值，取其一半作为该细长轴的圆柱度误差。

将细长轴的测量数据填入表 2—11 中。

表 2—11　细长轴圆柱度误差数据测量及处理　mm

测量次数	1	2	3	4	5	6	7	8
测量最大值	1.52	1.52	1.51	1.52	1.50	1.51	1.50	1.52
最大示值	1.52							
测量最小值	1.50	1.49	1.49	1.48	1.47	1.47	1.48	1.50
最小示值	1.47							

四、处理数据，判断零件是否合格

从表 2—11 中可以看出，各截面测得最大与最小示值差值 $\Delta = 1.52 - 1.47 = 0.05$ mm，所以该细长轴的圆柱度误差为：

$$f = \Delta \div 2 = 0.05 \div 2 = 0.025 \text{ mm}$$

式中　f——圆柱度误差，mm；

Δ——各截面测得的最大、最小示值的差值，mm。

该零件的圆柱度误差为 0.025 mm，大于公差值 0.021 mm，因此零件的圆柱度误差不合格。

课题二　识读并检测方向公差

方向公差是指被测要素对基准要素在方向上允许的变动全量。方向公差包括平行度、垂直度、倾斜度、线轮廓度、面轮廓度等。

子课题 1　识读并检测平行度

学习目标

1. 掌握基准要素的概念。

2. 掌握平行度的概念，了解平行度的公差带，读懂平行度公差框格的含义。
3. 掌握用百分表和桥板检测面对线平行度误差的方法。
4. 了解线对面和线对线的平行度误差的检测。

问题与思考

为保证车床的加工精度，其V形导轨（图2—35）除了要保证其棱线直线度外，还要保证平面导轨与V形导轨棱线平行。那么，如何检测这种不平行误差呢？

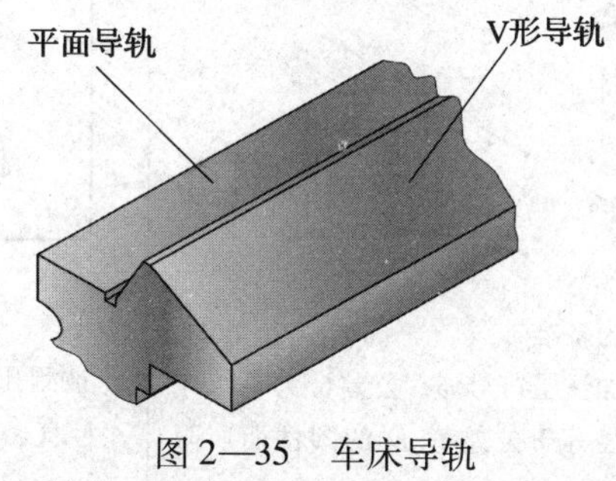

图2—35　车床导轨

任务与要求

要想保证平面导轨与V形导轨的棱线平行，应使平面导轨的平面限制在两个平行平面之间，且这两个平行平面要与V形导轨的棱线平行。本任务的要求是：
1. 识读图2—36所示平行度公差。
2. 用百分表检测平面导轨平行度误差，并判断被测导轨是否合格。

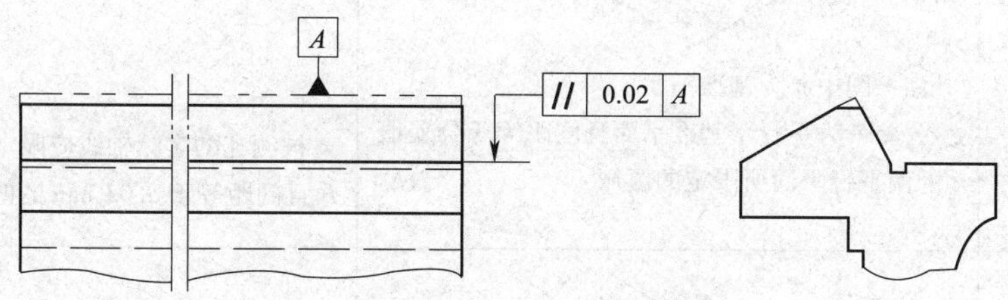

图2—36　车床导轨平行度要求

预备知识

一、基准要素的概念

基准要素是指用来确定被测要素方向或位置的要素，图2—36中V形导轨棱线即平面导轨平行度公差要求的基准要素。

二、平行度的概念

平行度是限制被测要素（平面或直线）相对于基准要素（平面或直线）在平行方向上

变动全量的一项指标，用来控制被测要素相对于基准要素在平行方向偏离的程度。平行度公差分为四种形式，其公差带含义和标注见表 2—12。

表 2—12　　平行度公差

项目	功用	公差带含义	示　例
线对线平行度公差	用于限制被测直线相对于基准直线的平行度误差	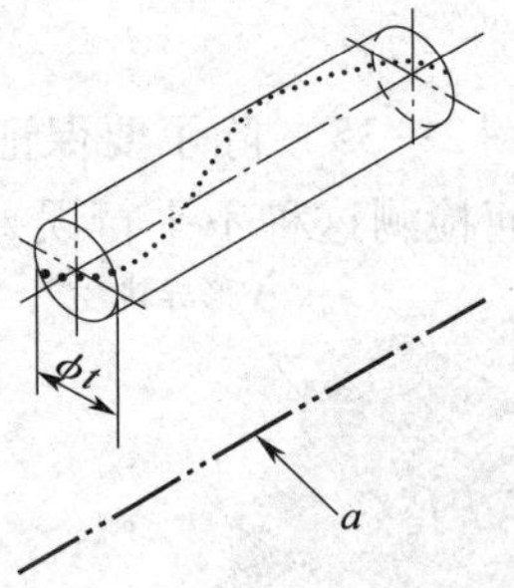 注：图中 a 为基准轴线 若公差值前加注了符号 ϕ，公差带为平行于基准轴线且直径等于公差值 ϕt 的圆柱面所限定的区域	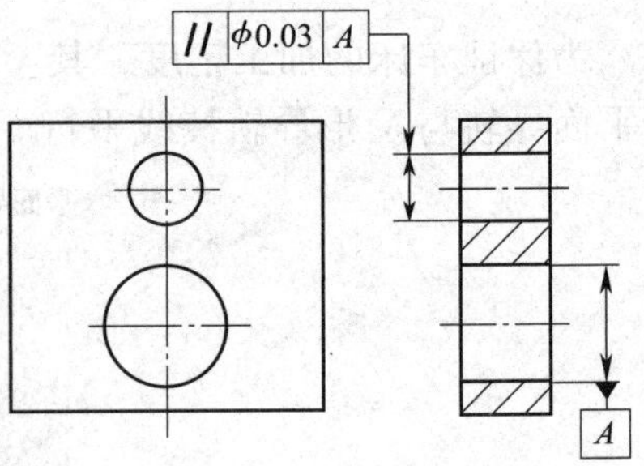 // φ0.03 A 被测孔的实际轴线应限定在平行于基准轴线 A 且直径等于 ϕ0. 03 mm 的圆柱面内
线对面平行度公差	用于限制被测直线相对于基准平面的平行度误差	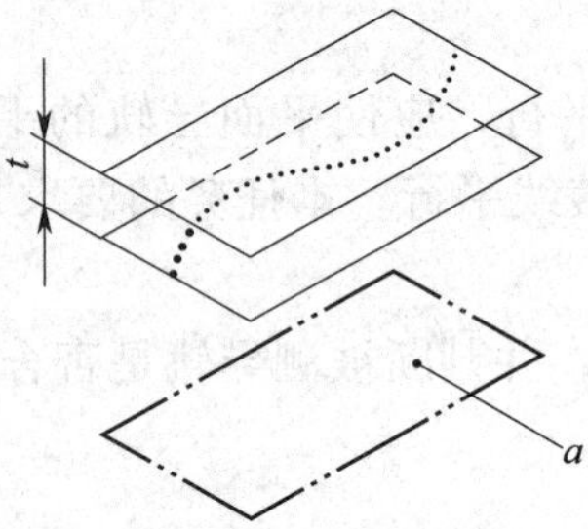 注：图中 a 为基准平面 公差带为平行于基准平面且间距等于公差值 t 的两平行平面所限定的区域	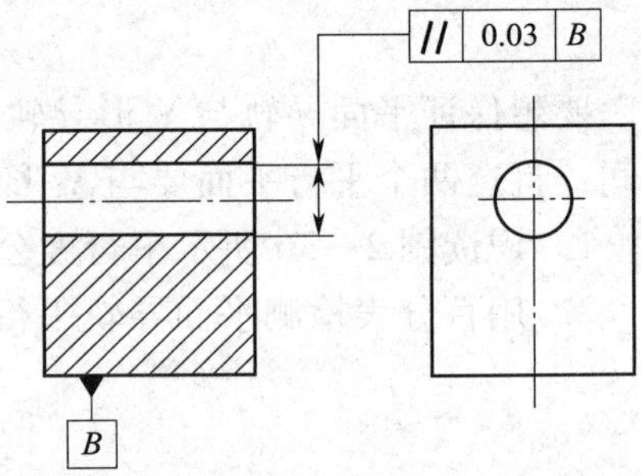 // 0.03 B 被测孔的实际轴线应限定在平行于基准平面 B 且间距等于 0. 03 mm 的两平行平面之间
面对线平行度公差	用于限制被测平面相对于基准直线的平行度误差	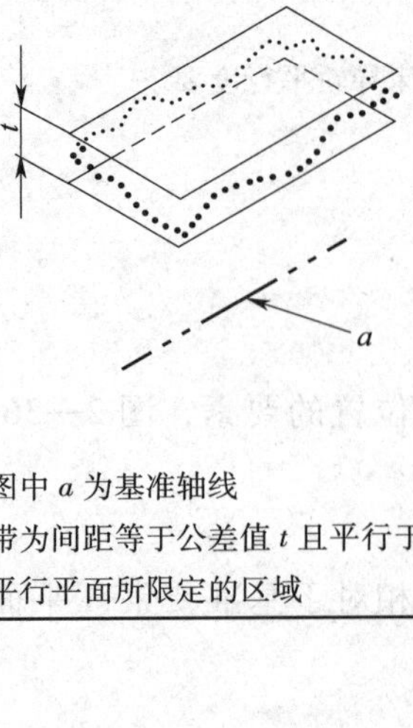 注：图中 a 为基准轴线 公差带为间距等于公差值 t 且平行于基准轴线的两平行平面所限定的区域	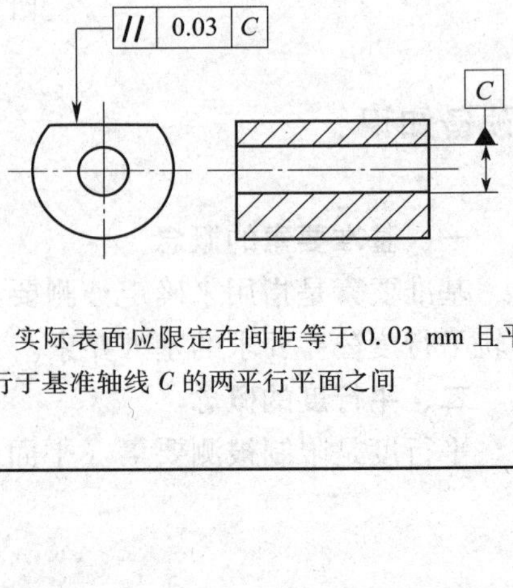 // 0.03 C 实际表面应限定在间距等于 0. 03 mm 且平行于基准轴线 C 的两平行平面之间

续表

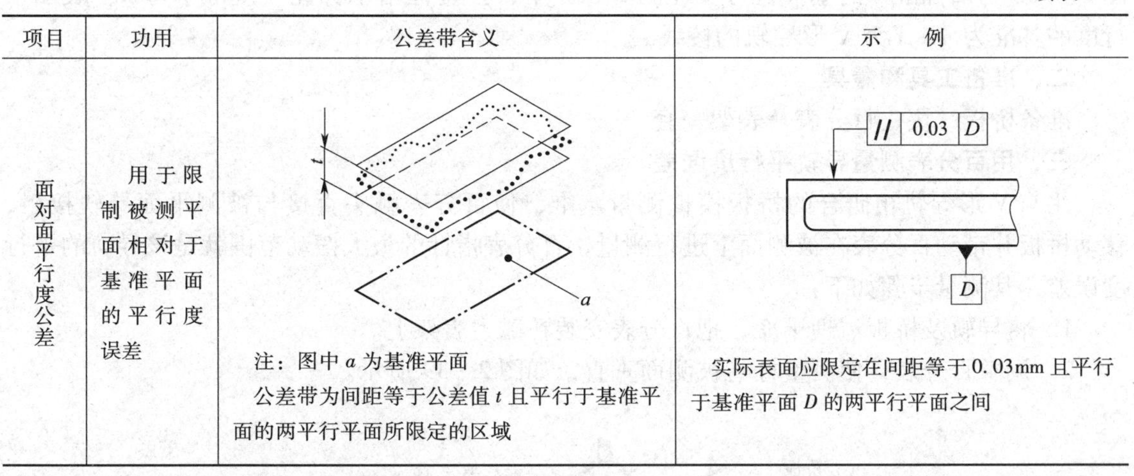

项目	功用	公差带含义	示　例
面对面平行度公差	用于限制被测平面相对于基准平面的平行度误差	注：图中 a 为基准平面 公差带为间距等于公差值 t 且平行于基准平面的两平行平面所限定的区域	实际表面应限定在间距等于 0.03mm 且平行于基准平面 D 的两平行平面之间

任务实施

一、识读平行度公差

1. 认识平行度公差框格

图 2—36 中，// 0.02 A 表示零件的平行度公差要求，其公差框格的组成及含义如图 2—37所示。框格中的“//”是指方向公差中的平行度。在几何公差中，方向、位置和跳动公差都与基准要素有关系，在其几何公差框格的第三格要标注表示基准符号的字母。该平行度的被测要素为平面导轨的平面。

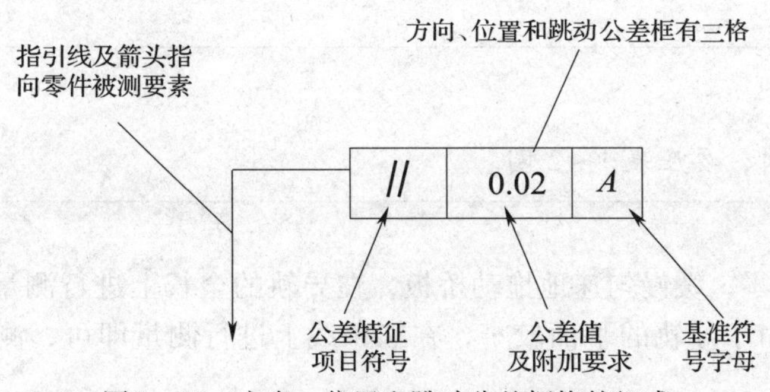

图 2—37　方向、位置和跳动公差框格的组成

2. 分析平行度公差带

图 2—36 所标注的平行度为表 2—12 中的第三种，即面对线的平行度要求。框格中的“0. 02”，是平行度公差值（公差带的大小），是被测要素所允许的变动范围。即平面导轨的水平面应限定在间距等于 0. 02 mm 的两水平平行平面之间。

3. 分析基准

基准符号由一个基准方框和一个涂黑或空白的基准三角形用细实线连接而成，在基准方格内标注表示基准的字母，如图 2—38a 所示。

A　A　A

a）　b）

图 2—38　基准符号

a）新标准　b）旧标准

图 2—38b 为旧标准中的基准符号。在图 2—36 中，公差框格中标注了基准字母 A，表示平行度的基准为 A，A 为 V 形导轨的棱线。

二、准备工具和量具

准备桥板一块、百分表及表架一套。

三、用百分表测量导轨平行度误差

用与 V 形导轨相研合的桥板模拟测量基准，使百分表触头直接与被测平面导轨接触，移动桥板并带动百分表在被测面上进行测量，百分表指针的最大摆动范围就是该导轨的平行度误差，其测量步骤如下：

1. 将导轨及桥板清理干净，把百分表安装在磁力表架上。

2. 调整百分表，使测量杆与被测面垂直，如图 2—39 所示。

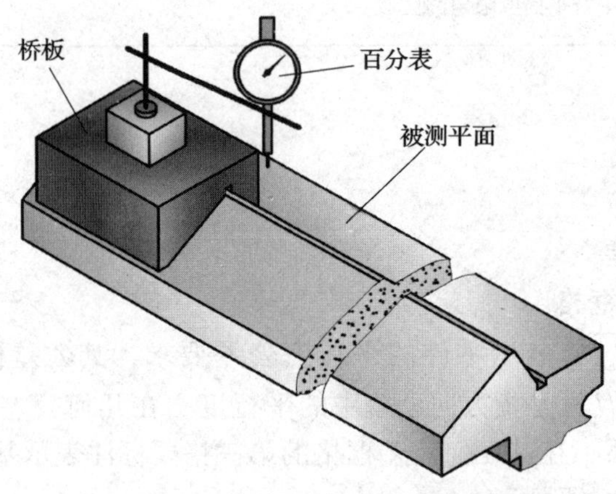

图 2—39　导轨平行度测量示意图

〔注意〕

调整百分表时，要压表 1 ~ 2 圈。

3. 将百分表调零，缓慢匀速地拖动桥板，在导轨的全长上进行测量，并记录百分表的最大和最小示值。由于导轨的平面较窄，在三条线上进行测量即可，测量线的分布情况如图 2—40 所示。

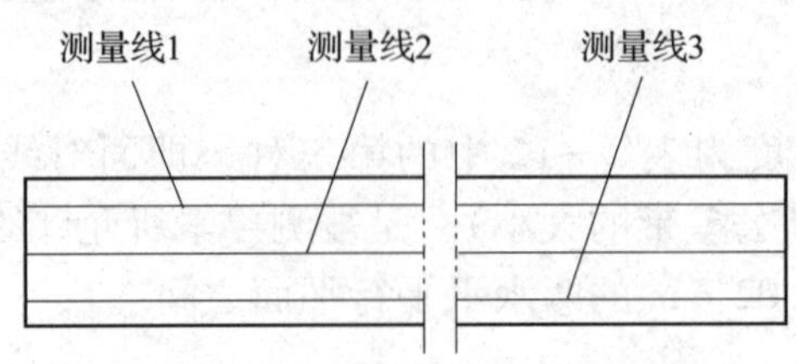

图 2—40　导轨测量线分布示意图

〔注意〕

（1）百分表不能超量程使用。

（2）百分表的表体使用时不得猛烈振动，被测表面不能太粗糙。

4．将测得数据填入表 2—13 中。

表 2—13　　测量数据及处理　　mm

测量线序号	百分表最小示值	百分表最大示值	该测量线的平行度误差	平面导轨的平行度误差
1	0	+0.01	0.010	0.017
2	-0.003	+0.012	0.015	
3	-0.005	+0.008	0.013	

四、处理数据，判断零件是否合格

每条测量线的最大示值与最小示值之差，为该素线的平行度误差。在所有测得的示值中，最大示值与最小示值之差，为该零件（平面导轨）的平行度误差，见表 2—13。

经测量与计算，平面导轨相对 V 形导轨的平行度误差值为 0.017 mm，小于图样中所标注的平行度公差要求（0.02 mm），所以被测平面导轨的平行度误差合格。

〔知识拓展〕

一、直线对基准平面的平行度误差的测量

零件的图样如图 2—41a 所示，测量 ϕD 孔轴线相对于零件底面的平行度误差的方法如图 2—41b 所示。

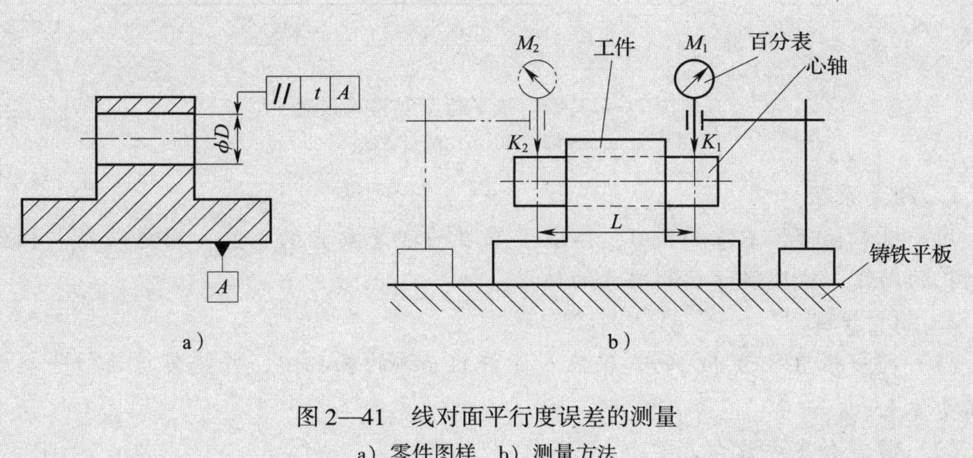

图 2—41　线对面平行度误差的测量
a）零件图样　b）测量方法

1. 测量原理

用铸铁平板的工作面模拟基准平面 A，体现了基准的理想要素的位置。用心轴模拟被测孔的轴线，体现实际被测要素的位置。测量心轴素线上两点相对于铸铁平板工作面的高度差作为孔的轴线相对于基准平面的平行度误差。

2. 测量步骤

（1）将工件放在铸铁平板上，将心轴装入 ϕD 孔中，将百分表装在表架上。

（2）在铸铁平板上移动表架，让百分表的触头放在心轴素线 K_2K_1 的 K_1 处，记录读数值 M_1；将百分表的触头移动到心轴素线的 K_2 处，记录其读数值 M_2。

（3）测量点 K_2 和 K_1 之间的尺寸 L，测量 ϕD 孔的长度 l。

（4）计算 ϕD 孔的轴线对基准平面 A 的平行度误差：

$$f = |M_1 - M_2| \times \frac{l}{L}$$

（5）判断工件的平行度误差是否合格。

二、直线对基准直线的平行度误差的测量

连杆的图样如图 2—42a 所示，测量 ϕD_1 孔的轴线相对于 ϕD_2 孔的轴线的平行度误差的方法如图 2—42b 所示。

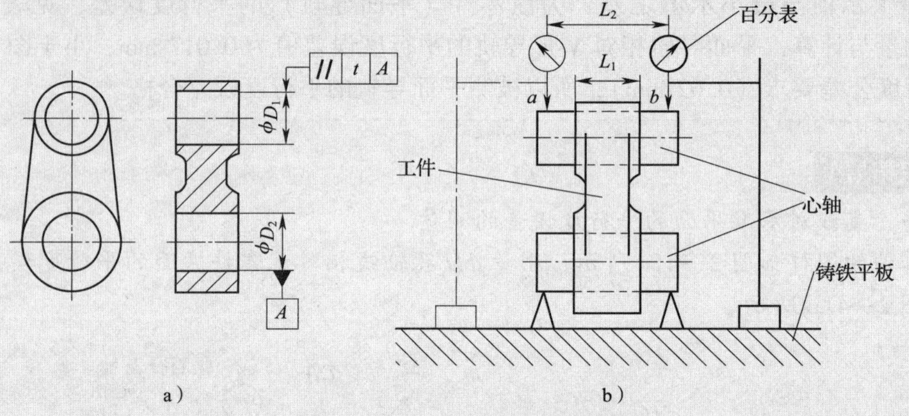

图 2—42　线对线平行度误差的测量

a）连杆图样　b）测量方法

1. 测量原理

用一根心轴模拟基准轴线 A，体现了基准的理想要素的位置。用另一根心轴模拟被测孔的轴线，体现实际被测要素的位置。

2. 测量步骤

（1）将一根直径为 ϕD_2 的心轴装入连杆的 ϕD_2 的轴孔中，并将其与连杆一起放在等高支撑上。

（2）将百分表安装在表架上。

（3）将另一根直径为 ϕD_1 的心轴装入连杆的 ϕD_1 孔中。

(4) 调整连杆，使两孔的轴线位于垂直于铸铁平板工作面的同一平面内。

(5) 在相距 L_2 的 a、b 两个位置上（找最高点），测得读数 M_a、M_b，则 L_1 长度上被测轴线相对基准轴线的平行度误差为：

$$f = |M_a - M_b| \times \frac{L_1}{L_2}$$

(6) 判断工件的平行度误差是否合格。

子课题 2 识读并检测垂直度

学习目标

1. 掌握垂直度的概念，了解垂直度的公差带，读懂垂直度公差框格的含义。
2. 掌握用百分表与方箱检测面对面垂直度误差及处理数据的方法。
3. 了解用直角尺和塞尺测量垂直度误差的方法。
4. 了解线对面垂直度误差的测量方法。

问题与思考

图 2—43 所示为某夹具上的定位块，为了保证零件准确定位，要求定位块的侧面和底面垂直。那么，如何检测它们之间的垂直度误差呢？

图 2—43 定位块

任务与要求

要想使定位块的侧面与底面保持垂直，应使定位块的侧面限制在两个平行平面之间，且这两个平行平面要与定位块的底面垂直。本任务的要求是：

1．识读图 2—44 所示定位块的垂直度公差。

2．用百分表和方箱等测量定位块的垂直度误差，并判断定位块的侧面对底面的垂直度误差是否合格。

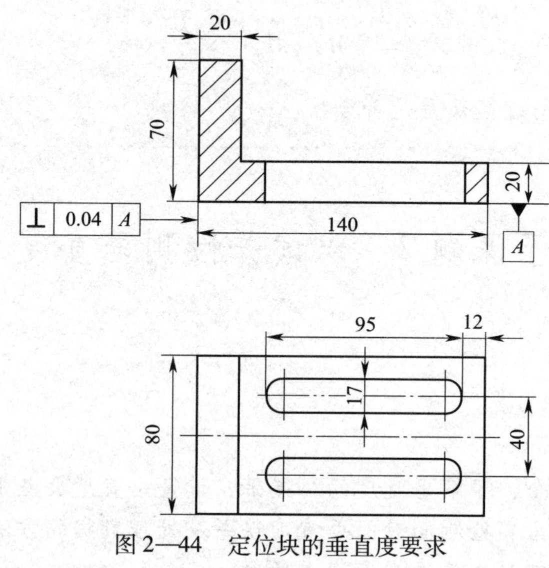

图 2—44　定位块的垂直度要求

预备知识

垂直度是限制被测要素（平面或直线）相对于基准要素（平面或直线）在垂直方向上变动全量的一项指标，即用来控制被测要素相对于基准要素的方向偏离 90°的程度。垂直度公差分为四种形式，其公差带含义和标注见表 2—14。

表 2—14　　垂直度公差

项目	功用	公差带含义	示　例
线对线垂直度公差	用于限制被测直线相对于基准直线的垂直度误差	注：图中 a 为基准线 公差带为间距等于公差值 t 且垂直于基准轴线的两平行平面所限定的区域	被测孔的实际轴线应限定在间距等于 0. 06 mm 且垂直于基准轴线 A 的两平行平面之间

续表

项目	功用	公差带含义	示　例
线对面垂直度公差	用于限制被测直线相对于基准平面的垂直度误差	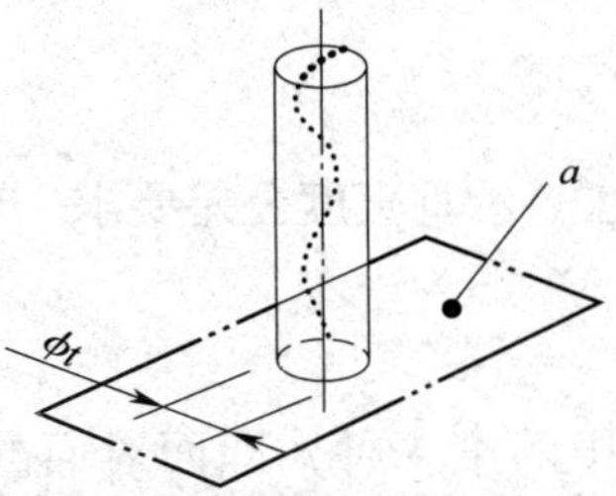 注：图中 a 为基准平面 若公差值前加注符号 ϕ，公差带为直径等于公差值 ϕt 且轴线垂直于基准平面的圆柱面所限定的区域	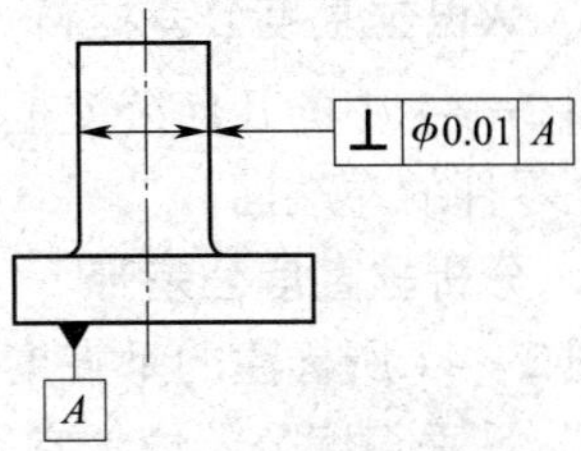 被测圆柱面的实际轴线应限定在直径等于 ϕ0. 01 mm 且垂直于基准面 A 的圆柱面内
面对线垂直度公差	用于限制被测平面相对于基准直线的垂直度误差	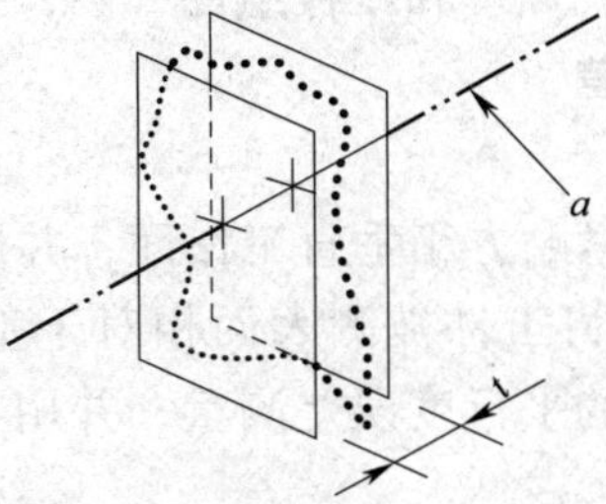 注：图中 a 为基准轴线 公差带为间距等于公差值 t 且垂直于基准轴线的两平行平面所限定的区域	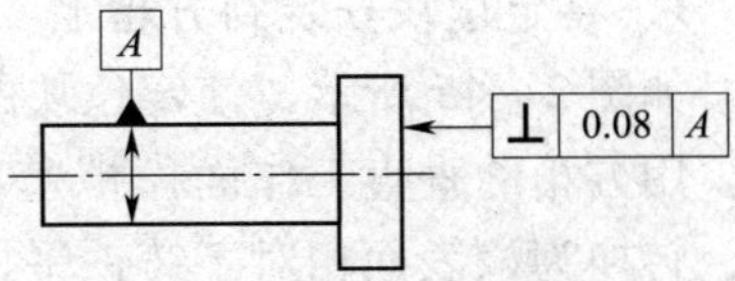 实际表面应限定在间距等于 0. 08 mm 且垂直于基准轴线 A 的两平行平面之间
面对面垂直度公差	用于限制被测平面相对于基准平面的垂直度误差	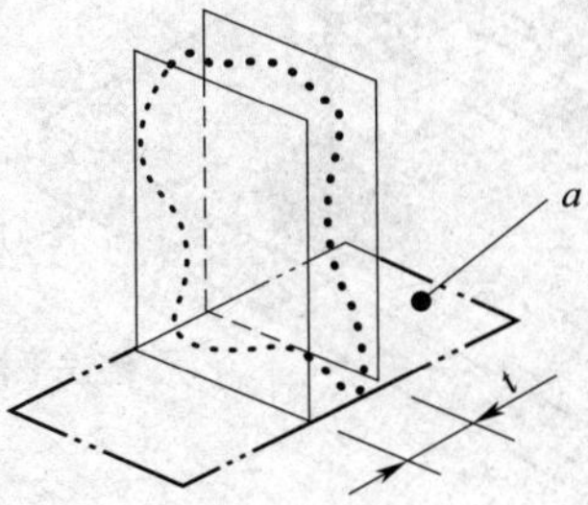 注：图中 a 为基准平面 公差带为间距等于公差值 t 且垂直于基准平面的两平行平面所限定的区域	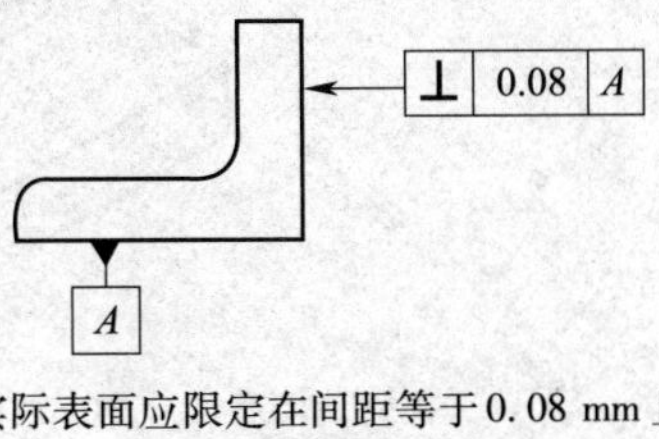 实际表面应限定在间距等于 0. 08 mm 且垂直于基准平面 A 的两平行平面之间

任务实施

一、识读垂直度公差

1. 认识垂直度公差框格

图 2—44 中的几何公差框格 | ⊥ | 0.04 | A | 表示垂直度公差要求，其指引线箭头指向的被测要素是零件的左端面。

2. 分析垂直度公差带

图 2—44 所标注的垂直度为表 2—14 中的第 4 种，即面对面的垂直度要求。框格中的“0. 04”是垂直度公差值，它是被测要素相对基准要素在垂直方向上允许的变动全量，即被测定位块左侧面的垂直度误差应限定在间距等于 0. 04 mm 且垂直于基准平面 *A* 的两平行平面之间。

3. 分析基准

基准 *A* 指的是定位块的底面。

二、准备工具和量具

准备铸铁平板一块，方箱一个，螺栓、螺母和压板组件 2 套，百分表及表架一套。

三、用百分表测量定位块的垂直度误差

1. 将定位块安装到方箱上

如图 2—45 所示，使定位块的基准面紧贴方箱垂直工作面，并用螺栓和压条预固定定位块。用方箱的垂直工作面模拟基准平面，将工件被测表面相对于基准平面的垂直度误差测量，转换为该表面相对于铸铁平板工作面的平行度误差测量，并用百分表进行测量。

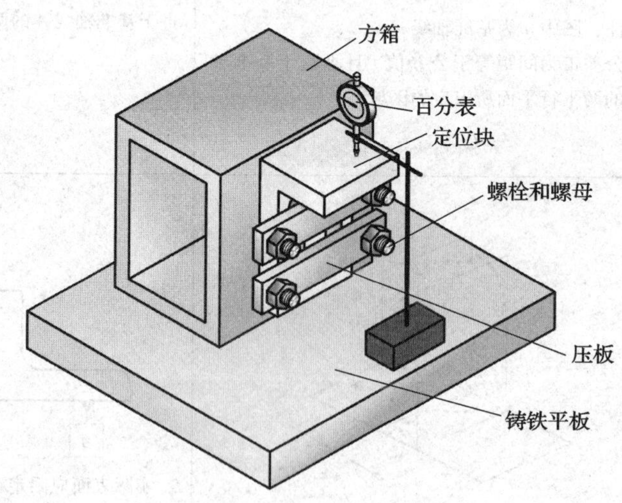

图 2—45　定位块垂直度的测量

2. 调整定位块的被测表面

为了测量被测表面相对于铸铁平板的平行度误差，需要调整定位块被测表面相对于铸铁

平板的位置，即使被测表面靠近基准平面的部分上相距最远的两个点（图2—46 中的1 点和5 点）相对于铸铁平板的高度相等。在此可利用百分表检测这两点的高度，调整定位块，使百分表对这两个点测得的示值相同，然后夹紧定位块。

3．测量并记录数据

按照图2—47 所示位置布置测量点，用百分表对各测量点进行测量，并记录测量数据，填入表2—15。

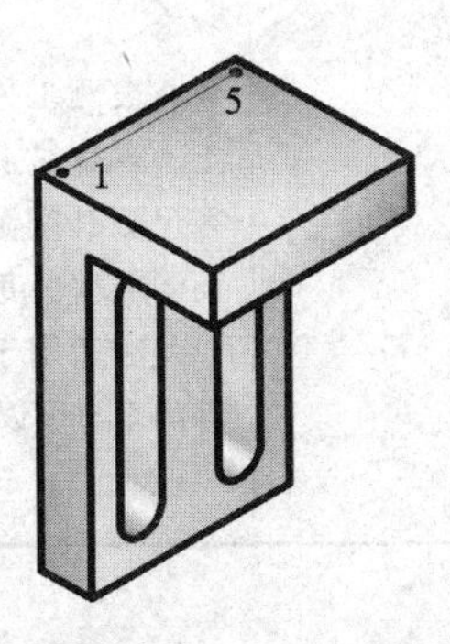

图2—46　调整定位块

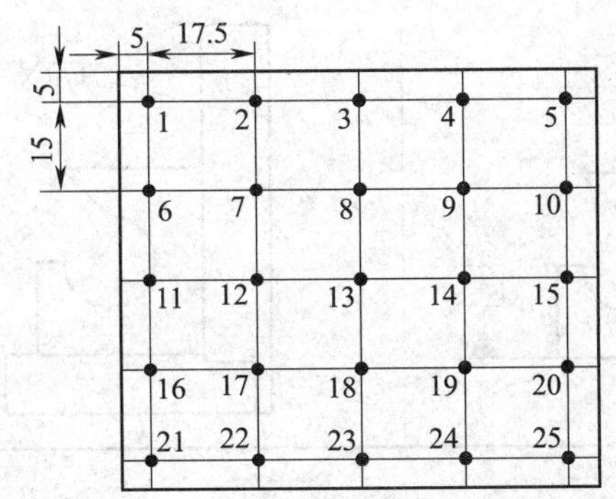

图2—47　定位块被测表面测量点位置分布

表2—15　定位块各测量点百分表读数值　mm

测量点序号	1	2	3	4	5
百分表示值	-0.01	-0.02	0	0	-0.01
测量点序号	6	7	8	9	10
百分表示值	-0.02	-0.01	+0.01	+0.01	0
测量点序号	11	12	13	14	15
百分表示值	-0.01	+0.02	+0.01	-0.01	-0.01
测量点序号	16	17	18	19	20
百分表示值	+0.02	+0.01	0	0	-0.01
测量点序号	21	22	23	24	25
百分表示值	0	+0.01	+0.01	0	-0.01

四、处理数据，判断零件是否合格

在处理数据时，可以取百分表的最大示值与最小示值之差作为垂直度误差值f，表2—15记录的最大示值为+0.02 mm，最小示值为-0.02 mm，因此：

$$f=(+0.02)-(-0.02)=0.04\ \text{mm}$$

定位块被测平面相对于底面的垂直度误差值（0.04 mm）等于图样规定的公差值（0.04 mm），所以零件被测面平面的垂直度合格。

〔知识拓展〕

一、用直角尺和塞尺测量垂直度误差

用直角尺和塞尺测量垂直度误差的方法见表 2—16。

表 2—16　　用直角尺和塞尺测量垂直度误差的方法

示　例	测量方法	量具、量仪	测量原理及说明
⊥ t A A	直角尺	直角尺、塞尺	将被测工件放在直角尺上，观察被测面间隙，用塞尺测其间隙的大小，从而测得垂直度误差 此法适用于测量较小零件的垂直度误差

二、测量线对面的垂直度误差

如图 2—48 所示密封销钉，$\phi 20\,^{0}_{-0.018}$ mm 圆柱的轴线相对于底面（基准 A）有垂直度要求。

垂直度误差的测量方法如图 2—49 所示，测量及数据处理的步骤如下：

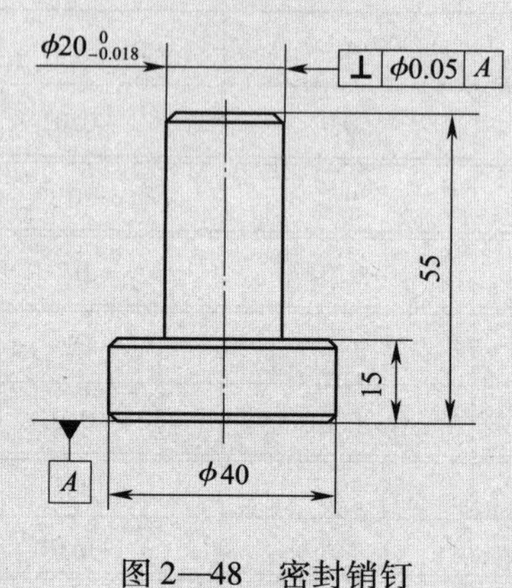

图 2—48　密封销钉

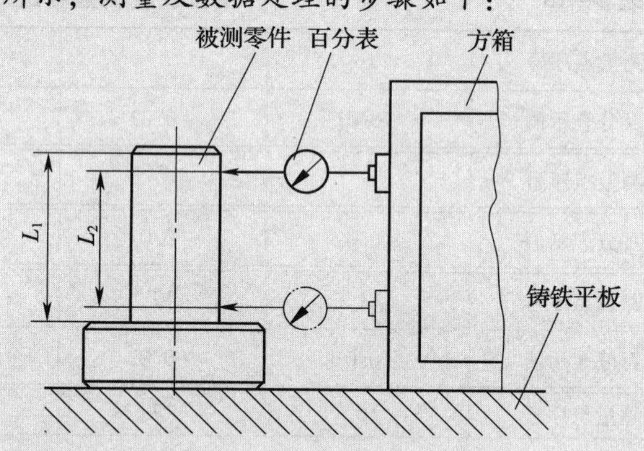

图 2—49　线对面垂直度测量示意图

1. 准备工作

如图 2—49 所示，将被测零件放置在铸铁平板上，把方箱放置在被测零件一侧，以方箱的垂直面作为测量基准，在方箱的垂直面上安装百分表。

2. 测量数据

（1）在距离为 L_2 的两个位置测量被测轮廓要素的直径 d_1、d_2 并用百分表测得读数 M_1、M_2。

（2）将被测零件旋转 90°，并进行同样的测量。

3. 计算垂直度误差

垂直度误差可用下式计算：

$$f = \left|(M_1 - M_2) + \frac{d_1 - d_2}{2}\right| \frac{L_1}{L_2}$$

式中　M_1、M_2——在长度 L_2 上的两个百分表的读数值，mm；

d_1、d_2——在 M_1、M_2 的相应位置处轴的直径，mm；

L_1——被测要素的长度，mm；

L_2——测量长度，mm。

取两个测量方向上测得误差值中较大的为该零件的垂直度误差。

子课题3　识读并检测倾斜度

学习目标

1. 了解理论正确尺寸的概念。
2. 掌握倾斜度的概念，了解倾斜度的公差带，读懂倾斜度公差框格的含义。
3. 了解正弦规的结构，掌握用正弦规测量倾斜度及处理数据的方法。

问题与思考

图 2—50 所示为楔铁，为了保证零件的使用要求，要求楔铁的斜面与底面保持一定的角度，如何限制并检测其误差？

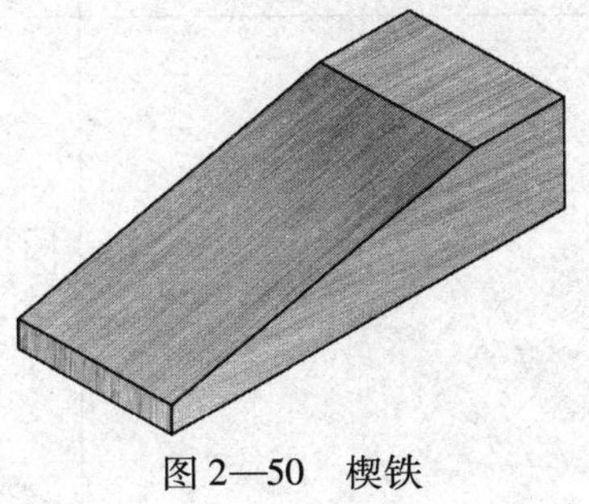

图 2—50　楔铁

任务与要求

如图 2—51 所示，要想使楔铁的斜面与底面保持 12°的夹角，应使楔铁的斜面限制在两个平行平面之间，且这两个平行平面与楔铁的底面成12°夹角。本任务的要求是：

1．识读图2—51所示倾斜度公差。

2．用正弦规和量块等测量楔铁的倾斜度误差，并判断被测楔铁的斜面对底面的倾斜度误差是否合格。

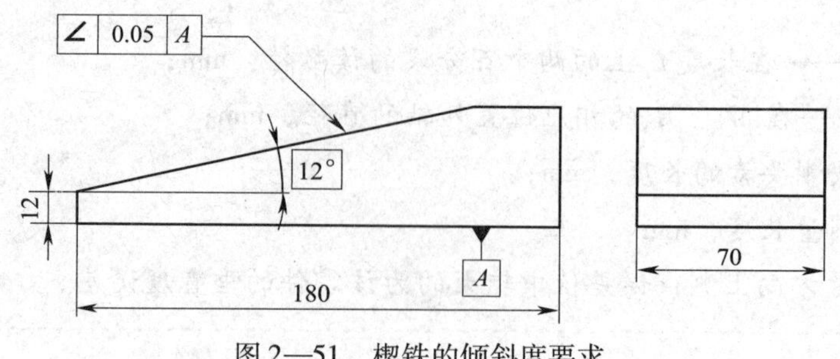

图2—51　楔铁的倾斜度要求

预备知识

一、理论正确尺寸

理论正确尺寸是当给出一个或一组要素的方向、位置或轮廓度公差时，分别用来确定其理论正确方向、位置或轮廓的尺寸，理论正确尺寸仅表达设计时对该要素的理想要求，故该尺寸不附带公差，而该要素的形状、方向和位置由给定的几何公差控制，图2—51中的尺寸[12°]为理论正确角度。

二、倾斜度的概念

倾斜度是指被测要素对基准要素倾斜某一给定角度（0°和90°除外）的方向上所允许的变动全量，用于控制被测要素相对于基准在方向上的变动，理想要素的方向由基准及在0°~90°之间的任意理论正确角度决定。倾斜度公差分为四种形式，其公差带含义和标注见表2—17。

表2—17　　**倾斜度公差**

项目	功用	公差带的含义	示　例
线对线倾斜度公差	用于限制被测直线相对于基准直线的倾斜度误差	α a t 注：图中 a 为基准直线，被测直线与基准直线在同一平面上 公差带为间距等于公差值 t 的两平行平面所限定的区域。该两平行平面按给定角度倾斜于基准直线	∠ 0.08 A—B A　B　60° 被测孔的实际轴线应限定在间距等于0.08 mm的两平行平面之间。该两平行平面按理论正确角度60°倾斜于公共基准轴线 $A—B$

续表

项目	功用	公差带的含义	示例
线对面倾斜度公差	用于限制被测直线相对于基准平面的倾斜度误差	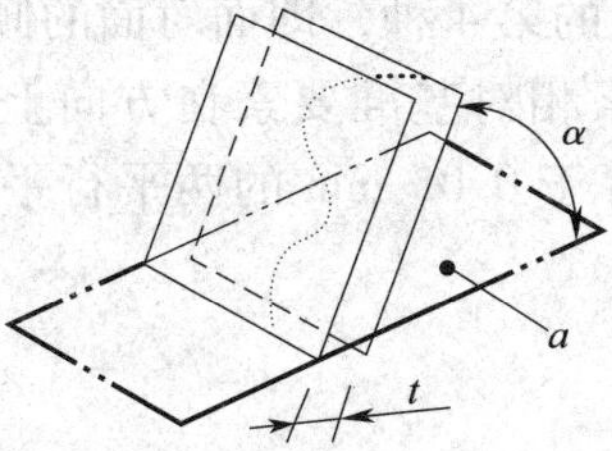 注：图中 a 为基准平面 公差带为间距等于公差值 t 的两平行平面所限定的区域。该两平行平面按给定角度 α 倾斜于基准平面	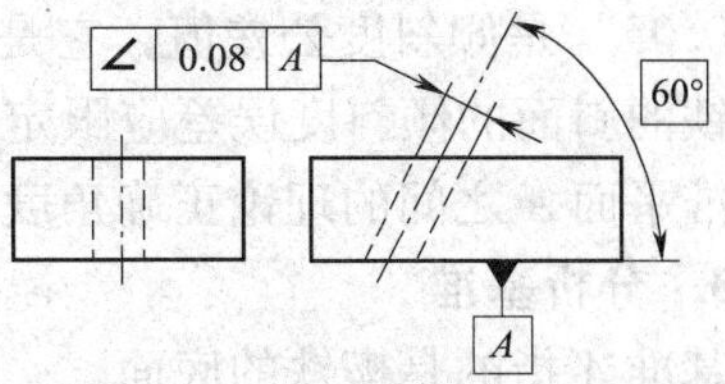 被测孔的实际轴线应限定在间距等于 0.08 mm 的两平行平面之间。该两平行平面按理论正确角度60°倾斜于基准平面 A
面对线倾斜度公差	用于限制被测平面相对于基准直线的倾斜度误差	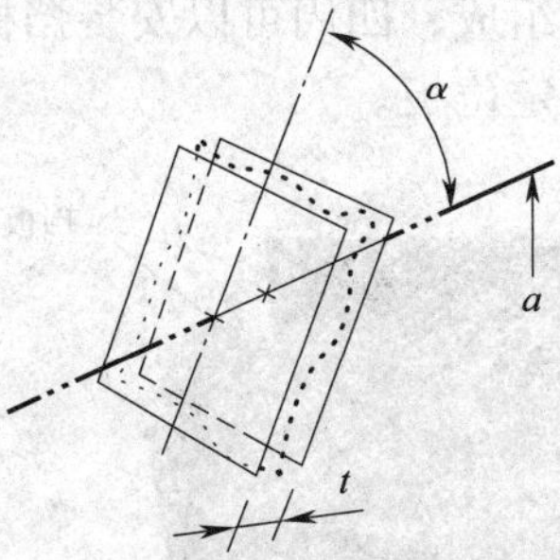 注：图中 a 为基准直线 公差带为间距等于公差值 t 的两平行平面所限定的区域。该两平行平面按给定角度 α 倾斜于基准直线	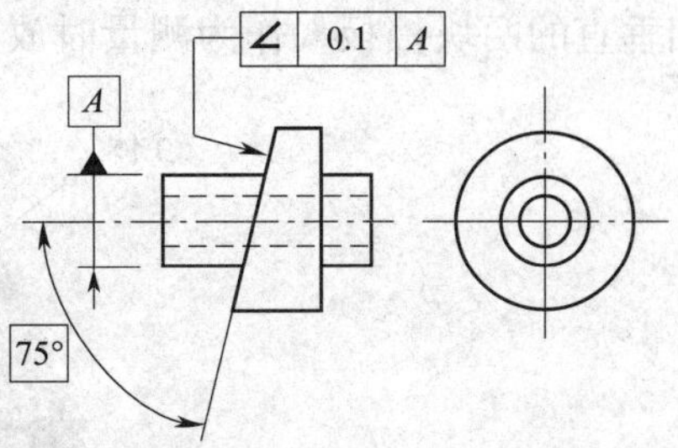 实际表面应限定在间距等于 0.1 mm 的两平行平面之间。该两平行平面按理论正确角度 75°倾斜于基准轴线 A
面对面倾斜度公差	用于限制被测平面相对于基准平面的倾斜度误差	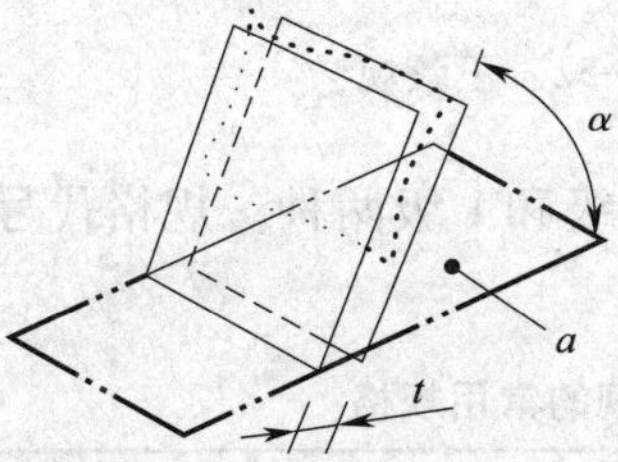 注：图中 a 为基准平面 公差带为间距等于公差值 t 的两平行平面所限定的区域。该两平行平面按给定角度 α 倾斜于基准平面	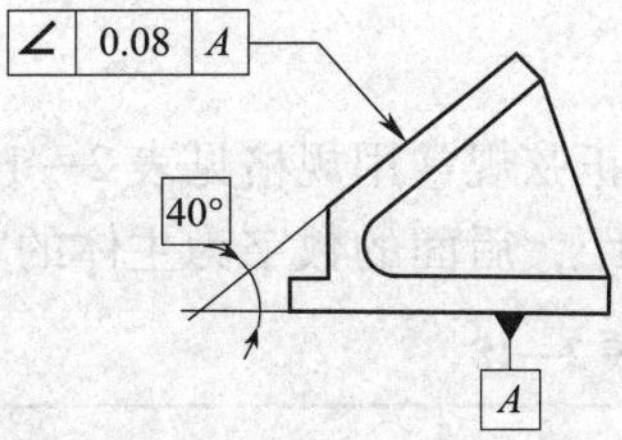 实际表面应限定在间距等于 0.08 mm 的两平行平面之间。该两平行平面按理论正确角度 40°倾斜于基准平面 A

任务实施

一、识读倾斜度公差

1. 认识倾斜度公差框格

图 2—51 中的几何公差框格 [∠ | 0.05 | A] 表示倾斜度公差要求，其指引线箭头指向的被测

要素是楔铁的斜面。

2. 分析倾斜度公差带

图 2—51 所标注的倾斜度为表 2—17 中的第 4 种，即面对面的倾斜度公差要求。框格中的“0. 05”是倾斜度公差值，它是被测要素相对基准要素在方向上允许的变动全量，即被测楔铁的斜面的倾斜度误差应限定在间距等于 0. 05 mm 的两平行平面之间，该两平行平面与基准平面 A 之间的理论正确角度为 12°。

3. 分析基准

基准 A 指的是楔铁的底面。

二、准备工具和量具

1. 了解正弦规

正弦规是用于准确检验零件角度及锥度的一种精密量具，其结构如图 2—52 所示，主要由带有精密工作平面的主体和两个精密圆柱组成，四周可以安装挡板，使用时一般只安装互相垂直的两块挡板，作为测量时放置工件的定位板。

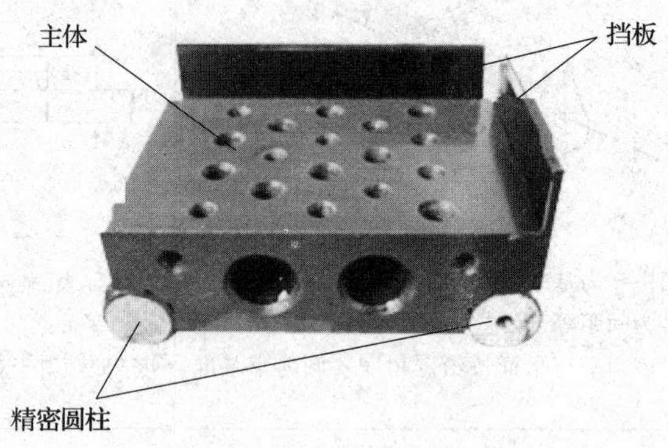

图 2—52　正弦规

正弦规常用规格见表 2—18，精度有 0 级和 1 级两种。规格代号前面的数字为两圆柱的中心距，后面的数字为主体的宽度。

表 2—18　　正弦规的常用规格　　mm

规格	100 × 25	200 × 40	100 × 80
	200 × 80	200 × 150	300 × 150

2. 选择工具和量具

准备规格为 200 mm × 80 mm 的正弦规一台、量块一套、百分表及表架一套。

三、用正弦规和量块测量楔铁的倾斜度误差

1. 准备工作

把正弦规和工件擦拭干净，将正弦规放在检验平台上，将楔铁放置在正弦规的工作平面上，如图 2—53 所示。

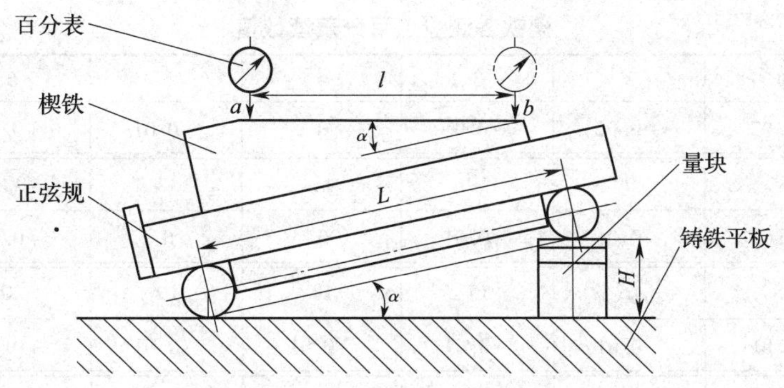

图 2—53　正弦规测量斜度示意图

2. 计算量块高度

正弦规是根据正弦函数的原理，利用量块垫起一端，使之倾斜一定角度进行工件检验定位的一种量具。正弦规工作面的下方固定有两个直径相等且互相平行的圆柱体，且圆柱体的公切面与正弦规主体的上工作面平行。分析图 2—53 可知：

$$\sin\alpha = H/L$$

式中　α——斜面的倾斜角，(°)；

H——量块组尺寸，mm；

L——正弦规两圆柱的中心距，mm。

因此，量块组的尺寸为：

$$H = L\sin\alpha = 200 \times \sin 12° = 200 \times 0.207\ 91 = 41.582\ \text{mm}$$

3. 放置量块

在正弦规的一侧按照计算的量块组高度放置量块，使正弦规工作平面的倾斜角 $\alpha = 12°$。将工件放置在正弦规的工作平面，将被测楔铁的斜面相对零件底面的倾斜度误差，转换为对铸铁平板的平行度误差。

4. 调整工件

调整楔铁，使百分表沿纵向（图 2—53 的前后方向）相距最远的两个点（如图 2—54 中的 1 点和 22 点）测得的示值相同，即使这两个点至铸铁平板的高度距离相等。

5. 测量

按照图 2—54 所示，用百分表对实际被测表面各测量点依次进行测量，并记录数据，见表 2—19。

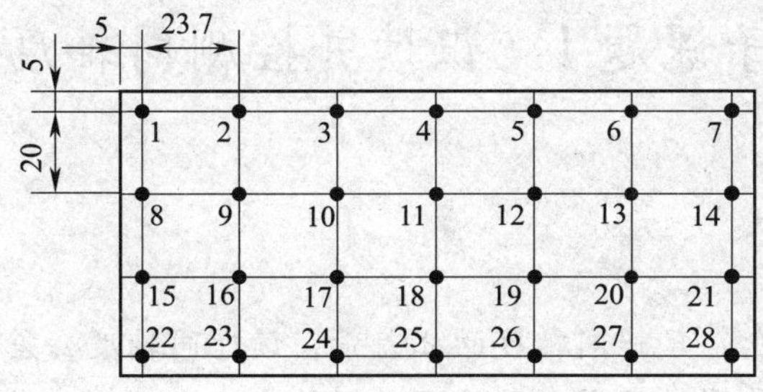

图 2—54　测量点的布置

表 2—19　　楔铁各测量点百分表读数值　　mm

测量点序号	1	2	3	4	5	6	7
百分表示值	-0.02	-0.02	-0.01	0	+0.01	+0.01	+0.02
测量点序号	8	9	10	11	12	13	14
百分表示值	-0.02	-0.01	-0.01	0	0	+0.01	+0.01
测量点序号	15	16	17	18	19	20	21
百分表示值	-0.01	-0.01	+0.01	-0.01	-0.01	+0.02	+0.02
测量点序号	22	23	24	25	26	27	28
百分表示值	-0.02	0	+0.01	+0.01	0	-0.01	+0.01

四、处理数据，判断零件是否合格

取各测量点示值中的最大值与最小值之差作为误差值 f，表 2—19 所示最大示值为 +0.02 mm，最小示值为 -0.02 mm，因此：

$$f=(+0.02)-(-0.02)=0.04\ \text{mm}$$

楔铁被测斜面相对于底面的倾斜度误差值为 0.04 mm，小于图样上要求的倾斜度公差 0.05 mm，零件被测面平面的倾斜度合格。

［注意］

正弦规一般用于测量小于45°的角度。

课题三　识读并检测位置公差

位置公差是被测要素相对于基准要素在位置上允许的变动全量。位置公差包括同轴度、对称度、位置度、线轮廓度、面轮廓度等。

子课题 1　识读并检测同轴度

学习目标

1. 掌握同轴度的概念，了解同轴度的公差带，读懂同轴度公差框格的含义。
2. 掌握用百分表测量同轴度误差及处理数据的方法。

问题与思考

图 2—55 所示为一台阶轴，中段 $\phi55$ mm 圆柱的轴线与两侧 $\phi32$ mm 圆柱的轴线同轴，如何限制并检测其同轴度误差?

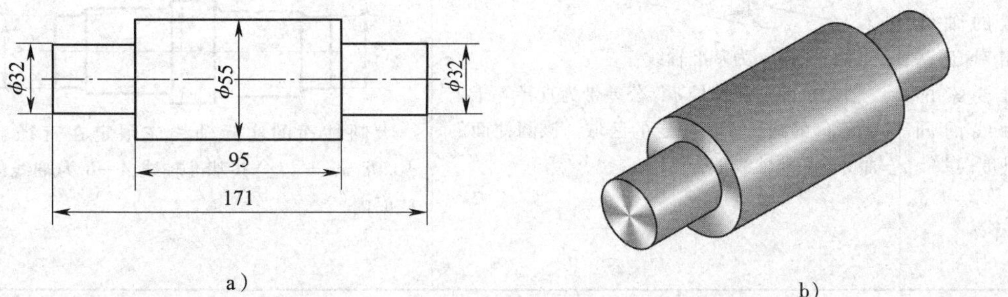

图 2—55 台阶轴
a）图样 b）立体图

任务与要求

中段 $\phi55$mm 圆柱的轴线与两侧 $\phi32$ mm 圆柱的轴线同轴，应使 $\phi55$ mm 圆柱的轴线限定在一个与两侧 $\phi32$ mm 圆柱同轴小圆柱面内。本任务的要求是：

1．识读图 2—56 所示同轴度公差。

2．测量 $\phi55$ mm 圆柱轴线相对于两侧 $\phi32$ mm 圆柱的轴线的同轴度误差，并判断被测台阶轴是否合格。

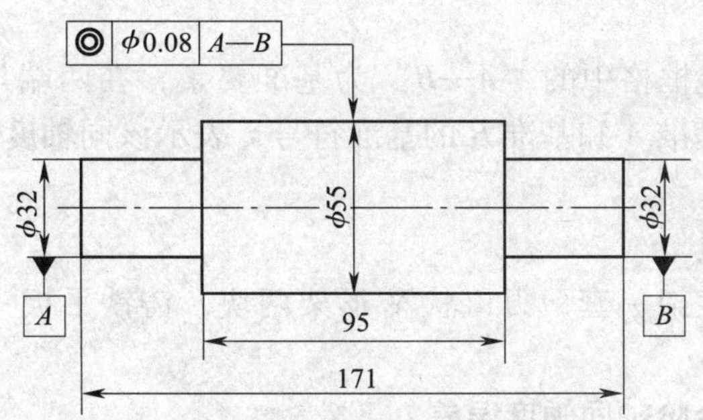

图 2—56 台阶轴的同轴度公差

预备知识

同轴度公差是指被测要素（轴线）相对于基准要素（轴线）的允许变动全量，它是限制被测轴线相对基准轴线同轴的一项指标，其公差带和标注见表 2—20。

表 2—20　同轴度公差

项目	功用	公差带含义	示例
轴线对轴线同轴度公差	用于限制被测要素的轴线相对于基准要素的轴线的同轴度误差	ϕt a 注：图中 a 为基准轴线 公差值前加注符号 ϕ，公差带为直径等于公差值 ϕt 的圆柱面所限定的区域。该圆柱面的轴线与基准轴线重合	◎ ϕ0.08 A—B　A　B　ϕ　ϕ　ϕ 大圆柱面的实际轴线应限定在直径等于 ϕ0.08 mm、以公共基准轴线 A—B 为轴线的圆柱面内

任务实施

一、识读同轴度公差

1. 认识同轴度公差框格

图 2—56 中的 ◎ ϕ0.08 A—B 表示零件的同轴度要求，其指引线的箭头与被测要素的尺寸线对齐，表示被测要素为 ϕ55 mm 圆柱的轴线。

2. 分析同轴度公差带

框格中的“ϕ0.08”是同轴度公差值，它是被测要素相对基准在位置上允许的变动全量。即被测 ϕ55 mm 圆柱轴线的位置误差应限定在直径等于 ϕ0.08 mm 的圆柱面内。

3. 分析基准

图 2—56 同轴度公差框格中的“A—B”为基准要素，在两端与 ϕ32 mm 圆柱的尺寸线对齐的位置分别绘制了基准 A 和基准 B 的基准符号，表示该同轴度的基准是两端 ϕ32 mm 圆柱的公共轴线。

二、准备工具和量具

准备百分表 2 只，表架一套，刃口状 V 形架两块，铸铁平板一块，方箱一个，轴端支撑一个。

三、用百分表测量台阶轴同轴度误差

1. 准备工作

如图 2—57 所示，以铸铁平板作为测量基准，将准备好的两个等高刃口状 V 形架放置在铸铁平板上，并调整两个 V 形架使 V 形槽的对称中心平面共面。将台阶轴放置在刃口状 V 形架上，并进行轴向定位。由于以两个 V 形架体现公共轴线，因此公共轴线平行于铸铁平板。按照图 2—57 所示位置，在同一支架上安装两个百分表，使这两个百分表的测杆同轴且垂直于铸铁平板。

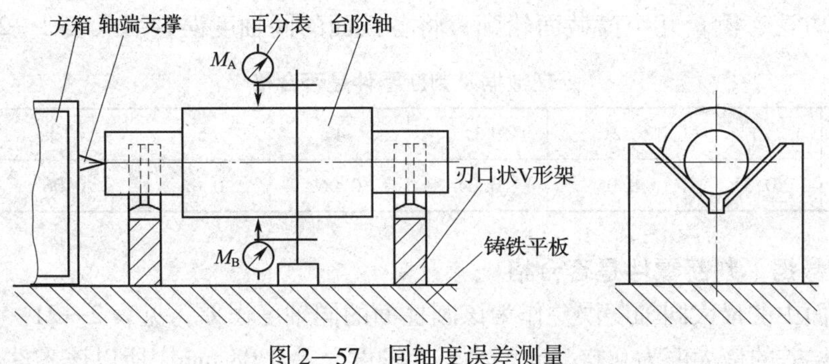

图 2—57　同轴度误差测量

2. 百分表调零

先将一个百分表（如上方的百分表）的测头与被测横截面轮廓接触，记录该百分表的示值。然后，将被测台阶轴在 V 形架上回转 180°，如果这时该百分表的示值与第一次记录的示值相同，则可将另一个百分表的测头与被测横截面的轮廓接触，并将两个百分表调零。此时上、下两个百分表的测头相对于公共基准轴线 *A*—*B* 对称，如图 2—58a 所示。

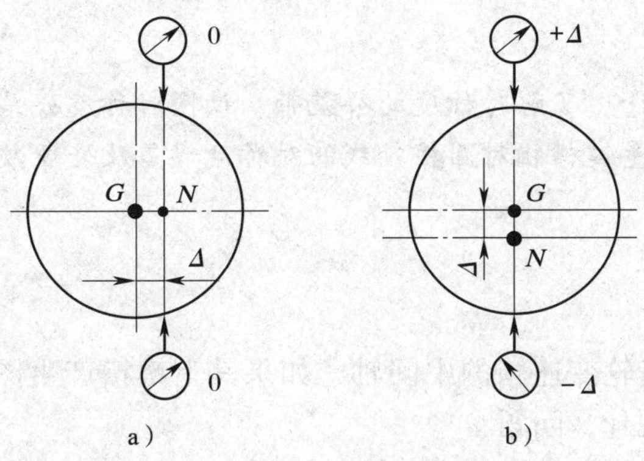

图 2—58　侧头位置调整和测量示值

a）百分表的零位调整　b）被测部位转过 90°后的示值

N—公共基准轴线（*A*—*B*）　*G*—被测横截面轮廓的中心　*Δ*—偏离量

如果工件在 V 形架上回转 180°后，百分表的示值与第一次记录的示值不同，则需要少许转动工件，直到使工件回转 180°后百分表的示值与第一次记录的示值相同为止。

〔注意〕

要尽量让百分表的触头与基准轴线在一个竖直平面内，否则测得的同轴度误差将偏大。

3. 在横截面上测量同轴度误差

转动工件，在被测横截面轮廓的各处进行测量，记录每个测量位置上两个百分表的示值 M_A 和 M_B（图 2—58b）。取各个测量位置上两个百分表的示值之差的绝对值 $|M_A-M_B|$ 中的最大值，作为该截面轮廓中心 *G* 相对于公共基准轴线 *A*—*B* 的同轴度误差。

按照上述方法，测量几个横截面轮廓，将各截面的同轴度误差填入表 2—21 中。

表 2—21　处理数据及判断零件是否合格　mm

截面序号	1	2	3	4	5	结果	是否合格
$\lvert M_A - M_B \rvert$	0.03	0.05	0.04	0.06	0.06	0.06	合格

四、处理数据，判断零件是否合格

取所有截面中的最大同轴度误差作为该圆柱面的同轴度误差，见表 2—21。分析表中数据可知，同轴度误差的最大值为 0.06 mm，小于同轴度公差 0.08 mm，所以该零件合格。

子课题 2　识读并检测对称度

学习目标

1. 掌握对称度的概念，了解对称度的公差带，读懂对称度公差框格的含义。
2. 掌握用百分表测量键槽相对圆柱轴线的对称度误差及处理数据的方法。

问题与思考

图 2—59 所示为某齿轮变速箱的中间轴，如果其上键槽产生图 2—60 所示的偏离或倾斜，在安装齿轮时会出现什么问题？

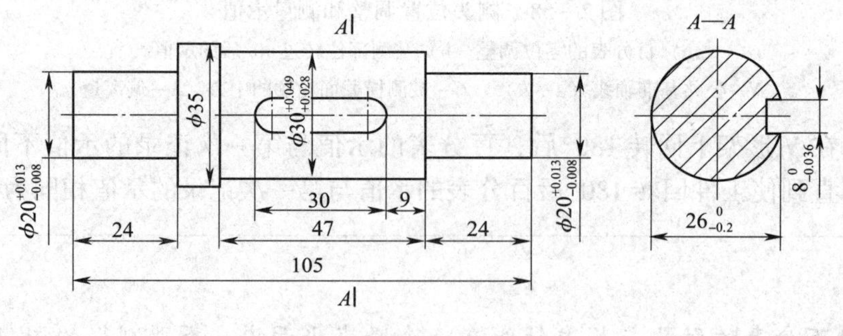

图 2—59　中间轴

任务与要求

如果键槽出现如图 2—60 所示的偏离或倾斜，则无法安装齿轮，即使齿轮能勉强安装上，也会影响齿轮的运动精度。为此对该键槽提出了位置精度要求，如图 2—61 所示。本任务的要求是：

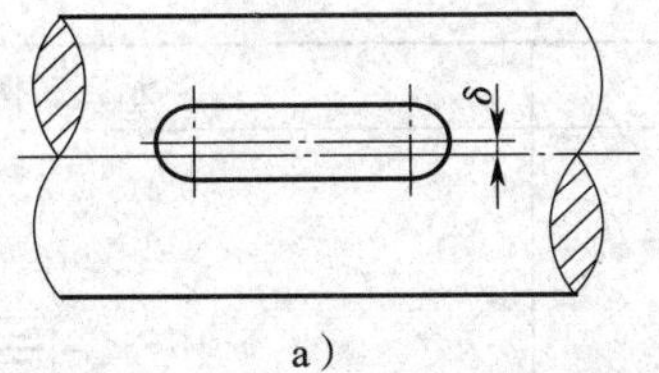

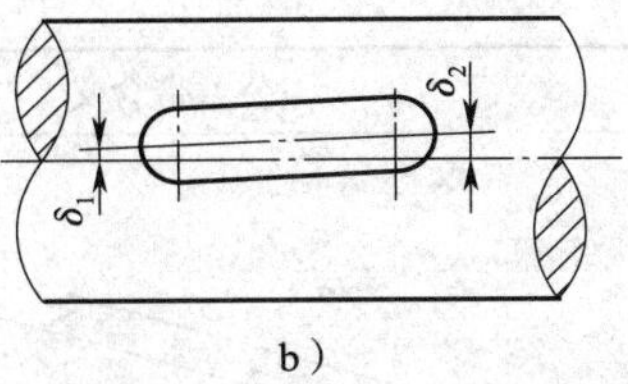

图 2—60　键槽偏离轴线和倾斜

a）键槽偏离轴线　b）键槽倾斜

1. 识读图 2—61 所示对称度公差。

2. 测量键槽对称面相对于 $\phi30^{+0.049}_{+0.028}$ mm 圆柱轴线的对称度误差，并判断键槽是否合格。

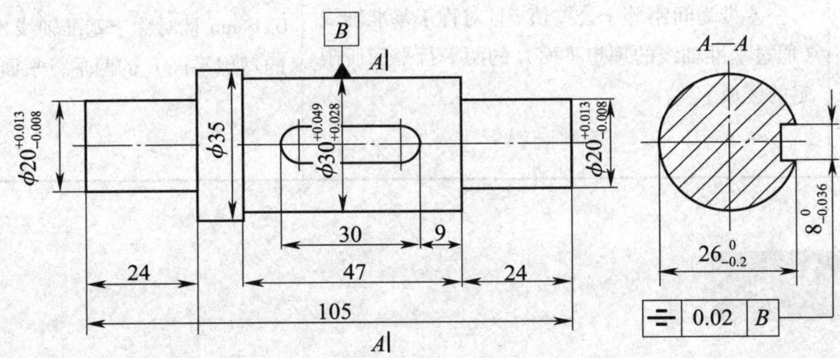

图 2—61　对称度公差

预备知识

对称度公差是指被测要素（中心平面）的位置相对于基准要素（中心平面或轴线）的允许变动全量，是限制被测要素偏离基准要素的一项指标。对称度公差分为中心平面对中心平面和中心平面对轴线两种形式，其公差带含义和标注见表 2—22。

表 2—22　　**对称度公差**

项目	功用	公差带含义	示　例
中心平面对中心平面	用于限制被测中心平面相对于基准中心平面的位置误差	注：图中 a 为基准中心平面 公差带为间距等于公差值 t 且对称于基准中心平面的两平行平面所限定的区域	0.08 A—B 被测键槽的实际中心平面应限定在间距等于 0.08 mm 且对称于公共基准中心平面 A—B 的两平行平面之间

续表

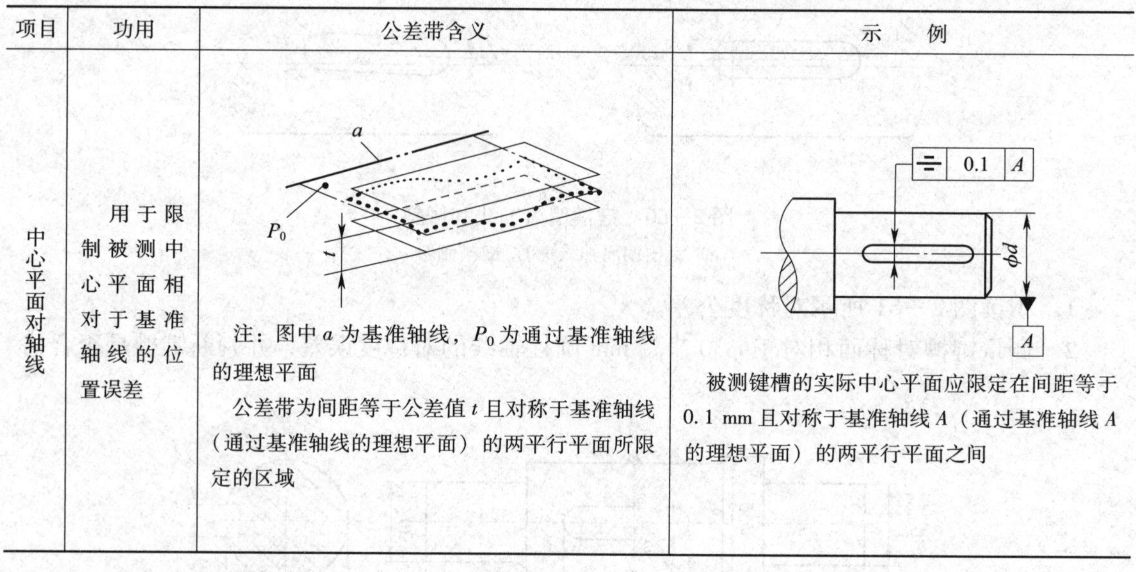

项目	功用	公差带含义	示　例
中心平面对轴线	用于限制被测中心平面相对于基准轴线的位置误差	注：图中 a 为基准轴线，P_0 为通过基准轴线的理想平面 公差带为间距等于公差值 t 且对称于基准轴线（通过基准轴线的理想平面）的两平行平面所限定的区域	被测键槽的实际中心平面应限定在间距等于 0.1 mm 且对称于基准轴线 A（通过基准轴线 A 的理想平面）的两平行平面之间

任务实施

一、识读对称度公差

1. 认识对称度公差框格

图 2—61 中 [⌯ 0.02 B] 表示零件的对称度要求，其指引线的箭头指向的被测要素为键槽的中心平面。

2. 分析对称度公差带

图 2—61 所标注的对称度为表 2—22 中的第二种，即中心平面对轴线的对称度要求。框格中的“0.02”是对称度公差值，它是被测要素相对基准在位置上允许的变动全量。即被测键槽的中心平面应限定在间距等于 0.02 mm 的两平行平面之间。

3. 分析基准

基准 B 的基准符号与 $\phi 30$ mm 的尺寸线对齐，表示基准为 $\phi 30$ mm 圆柱的轴线。

二、准备工具和量具

准备与键槽形状一致的测量块一块、百分表及表架一套、V 形架一块、铸铁平板一块。

三、用百分表测量键槽对称度误差

1. 测量前准备工作

（1）将测量块装入零件的键槽中，要保证测量块不能松动，必要时应进行研合。

（2）将被测零件放置在 V 形架上，如图 2—62 所示，以铸铁平板作为测量基准，用 V 形架模拟 $\phi 30$ mm 圆柱的轴线（基准），用测量块模拟被测键槽的中心平面。

2. 调整被测零件

将百分表的测头与测量块的顶面接触，沿测量块的某一个横截面（垂直于被测圆柱轴线的平面）移动，稍微转动被测工件以调整测量块的位置，使百分表在这个横截面上移动时示值不变为止，使测量块沿径向（前后方向）与铸铁平板平行。

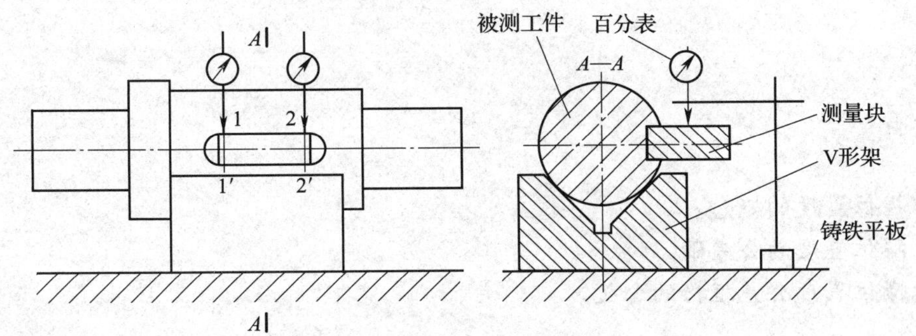

图 2—62　对称度误差测量

3．测量

（1）用百分表测量 1、2 两点，测得示值 $M_1=0$，$M_2=+0.02$ mm。

（2）将轴在 V 形架上翻转 180°，调整被测零件，再次使测量块沿径向与铸铁平板平行。然后测量 1、2 两点的对应点 1′、2′，测得示值 $M'_1=-0.01$ mm，$M'_2=-0.02$ mm。

四、处理数据，判断零件是否合格

1．计算偏移量

两个测量截面上键槽实际被测中心平面相对于基准轴线的偏移量为：

$\Delta_1=|M_1-M'_1|\div 2=|0-(-0.01)|\div 2=0.005$ mm

$\Delta_2=|M_2-M'_2|\div 2=|0.02-(-0.02)|\div 2=0.02$ mm

2．计算误差

对称度误差用下式计算：

$$f=\frac{d(f_1-f_2)+2tf_2}{d-t}$$

式中　f_1——偏移量中的最大值，mm；

f_2——偏移量中的最小值，mm；

d——轴的直径，mm；

t——键槽深度，mm。

测量得到该轴段的直径为 $d=29.99$ mm，键槽的深度为 $t=4.06$ mm。根据计算的偏移量可得，$f_1=\Delta_2=0.02$ mm，$f_2=\Delta_1=0.005$ mm。则该键槽的对称度误差为：

$$f=\frac{d(f_1-f_2)+2tf_2}{d-t}=\frac{29.99\times(0.02-0.005)+2\times 4.06\times 0.005}{29.99-4.06}\approx 0.0189\text{ mm}$$

3．判断键槽对称度是否合格

键槽的对称度误差值为 0.018 9 mm，小于图样上标注的对称度公差 0.02 mm，所以该键槽的对称度误差合格。

子课题3　识读位置度

学习目标

1. 掌握位置度的概念。
2. 了解位置度的公差带。
3. 读懂位置度公差框格的含义。

问题与思考

图2—63所示为一钻模板，其上加工了4个小圆孔，如何限定其圆心的位置精度？

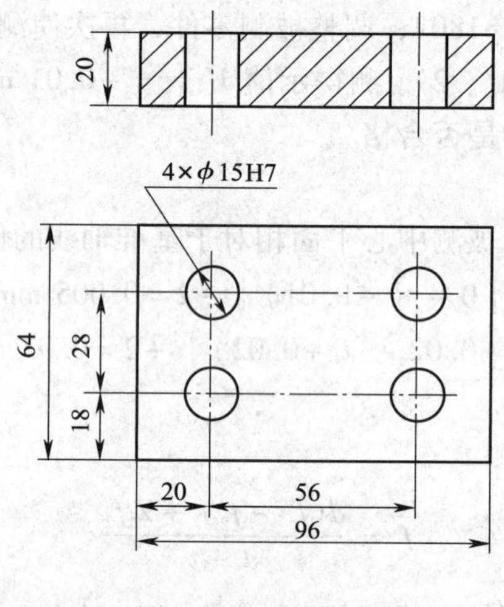

图2—63　钻模板

任务与要求

用尺寸公差可以限定圆心的位置精度，但是尺寸公差只能限制长度和宽度两个方向的尺寸，要想限定图2—63中4个小圆孔在空间的位置，需要用到位置度，如图2—64所示。本任务的要求是：

1. 识读图2—64中的位置度公差。
2. 分析图2—64中的位置度的公差带。
3. 分析图2—64中的位置度的基准。

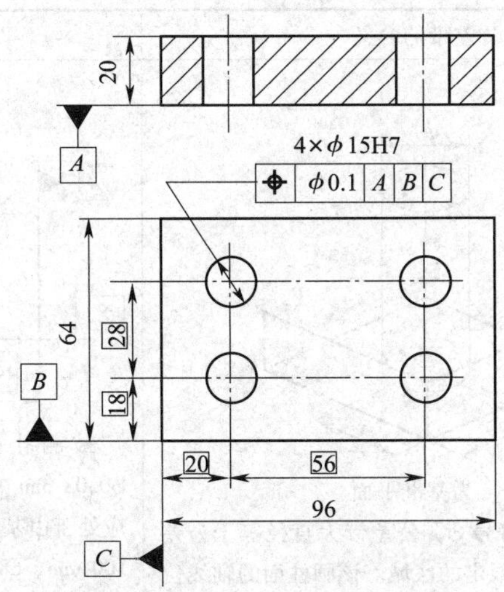

图 2—64　模板的位置度公差

预备知识

位置度公差是指被测要素所在的实际位置相对于由基准要素和理论正确尺寸所确定的理想位置所允许的变动全量。位置度公差分为点的位置度公差、线的位置度公差和面的位置度公差，其公差带含义和标注见表 2—23。

表 2—23　　**位置度公差**

项目	功用	公差带的含义	示例
点的位置度	用于限制被测点的实际位置相对于理想位置的变动	x　a　Sϕt　c　y　b 注：图中 a、b、c 为基准平面 公差值前加注 Sϕ，公差带为直径等于公差值 Sϕt 球面所限定的区域。该球面中心的理论正确位置由基准平面 a、b、c 和理论正确尺寸确定	Sϕ0.3 A B C　C　25　B　A　30 实际球心应限定在直径等于 Sϕ0.3mm 的球面内，该球面的中心由基准平面 A、B、C 和理论正确尺寸 30 mm、25 mm 确定

续表

项目	功用	公差带的含义	示例
线的位置度	用于限制被测线的实际位置相对于理想位置的变动	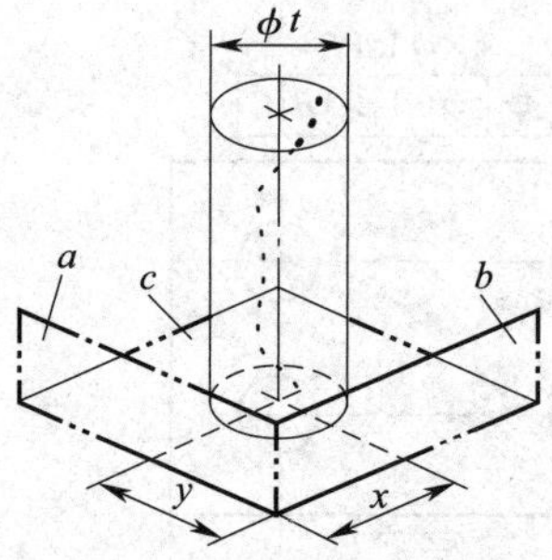 注：图中 *a*、*b*、*c* 为基准平面 公差值前加注符号 *ϕ*，公差带为直径等于公差值 *ϕt* 的圆柱面所限定的区域。该圆柱面的轴线位置由基准平面 *c*、*a*、*b* 和理论正确尺寸确定	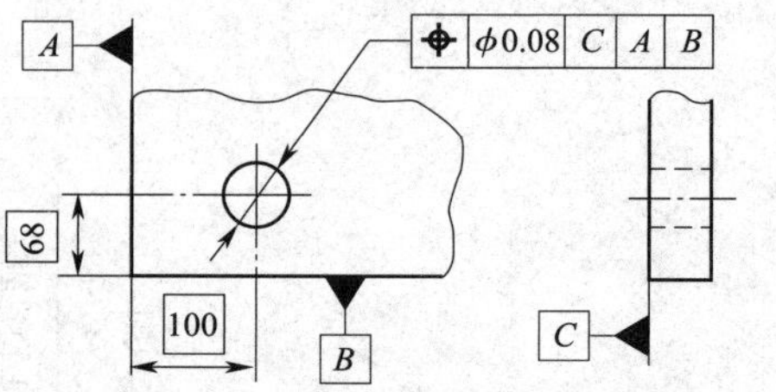 被测孔的实际轴线应限定在直径等于 *ϕ*0.08 mm 的圆柱面内，该圆柱面的轴线位置应处于由基准平面 *C*、*A*、*B* 和理论正确尺寸 100 mm、68 mm 确定的理论正确位置上
面的位置度	用于限制被测面的实际位置相对于理想位置的变动	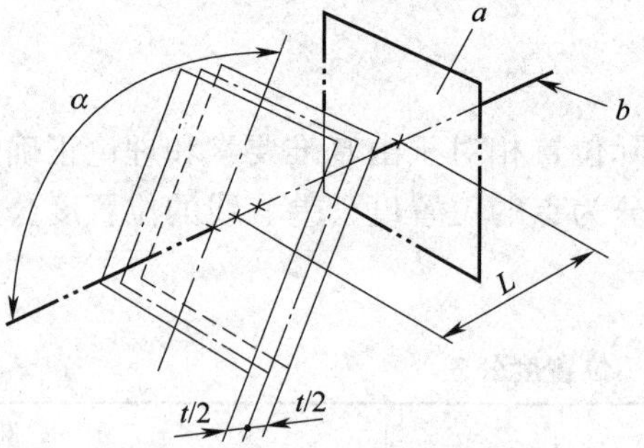 注：图中 *a* 为基准平面，*b* 为基准轴线 公差带为间距等于公差值 *t* 且对称于被测面理论正确位置的两平行平面所限定的区域。面的理论正确位置由基准平面 *a*、基准轴线 *b* 和理论正确尺寸确定	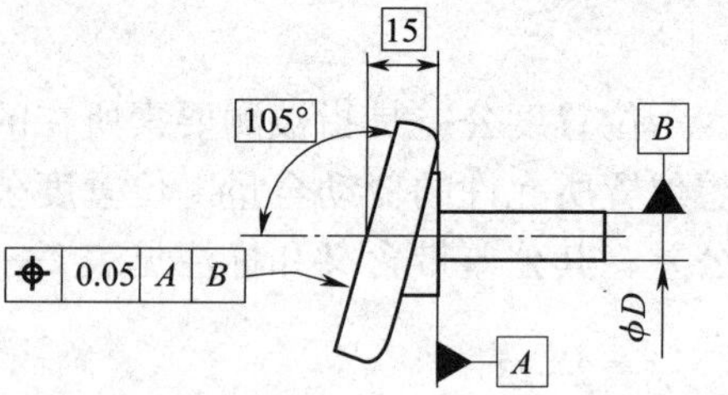 被测实际表面应限定在间距等于 0.05 mm 且对称于被测面的理论正确位置的两平行平面之间。该两平行平面对称于由基准平面 *A*、基准轴线 *B* 和理论正确尺寸 15 mm、105°确定的被测面的理论正确位置

任务实施

一、识读位置度公差框格

图 2—64 中的 [⌖ | *ϕ*0.1 | *A* | *B* | *C*] 表示零件的位置度公差，在公差框格内除了标注了位置公差符号⌖和公差值“*ϕ*0. 1”外，还标注了基准 *A*、*B*、*C* 的基准符号。框格指引线的箭头指向的被测要素为 4 × *ϕ*15H7 孔的轴线。

二、分析位置度公差带

在图 2—64 中，理论正确尺寸是确定被测要素理想位置的线性尺寸 20 mm、56 mm、

18 mm和28 mm，这些尺寸不直接附带公差，标注尺寸时将尺寸数字写在方框中。

图2—64所标注的位置度框格中的公差值为“ϕ0.1”，它是被测要素相对基准在位置上允许的变动全量，即被测ϕ15 mm孔的轴线应限定在直径等于ϕ0.1 mm的圆柱面内，该圆柱面的轴线位置由基准平面*A*、*B*、*C*和理论正确尺寸18 mm、28 mm、20 mm和56 mm确定。

三、分析基准

位置度公差框格中的“*A*、*B*、*C*”为基准要素，指的是模板的下面、前面和左面，它们和理论正确尺寸18 mm、28 mm、20 mm、56 mm一起用于确定被测要素的位置。

子课题4 识读并检测线轮廓度

学习目标

1. 掌握线轮廓度和面轮廓度的概念，了解其公差带，读懂其公差框格的含义。
2. 用对合式样板检测移动凸轮线轮廓度误差，并判断零件是否合格。

问题与思考

图2—65所示为一移动凸轮，其上部有一个曲面，限制其误差需要什么形状的公差带？

任务与要求

图2—65所示移动凸轮的纵向较窄，可只限制其横向截面曲线轮廓的误差。在形状公差中用线轮廓度控制非圆柱面的公差，如图2—66所示。本任务的要求是：

1. 识读图2—66所示线轮廓度公差。
2. 用对合式样板检测移动凸轮线轮廓度误差，并判断零件是否合格。

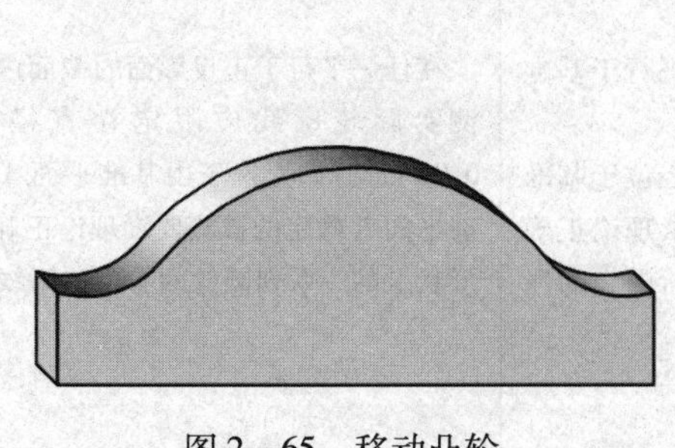

图2—65 移动凸轮

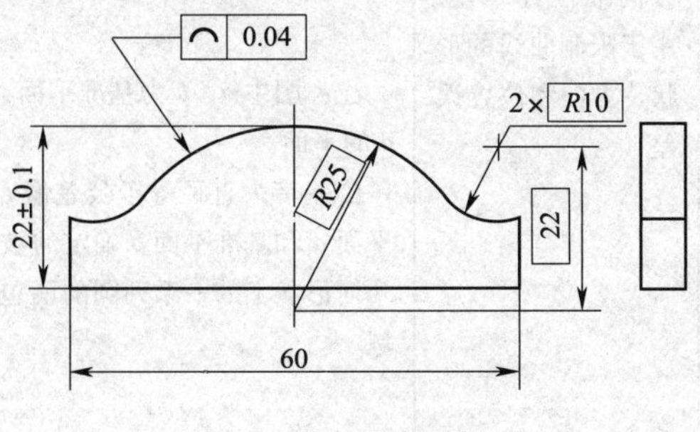

图2—66 线轮廓度

预备知识

轮廓度公差的被测要素是曲线或曲面，轮廓度公差分为线轮廓度公差和面轮廓度公差两种。线轮廓度和面轮廓度又各分为无基准要求的轮廓度和有基准要求的轮廓度，无基准要求的轮廓度为形状公差，有基准要求的轮廓度为方向或位置公差。轮廓度的公差带含义和标注见表 2—24。

表 2—24　　轮廓度公差

项目	功用	公差带的含义	示　例
无基准线轮廓度公差	无基准线轮廓度是形状公差，用于限制平面曲线的形状误差	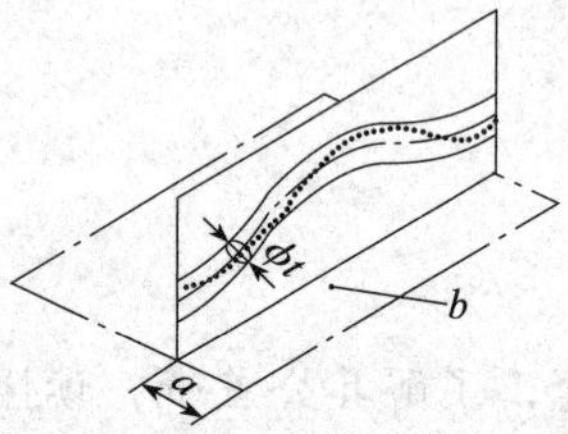 注：图中 a 为任一距离，b 为底面 公差带为直径等于公差值 t、圆心位于具有理论正确几何形状上的一系列圆的两包络线所限定的区域	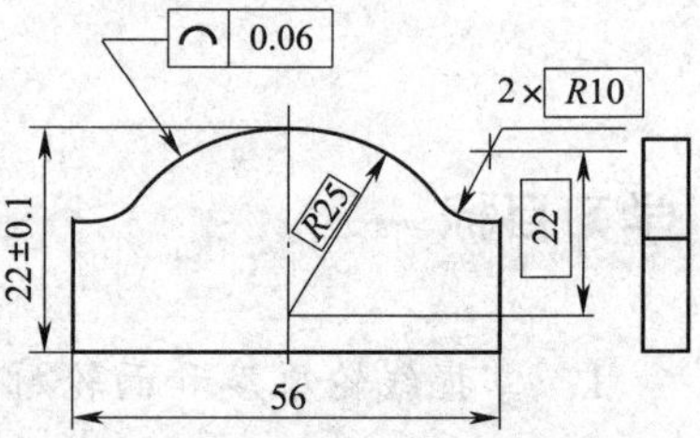 在任一平行于正投影面的截面内，被测实际轮廓线应限定在直径等于 0.06 mm且圆心位于被测要素理论正确几何形状上的一系列圆的两包络线之间
相对于基准体系的线轮廓度公差	线轮廓度公差相对基准体系时，是方向或位置公差，用于限制曲线的形状、方向和位置误差	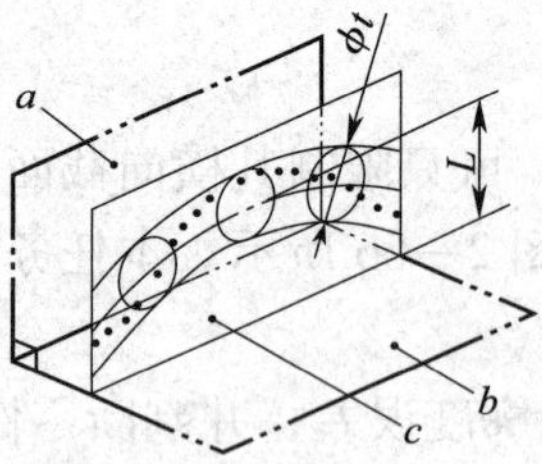 注：图中 a、b 为基准平面，c 为平行于基准 a 的平面 公差带为直径等于公差值 t 且圆心位于基准平面 a 和基准平面 b 确定的被测要素理论正确几何形状上的一系列圆的两包络线所限定的区域	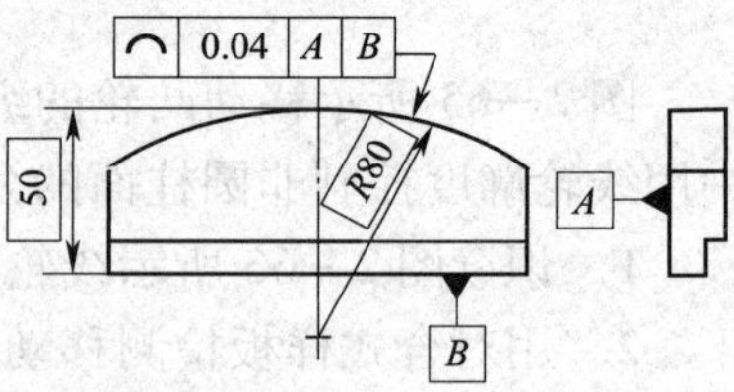 在任一平行于正投影面的截面内，被测实际轮廓线应限定在直径等于 0.04 mm且圆心位于由基准平面 A 和基准平面 B 确定的被测要素理论正确几何形状上的一系列圆的两等距包络线之间

续表

项目	功用	公差带的含义	示　例
无基准面轮廓度公差	无基准面轮廓度是形状公差，用于限制一般曲面的形状误差	公差带为直径等于公差值 t 且球心位于被测要素理论正确形状上的一系列圆的两包络面所限定的区域	被测实际轮廓面应限定在直径等于 0. 02 mm 且球心位于被测要素理论正确几何形状上的一系列圆球的两等距包络面之间
相对于基准体系的面轮廓度公差	面轮廓度公差相对基准体系时，是方向或位置公差，用于限制曲面的形状、方向和位置误差	注：图中 a 为基准平面 公差带为直径等于公差值 t 且球心位于由基准平面 a 确定的被测要素理论正确几何形状上的一系列圆球的两包络面所限定的区域	被测实际轮廓面应限定在直径等于 0. 1 mm 且球心位于由基准平面 A 确定的被测要素理论正确几何形状上的一系列圆球的两等距包络面之间

任务实施

一、识读线轮廓度公差

1. 认识线轮廓度公差框格

图 2—66 中的 [⌒ | 0.04] 表示零件的无基准线轮廓度要求，“⌒”是线轮廓度的符号，指引线的箭头指向的被测要素是轮廓曲线，并与曲线的切线垂直，与尺寸线明显错开。

2. 分析线轮廓度公差带

图 2—66 中的线轮廓度公差框格中的“0. 04”是线轮廓度公差值，即在任一平行于图 2—66 所示正投影面的截面内，实际轮廓线应限定在直径等于 0. 04 mm、圆心位于被测要素理论正确几何形状上的一系列圆的两包络线之间。被测要素的理论正确形状由理论正确尺寸 $R25$、$R10$ 和 22 mm 确定。

二、准备工具和量具

准备对合式样板一块、塞尺一把。

三、用对合式样板检测线轮廓度

对合式样板用于检测无基准的线轮廓度误差。如检验图 2—66 所示零件的线轮廓度，可采用图 2—67 所示的对合式样板，对合式样板的轮廓形状为被测曲线的反形，所以样板轮廓曲线由下列理论正确尺寸确定：

大圆弧半径 =25 +0. 04 ÷2（工件线轮廓度公差值的一半） =25. 02 mm；

小圆弧半径 =10 -0. 04 ÷2 =9. 98 mm。

圆心位置尺寸 =22 mm。

样板线轮廓度公差取工件线轮廓度公差的十分之一，即 0. 04/10 =0. 004 mm。

样板工作面的宽度为 0. 5 ~0. 7 mm，样板工作面应有一面或两面倒角，其倒角角度通常为 30°。

用线轮廓度样板检测工件的方法如图 2—68 所示。检验时，将样板按规定方向安放在被测工件上，使样板轮廓与实际被测轮廓对合，根据它们之间的法向间隙的大小来评定线轮廓度误差值。在对合样板和工件时，应尽量使它们的正形和反形对应部分彼此充分对准，找出最大间隙的部位，用厚度为 0. 04 mm 的塞尺检测其间隙，如果厚度为 0. 04 mm 的塞尺不能插入最大间隙的部位，可断定该零件的线轮廓度合格，否则为不合格。

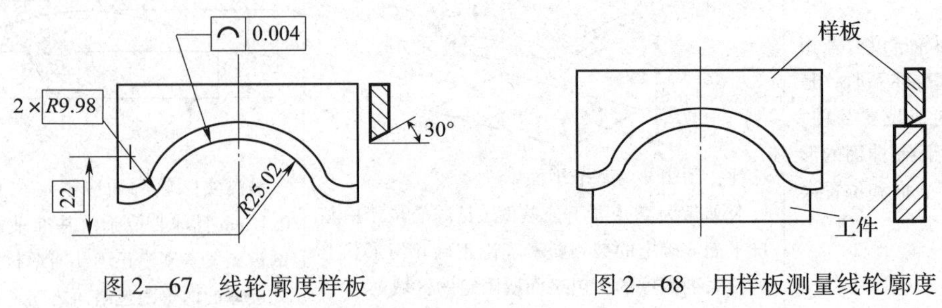

图 2—67　线轮廓度样板　　　图 2—68　用样板测量线轮廓度

对合式样板本身的精度和检验时样板在工件上的安放位置的准确与否对检测精度影响很大。

课题四　识读并检测跳动公差

跳动公差是被测要素在无轴向移动的条件下，绕基准轴线回转一周或连续回转所允许的最大变动量。跳动公差用于综合控制被测要素的形状、方向和位置误差，跳动公差分为圆跳动公差和全跳动公差。

子课题 1　识读并检测径向圆跳动

学习目标

1. 掌握径向圆跳动的概念，了解径向圆跳动的公差带，读懂径向圆跳动公差框格的含义。
2. 了解偏摆测量仪的结构，掌握用其检测径向圆跳动的方法。

问题与思考

如图 2—69 所示为台阶轴，其中段 $\phi45$ mm 圆柱面有圆度误差，并且其轴线相对于两端 $\phi30$ mm 圆柱的公共轴线有同轴度误差，如何用一个参数综合限制 $\phi45$ mm 圆柱的形状误差和位置误差？

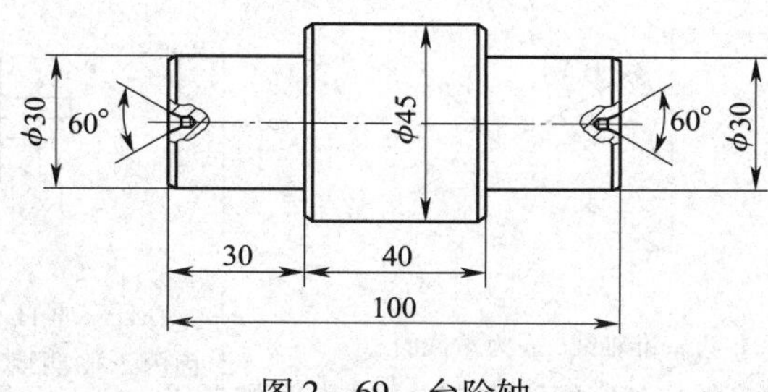

图 2—69　台阶轴

任务与要求

要想用一个参数同时限制图 2—69 中 $\phi45$ mm 圆柱的形状和位置误差，可考虑限制圆柱面的横截面轮廓在两个同心圆之间，且使这两个同心圆的轴线与两端 $\phi30$ mm 圆柱的公共轴线同轴，即限定被测圆柱面的径向圆跳动误差。本任务的要求是：

1. 识读图 2—70 中的径向圆跳动公差。
2. 用偏摆测量仪检测图 2—69 所示台阶轴的径向圆跳动误差，并判断零件是否合格。

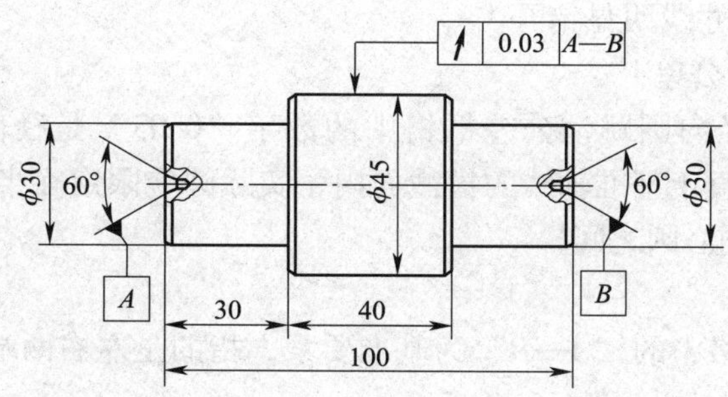

图 2—70　台阶轴的径向圆跳动公差

预备知识

一、圆跳动公差的概念及分类

圆跳动公差是指被测要素在任一测量截面内相对于基准轴线的最大允许变动量。圆跳动公差分为径向圆跳动公差、轴向圆跳动公差和斜向圆跳动公差三种。

二、径向圆跳动公差的公差带和标注

径向圆跳动公差的公差带和标注示例见表 2—25。

表 2—25　　径向圆跳动公差

项目	功能	公差带含义	示　例
径向圆跳动公差	用于限制被测要素的任一截面相对于基准轴线的径向跳动误差	注：图中 a 为基准轴线，b 为横截面 公差带为在任一垂直于基准轴的横截面内且半径差等于公差值 t、圆心在基准轴上的两同心圆所限定的区域	在任一垂直于公共基准轴线 A—B 的横截面内，被测实际圆应限定在半径差等于 0. 1 mm、圆心在基准轴线 A—B 上的两同心圆之间

任务实施

一、识读径向圆跳动公差

1. 认识径向圆跳动公差框格

图 2—70 中的 | ↗ | 0.03 | A—B | 表示径向圆跳动公差要求，指引线的箭头指向的被测要素为 ϕ45mm 圆柱面，并与尺寸线明显错开。

2. 分析径向圆跳动公差

图 2—70 所标注的径向圆跳动公差框格中的数字“0. 03”是径向圆跳动公差值，表示 ϕ45 mm圆柱面在任一垂直于基准轴线的横截面内，实际圆应限定在半径差等于 0. 03 mm，且圆心在基准轴线上的两同心圆之间。

3. 分析基准

径向圆跳动公差框格中的“A—B”为基准要素，指的是左右两端中心孔的公共轴线。

〔注意〕

1. 圆跳动公差带除了有形状和大小的要求外，还有方向和位置的要求，即公差带相对于基准轴线有确定的方位。
2. 圆跳动公差带能综合控制同一被测要素的形状、方向和位置误差。
3. 采用圆跳动公差仍不能满足功能要求时，可进一步给出相应的形状公差，但其数值应小于圆跳动公差值。

二、准备工具和量具

1. 认识偏摆测量仪

偏摆测量仪的结构如图 2—71 所示，它主要由底座、左顶尖座、右顶尖座、百分表架等组成。偏摆测量仪主要用于检测轴类和盘类零件的径向圆跳动和轴向圆跳动。

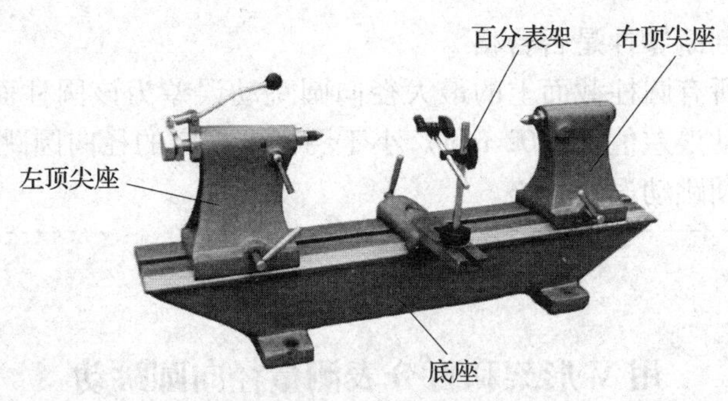

图 2—71　偏摆测量仪

2. 准备量具、量仪

准备偏摆测量仪一台、百分表一个。

三、用偏摆测量仪测量径向圆跳动误差

如图 2—72 所示，用偏摆测量仪测量圆跳动误差时，用两顶尖模拟公共基准轴线，具体测量步骤如下：

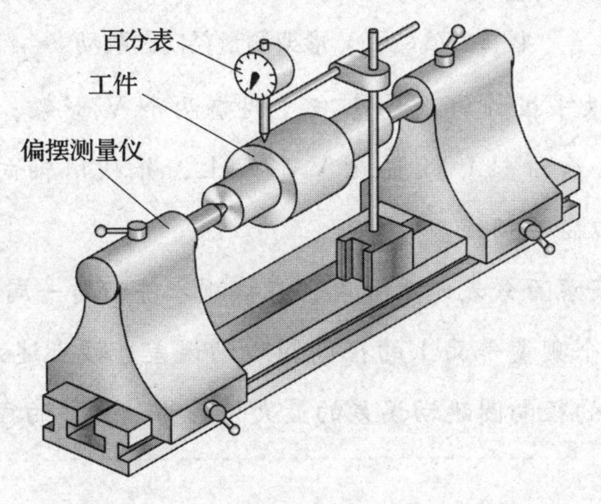

图 2—72　用偏摆测量仪测量圆跳动

1. 调整偏摆测量仪两顶尖的距离，并顶紧工件。

2. 将百分表固定在表架上，使触头压在被测圆柱面的最高素线上，压百分表并把指针调零。

3. 缓慢匀速地将零件转动一周，读取百分表的最大和最小示值，其差值为该测量圆柱截面的径向圆跳动误差。

4. 按上述方法测量若干个圆柱截面，并记录各示值，填入表 2—26 中。

表 2—26　　径向圆跳动测量数据及处理　　mm

截面序号	百分表最大示值	百分表最小示值	该截面径向圆跳动误差	径向圆跳动误差
1	+0.01	−0.01	0.02	0.02
2	0	−0.01	0.01	
3	+0.01	0	0.01	

四、处理数据，判断零件是否合格

取表 2—26 中的所有圆柱截面上的最大径向圆跳动误差为该圆柱面的径向圆跳动误差。由于测得的径向圆跳动误差值（0.02 mm）小于图样上规定的径向圆跳动公差（0.03 mm），所以该台阶轴的径向圆跳动误差合格。

〔知识拓展〕

用 V 形架和百分表测量径向圆跳动

图 2—70 所示零件的公共基准轴线也可以用两个等高 V 形架来模拟，如图 2—73 所示。

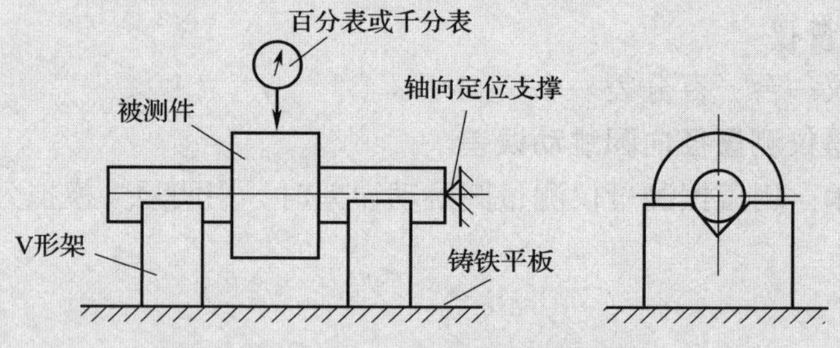

图 2—73　用 V 形架测量径向圆跳动

1. 测量时，以铸铁平板作为测量基准，调整两个 V 形架，使其 V 形槽的中心平面共面。将被测零件（台阶轴）放置在 V 形架上，并利用轴向定位支撑进行轴向定位，以两个 V 形架模拟公共轴线。

2. 按照图示位置安装百分表或千分表，在被测零件回转一周的过程中百分表或千分表的最大差值，即为单个测量平面上的径向圆跳动误差。按上述方法在若干截面上进行测量，取各截面上测得的径向圆跳动误差的最大值作为该零件的径向圆跳动误差。

子课题 2　识读并检测轴向圆跳动

学习目标

1. 掌握轴向圆跳动的概念，了解轴向圆跳动的公差带，读懂轴向圆跳动公差框格的含义。
2. 了解杠杆千分表的结构，掌握用杠杆千分表检测轴向圆跳动的方法。

3. 了解斜向圆跳动的概念和公差带，读懂斜向圆跳动公差框格的含义。

问题与思考

如图 2—74 所示为销轴，其右端 ϕ50 mm 圆柱左端面既有平面度误差，又相对于 ϕ30mm 圆柱的轴线有垂直度误差，如何限制并检测这些误差呢？

任务与要求

要想用一个参数同时限制图 2—73 中 ϕ50 mm 圆柱左端面的形状和方向误差，可考虑将端面上的任一圆柱形截面上的实际圆，限定在轴向距离等于公差值的两个等半径圆之间，即限定被测圆柱端面的轴向圆跳动误差。本任务的要求是：

1. 识读图 2—75 所示轴向圆跳动公差。
2. 用杠杆千分表测量 ϕ50 mm 圆柱左端面的轴向圆跳动误差，并判断零件是否合格。

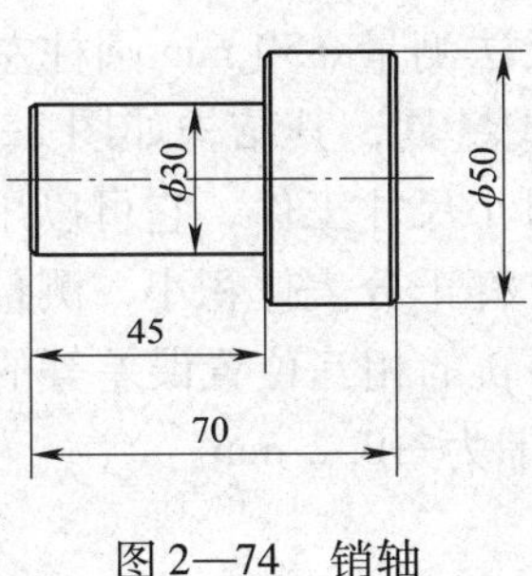

图 2—74 销轴

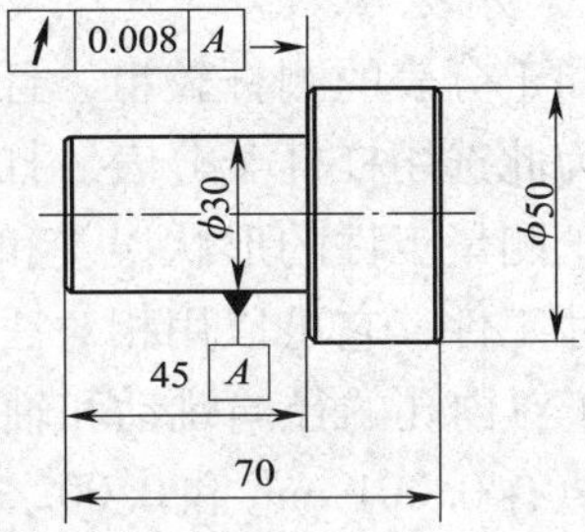

0.008 A

φ30 φ50 45 A 70

图 2—75 销轴的轴向圆跳动公差

预备知识

轴向圆跳动公差的公差带含义和标注见表 2—27。

表 2—27 轴向圆跳动公差

项目	功 能	公差带含义	示 例
轴向圆跳动公差	用于限制被测要素的任一圆柱截面相对于基准轴线的轴向跳动误差	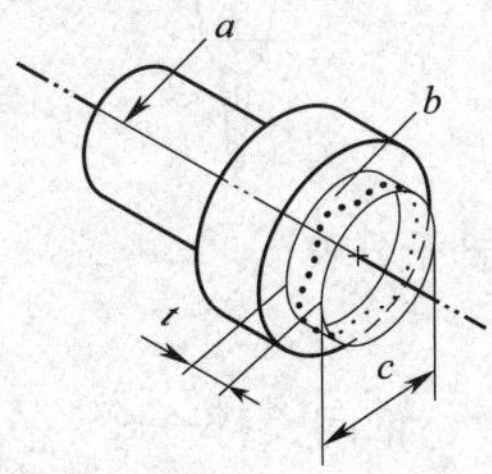 a b t c 注：图中 a 为基准轴线，b 为公差带，c 为任一直径 公差带为与基准轴线同轴的任一半径的圆柱截面上，间距等于公差值 t 的两圆所限定的圆柱面区域	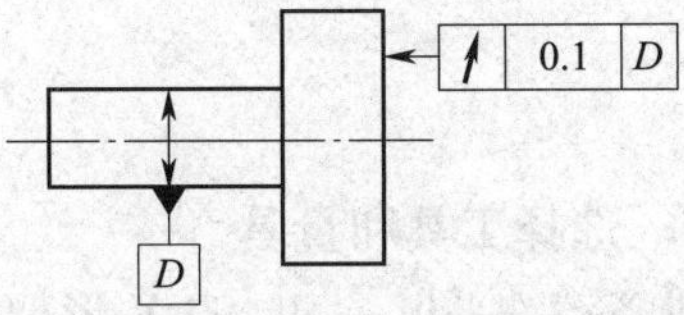 0.1 D D 在与基准轴线 D 同轴的任一圆柱形截面上，被测实际圆应限定在轴向距离等于 0.1 mm 的两个等半径圆之间

任务实施

一、识读轴向圆跳动公差

1. 认识轴向圆跳动公差框格

图 2—75 中的 | ↗ | 0.008 | A | 表示轴向圆跳动公差要求；指引线的箭头指向的被测要素为 ϕ50 mm 圆柱左端面。

2. 分析轴向圆跳动公差

图 2—75 所标注的轴向圆跳动公差框格中的数字“0.008”是指轴向圆跳动公差值，表示在与基准轴线 *A* 同轴的任一半径的圆柱形截面上，实际圆应限定在轴向距离等于 0.008 mm 的两个等半径圆之间。

3. 分析基准

基准 *A* 指的 ϕ30 mm 圆柱的轴线。

二、准备工具和量具

1. 认识杠杆千分表

由于百分表和千分表的测杆较粗，且无法弯折，所以无法测量 ϕ50 mm 圆柱左端面根部的轴向圆跳动，为此选用杠杆千分表。杠杆千分表是指针式量具，其结构如图 2—76 所示。杠杆千分表适用于测量工件的形状误差和相互位置误差。对小尺寸工件，它可以用绝对法进行测量；对大尺寸工件，它可以用相对法进行测量。由于杠杆千分表体积小，测量头可回转 180°，因此适用于对内孔的径向跳动和轴向跳动、键槽和导轨的相互位置误差等的测量。杠杆千分表的分度值有 0.001 mm 和 0.002 mm 两种，测量范围为 ±0.2 mm。

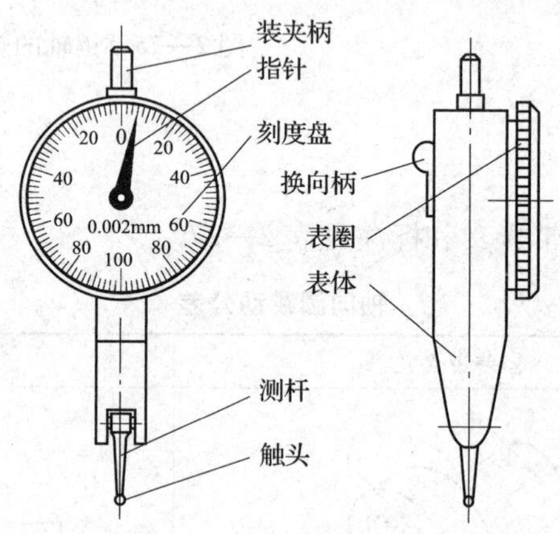

图 2—76　杠杆千分表

2. 选择工具和量具

准备铸铁平板一块、90°V 形架一个、方箱一个、轴向支撑一个、分度值为 0.002 mm 的杠杆千分表及表架一套。

三、用杠杆千分表测量轴向圆跳动误差

1. 安装工件

将销轴放置在 V 形架上，并进行轴向定位，如图 2—77 所示。

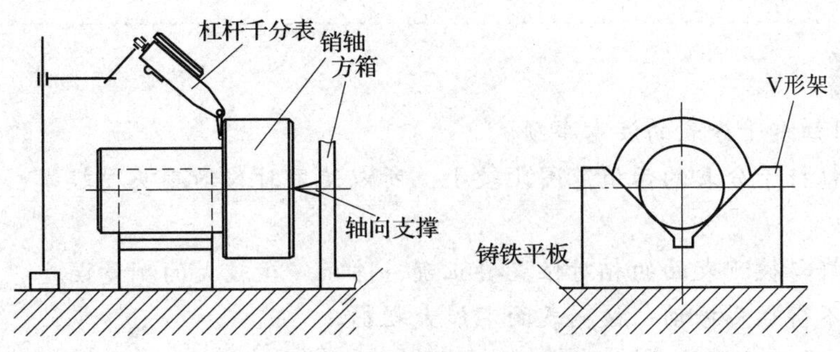

图 2—77　测量轴向圆跳动

2．安装杠杆千分表

将杠杆千分表安装在表架上，调整其测杆位置，使测杆的轴线与被测表面平行，如图 2—78 所示。如因为零件结构等因素无法使测杆的轴线与被测表面平行时（图 2—79），需要将读数乘以 cosα 加以修正。

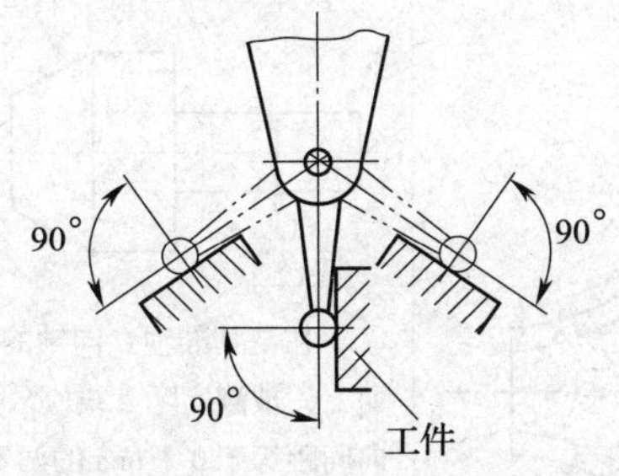

图 2—78　测杆的正确位置

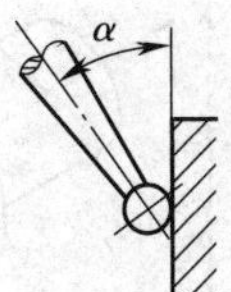

图 2—79　测杆与工件成一定角度

3．测量销轴 ϕ50 mm 圆柱左端面的轴向圆跳动误差

（1）使杠杆千分表的触头压在 ϕ50 mm 圆柱左端面上，压表并把指针调零，如图 2—77 所示。

（2）缓慢匀速地连续转动零件，读取杠杆千分表的最大和最小示值，其差值为该圆柱形截面上的轴向圆跳动误差。

（3）按上述方法在 ϕ50 mm 圆柱左端面的若干个位置测量，并记录各示值，填入表 2—28中。

表 2—28　　**轴向圆跳动测量数据及处理**　　mm

截面序号	杠杆千分表最大示值	杠杆千分表最小示值	截面轴向圆跳动误差	轴向圆跳动误差
1	0	−0.004	0.004	0.008
2	+0.004	−0.002	0.006	
3	+0.002	−0.006	0.008	

四、处理数据，判断零件是否合格

取表 2—28 中所有位置的最大轴向圆跳动误差为该圆柱面的跳动误差。测得的轴向圆跳动误差值（0.008 mm）等于图样上规定的轴向圆跳动公差（0.008mm），所以该销轴的轴向圆跳动误差符合给定公差要求，零件合格。

〔知识拓展〕

一、使用杠杆千分表的注意事项

1. 由于杠杆千分表的示值范围比较小，所以使用时移动测头要轻缓，不能超量程使用。

2. 测量杆与被测表面的相对位置要正确，防止产生较大的测量误差。

3. 表体不得猛烈振动，被测表面不能太粗糙。

二、斜向圆跳动公差的概念

斜向圆跳动的公差带含义和标注见表 2—29。

表 2—29　　斜向圆跳动公差

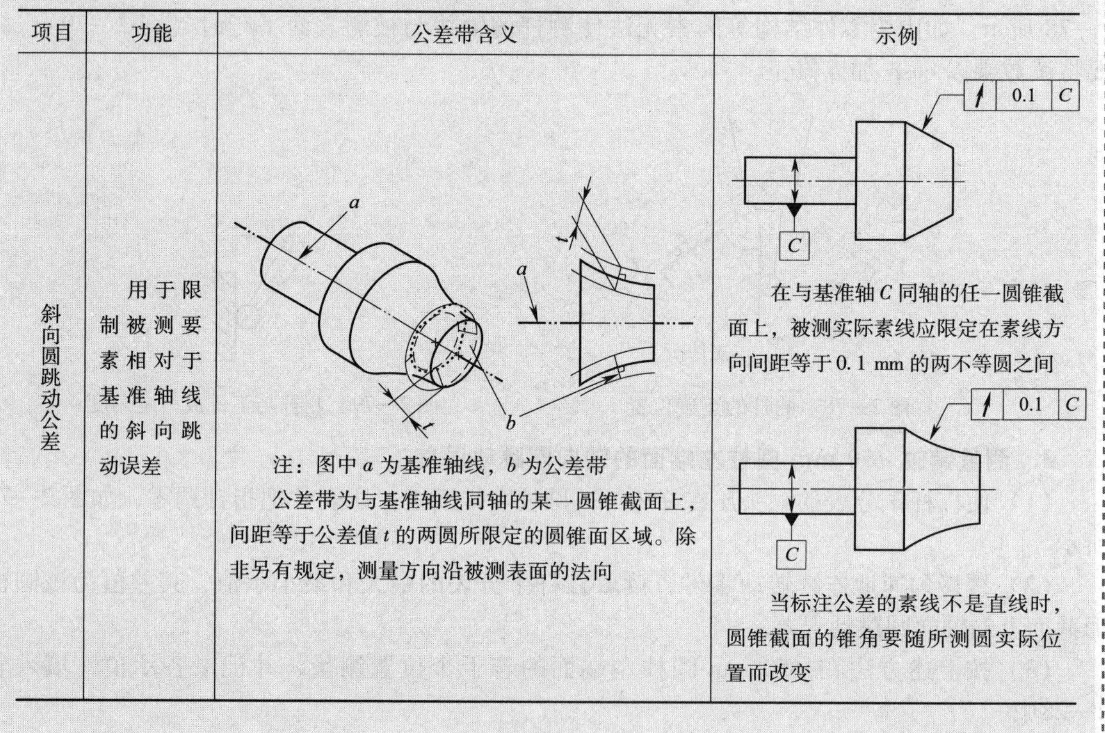

项目	功能	公差带含义	示例
斜向圆跳动公差	用于限制被测要素相对于基准轴线的斜向跳动误差	注：图中 a 为基准轴线，b 为公差带 公差带为与基准轴线同轴的某一圆锥截面上，间距等于公差值 t 的两圆所限定的圆锥面区域。除非另有规定，测量方向沿被测表面的法向	0.1　C 在与基准轴 C 同轴的任一圆锥截面上，被测实际素线应限定在素线方向间距等于 0.1 mm 的两不等圆之间 0.1　C 当标注公差的素线不是直线时，圆锥截面的锥角要随所测圆实际位置而改变

子课题 3　识读并检测径向全跳动和轴向全跳动

学习目标

1. 掌握径向全跳动和轴向全跳动的概念，了解其公差带，读懂其公差框格的含义。

2. 了解车床的卡盘、床鞍、中滑板、小滑板的运动形式，掌握用车床检测径向全跳动和轴向全跳动的方法。

问题与思考

1．如果图 2—80 所示滚子中段大圆柱面上有锥度误差、凹面误差或凸面误差，测量其径向圆跳动误差能否体现这些误差？如何用一个参数同时控制大圆柱的圆柱度和大圆柱轴线相对于两侧小圆柱轴线的同轴度误差？

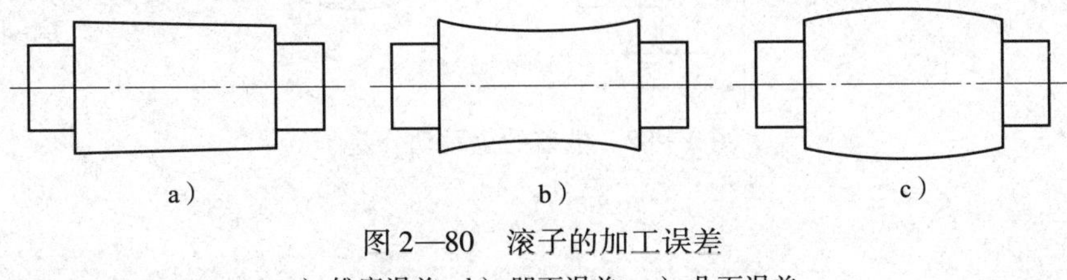

图 2—80　滚子的加工误差

a）锥度误差　b）凹面误差　c）凸面误差

2．如果图 2—81 所示销轴大圆柱右端面有凹面误差或凸面误差，测量其轴向圆跳动误差能否反映这些误差？如何用一个参数同时控制大圆柱右端面相对于小圆柱轴线的垂直度误差和大圆柱右端面的平面度误差？

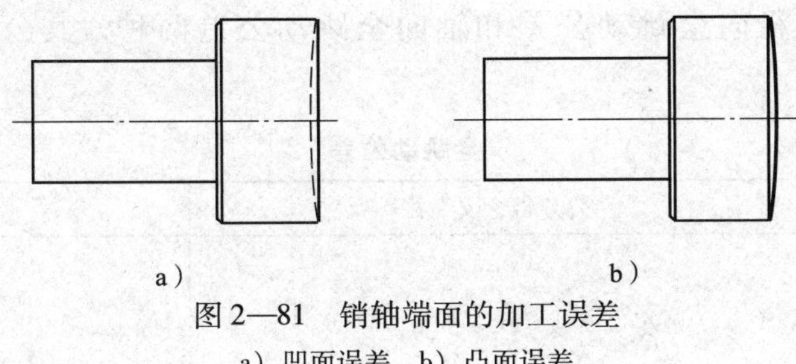

图 2—81　销轴端面的加工误差

a）凹面误差　b）凸面误差

任务与要求

径向圆跳动误差是在被测圆柱某一横截面上测量的，因此无法控制图 2—80 所示滚子中段大圆柱的锥度误差、凹面误差和凸面误差。要想用一个参数同时控制大圆柱的圆柱度和大圆柱轴线相对于两侧小圆柱轴线的同轴度误差，可考虑将圆柱面限制在半径差等于公差值 t 的两同轴圆柱面之间，且使这两个圆柱面的轴线与两侧小圆柱的公共轴线同轴，即限定被测圆柱面的径向全跳动误差。

轴向圆跳动误差是在一个与基准同轴的圆柱截面上测量的，因此也无法限制图 2—81 所示销轴大圆柱右端面的凸面误差和凹面误差。要想用一个参数同时控制大圆柱右端面相对于小圆柱轴线的垂直度误差和端面的平面度误差，可考虑将圆柱端面限制在两个互相平行的平面之间，且使这两个平行平面与小圆柱轴线垂直，即限定被测大圆柱右端面的轴向全跳动误差。

本任务的要求是：

1．识读图 2—82 所示端盖的径向全跳动公差和轴向全跳动公差。

2．在车床上用杠杆百分表测量端盖的径向全跳动误差和轴向全跳动误差，并判断零件是否合格。

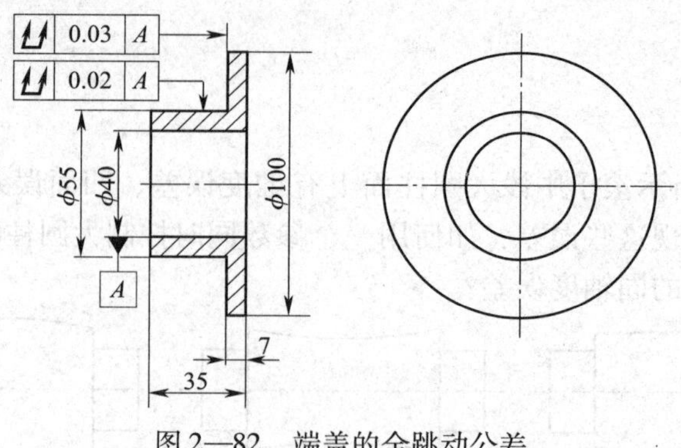

图 2—82　端盖的全跳动公差

预备知识

全跳动公差是指被测要素在无轴向移动的条件下，绕基准轴线连续回转，同时指示针沿给定方向的理想直线连续移动（或被测要素每回转一周，指示针沿给定方向的理想直线作不间断移动），指示针在给定方向上测得的最大值与最小值之差。

全跳动公差分为径向全跳动公差和轴向全跳动公差两种，其公差带含义和标注见表 2—30。

表 2—30　　全跳动公差

项目	功　能	公差带含义	示　例
径向全跳动公差	用于限制整个被测要素相对于基准轴线的径向跳动误差	注：图中 *a* 为基准轴线 公差带为半径差等于公差值 *t* 且与基准轴线同轴的两圆柱面所限定的区域	0.1 *A*—*B* 被测实际圆柱表面应限定在半径差等于 0.1 mm，与公共轴线 *A*—*B* 同轴的两圆柱面之间
轴向全跳动公差	用于限制整个被测要素相对于基准轴线的轴向跳动误差	注：图中 *a* 为基准轴线，*b* 为被测实际表面 公差带为间距等于公差值 *t* 且垂直于基准轴线的两平行平面所限定的区域	0.1 *D* 被测实际表面应限定在间距等于 0.1mm、垂直于基准轴线 *D* 的两平行平面之间

任务实施

一、识读全跳动公差

1. 认识径向全跳动公差框格

图 2—82 中的 [⌰ | 0.02 | A] 表示的是径向全跳动公差要求；指引线的箭头指向的被测要素为 ϕ55 mm 圆柱面。框格中的数字“0.02”是径向全跳动公差值，该公差框格表示实际圆柱表面应限定在半径差等于 0.02 mm、与 ϕ40 mm 孔的轴线（基准轴线 A）同轴的两圆柱面之间。

2. 认识轴向全跳动公差框格

图 2—82 中的 [⌰ | 0.03 | A] 表示的是轴向全跳动公差要求；指引线的箭头指向的被测要素为 ϕ100 mm 圆柱左端面。框格中的数字“0.03”是轴向全跳动公差值，该公差框格表示实际表面应限定在间距等于 0.03 mm、垂直于 ϕ40 mm 孔的轴线（基准轴线 A）的两平行平面之间。

二、准备设备和量具

1. 认识杠杆百分表

杠杆百分表的结构与杠杆千分表类似，只是其结构相对简单，精度较低。杠杆百分表有多种形式，常用的有正面式、侧面式和端面式三种，如图 2—83 所示。杠杆百分表的分度值为 0.01 mm，测量范围有 ±0.4 mm 和 ±0.5 mm 两种，图 2—83a、c 所示杠杆百分表的测量范围为 ±0.4 mm，图 2—83b 所示杠杆百分表的测量范围为 ±0.5 mm。

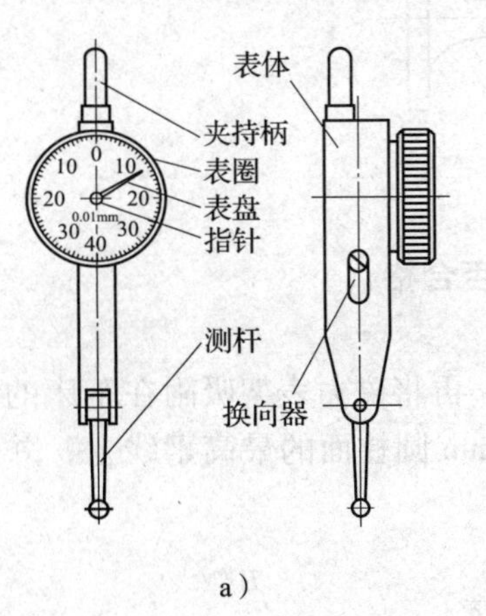

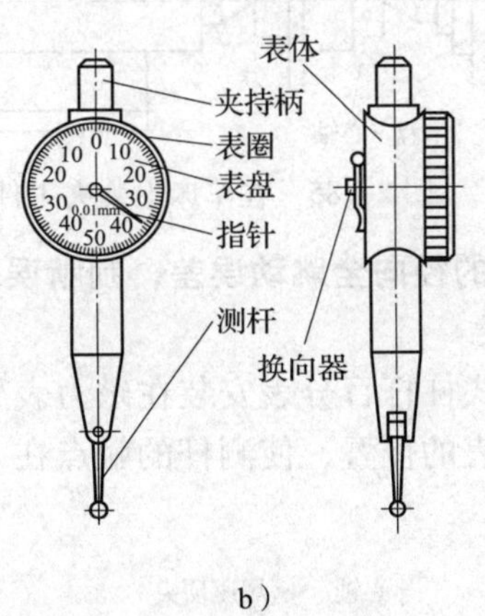

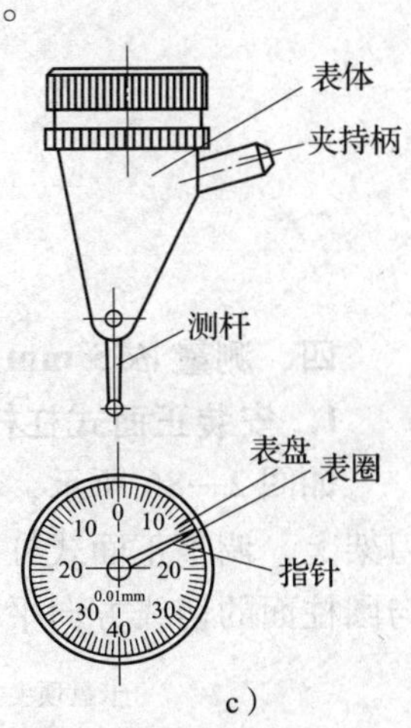

图 2—83　杠杆百分表

a）正面式　b）侧面式　c）端面式

2. 选择设备和量具

准备主轴精度较高的普通车床一台、正面式杠杆百分表和侧面式杠杆百分表各一只、磁力表架一个、直径为 ϕ40 mm 的心轴一根。

三、装夹工件

车床的结构如图 2—84 所示，在车床上有卡盘顶尖、尾座顶尖、床鞍、中滑板、小滑板等。

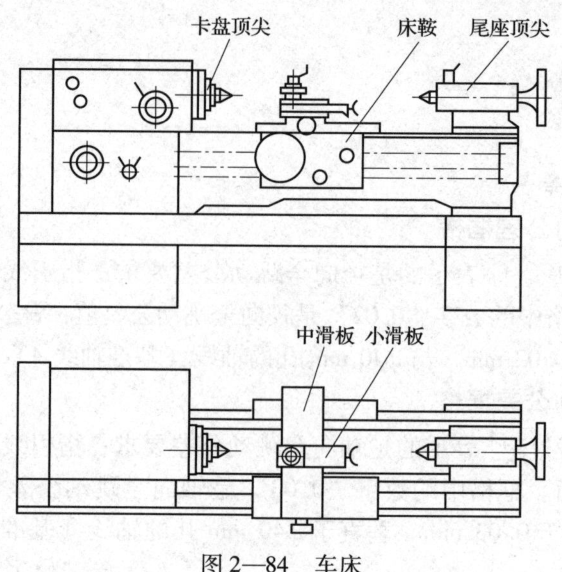

图 2—84　车床

1．调整车床的尾座，使尾座顶尖与主轴中心对齐。

2．在车床上装夹工件。由于以 ϕ40 mm 孔的轴线作为基准，所以在端盖中间安装心轴，然后将心轴用两顶尖装夹在车床上，如图 2—85 所示。

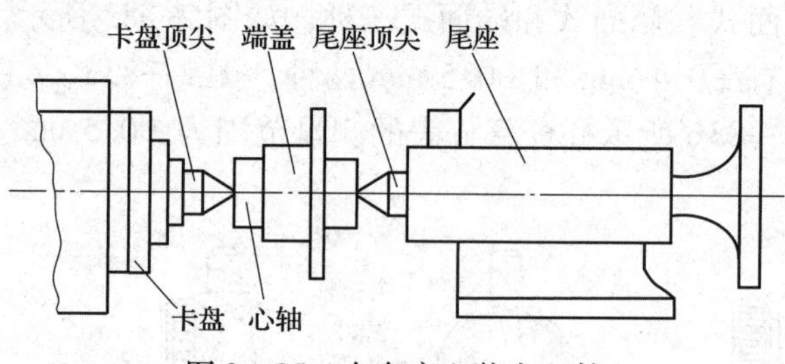

图 2—85　在车床上装夹工件

四、测量 ϕ55 mm 圆柱面的径向全跳动误差，判断误差是否合格

1．安装正面式杠杆百分表

如图 2—86 所示，将正面式杠杆百分表安装在磁力表架上，再将磁力表架吸附在车床的刀架上，调整正面式杠杆百分表的位置，使测杆的触点在 ϕ55 mm 圆柱面的最高素线上，并与圆柱面的切线方向平行。

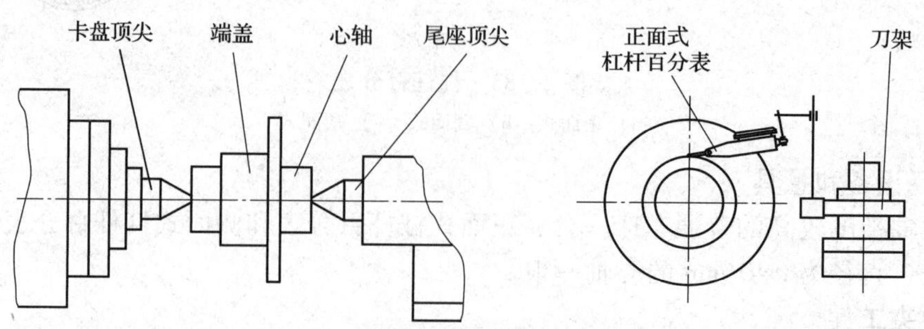

图 2—86　用正面式杠杆百分表测量径向全跳动

2. 测量径向全跳动误差

用左手转动零件，同时用右手转动车床上小滑板的手柄，使小滑板带动杠杆百分表沿轴向连续移动，对实际被测 ϕ55 mm 圆柱面按螺旋线轨迹进行测量。或者使被测零件每回转一周，杠杆百分表作间断运动。测得的最大示值为 M_{max} = +0.02 mm，最小示值为 M_{min} = +0.01 mm。

3. 处理数据，判断误差是否合格

在整个测量过程中，由正面式杠杆百分表测得的最大与最小示值之差即为径向全跳动误差，即：

$$f = M_{max} - M_{min} = +0.02 - (+0.01) = 0.01\ \text{mm}$$

很显然，测得的径向全跳动误差值（0.01 mm）小于图样上规定的径向全跳动公差（0.02 mm），所以 ϕ55 mm 圆柱面的径向全跳动误差合格。

五、测量 ϕ100 mm 圆柱面左端面的轴向全跳动误差，判断误差是否合格

1. 安装侧面式杠杆百分表

由于被测要素为 ϕ100 mm 圆柱面左端面，为了便于读数，选用侧面式杠杆百分表，并按照图 2—87 所示位置安装，调整侧面式杠杆百分表使触头与工件的轴线同高（图2—88），压表并把指针调零。

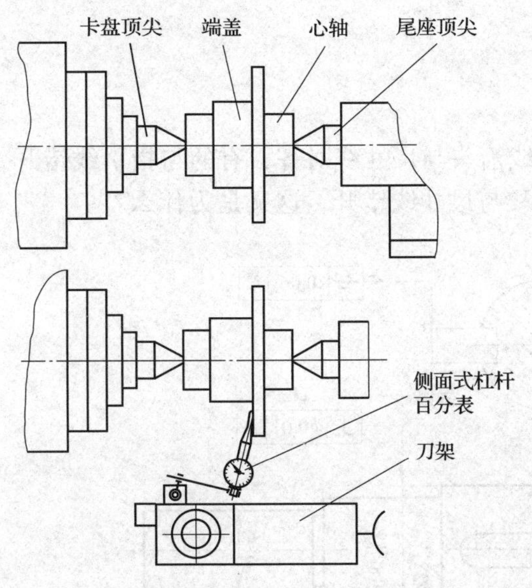

图 2—87　用侧面式杠杆百分表测量轴向全跳动

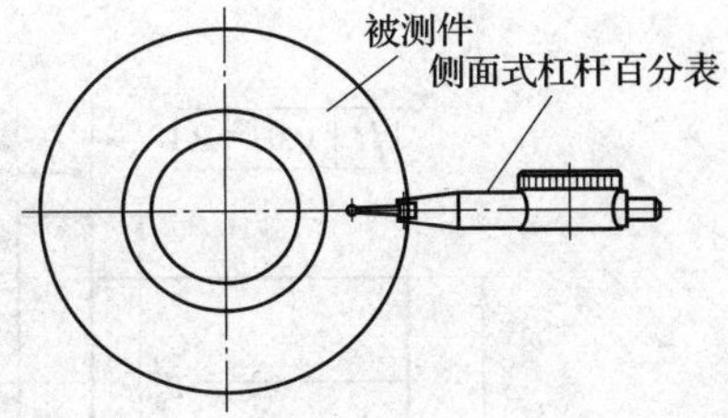

图 2—88　侧面式杠杆百分表的位置

2. 测量轴向全跳动

用左手转动零件，同时用右手转动车床上中滑板的手柄，使中滑板带动侧面式杠杆百分表沿 ϕ100 mm 圆柱左端面连续移动，对实际被测 ϕ100 mm 圆柱左端面按阿基米德螺旋线轨迹进行测量。或者被测工件每回转一周，杠杆百分表作间断运动。测得的最大示值为 M_{max} = −0.04 mm，最小示值为 M_{min} = −0.06 mm。

3. 处理数据，判断误差是否合格

在整个测量过程中，由侧面式杠杆百分表测得的最大与最小示值之差即为被测要素的轴向全跳动误差，即：

$$f = M_{max} - M_{min} = -0.04 - (-0.06) = 0.02\ \text{mm}$$

由于测得的轴向全跳动误差值（0.02 mm）小于图样上给出的轴向全跳动公差（0.03 mm），所以 ϕ100 mm 圆柱左端面的轴向全跳动误差合格。

课题五　识读并标注几何公差

子课题 1　识读几何公差

学习目标

1. 掌握被测要素的标注方法。
2. 掌握基准要素的标注方法。

问题与思考

在图 2—89 中，有的几何公差框格的指引线箭头与尺寸线对齐，有的与指引线错开，这是为什么？有的基准符号与尺寸线对齐，有的又与尺寸线错开，这又是为什么？

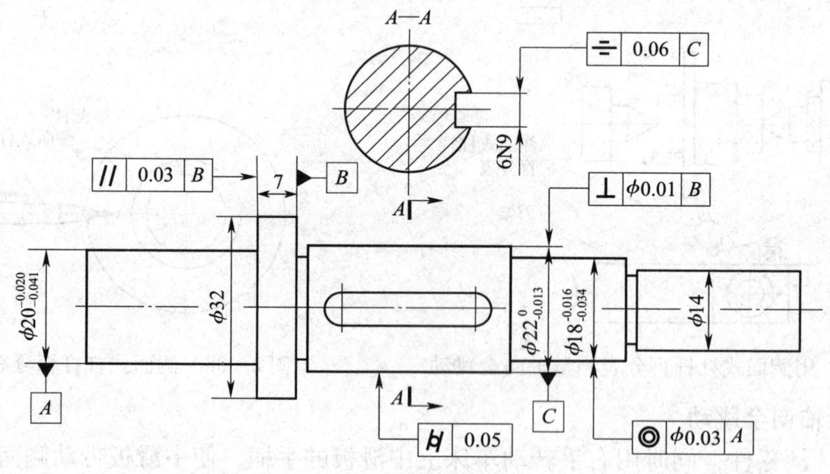

图 2—89　图样中的几何公差

任务与要求

分析图 2—89 中的几何公差可知，被测要素为对称面、轴线时，几何公差框格的指引线与尺寸线对齐，否则错开。基准为轴线时，基准符号放置在尺寸线的延长线上，否则与尺寸线错开。本任务的要求是识读图 2—89 中标注的几何公差。

预备知识

一、被测要素的标注

几何公差的指引线从框格线的一端指向被测要素，箭头的方向一般垂直于被测要素，不同的被测要素，箭头的指示位置也不同。

1. 被测要素为轮廓线或轮廓面时指引线的画法

当被测要素为轮廓线或轮廓面时，指引线的箭头直接指向该要素的轮廓线或其延长线，且与尺寸线明显错开，如图 2—90 所示。

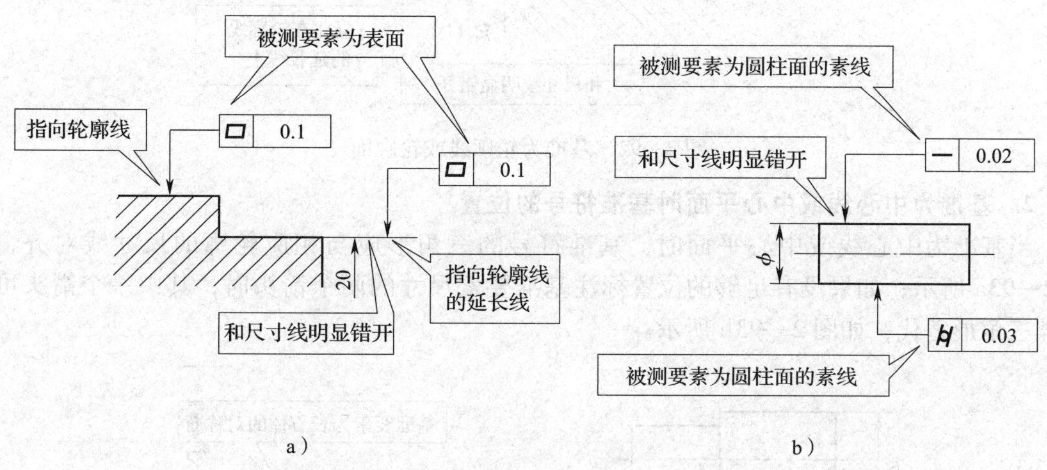

图 2—90　被测要素为轮廓线或轮廓面

2. 被测要素为中心线或中心平面时指引线的画法

当被测要素为中心线或中心平面时，指引线的箭头应与相应轮廓的尺寸线对齐，如图 2—91 所示。

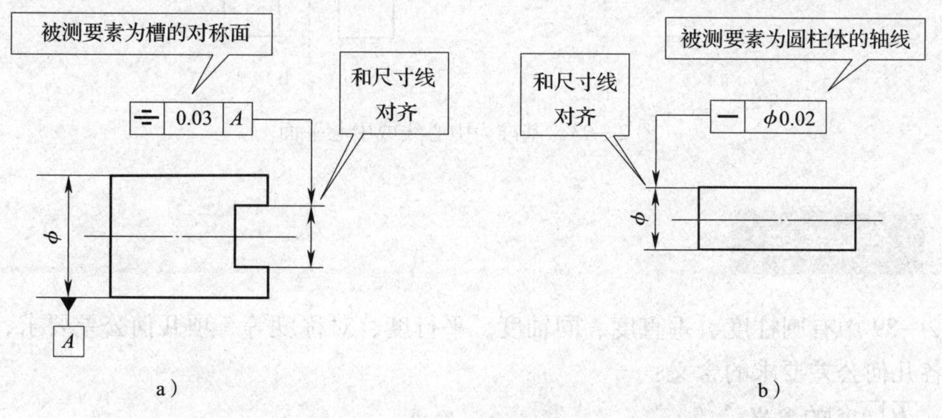

图 2—91　被测要素为中心线或中心平面

二、基准要素的标注

1. 基准为轮廓线或轮廓面时基准符号的位置

当基准为轮廓线或轮廓面时，基准符号的三角形应靠近基准要素的轮廓线或其延长线，且与尺寸线明显错开，如图 2—92 所示。

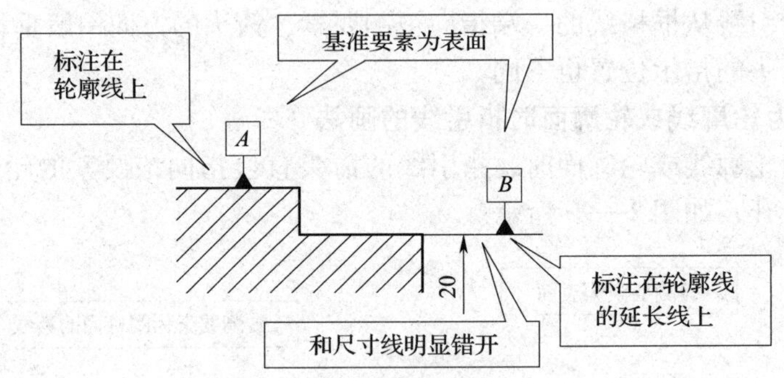

图 2—92 基准为轮廓线或轮廓面

2. 基准为中心线或中心平面时基准符号的位置

当基准为中心线或中心平面时，基准符号的三角形应与相应轮廓的尺寸线对齐，如图 2—93a 所示；如果没有足够的位置标注基准要素尺寸的两个箭头时，其中一个箭头可用基准三角形替代，如图 2—93b 所示。

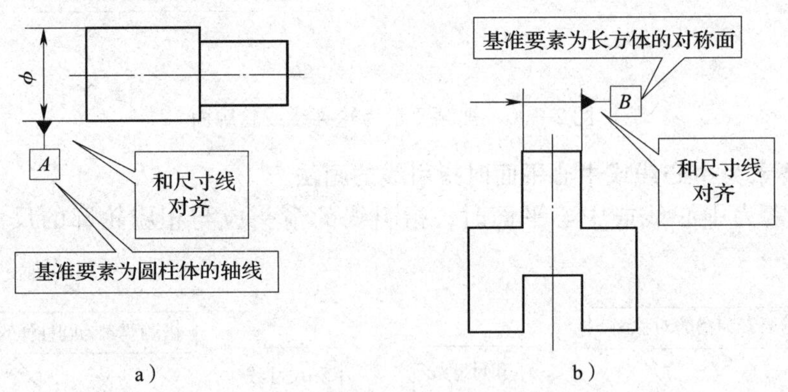

图 2—93 基准为中心线或中心平面

任务实施

图 2—89 中有圆柱度、垂直度、同轴度、平行度、对称度等 5 项几何公差要求，下面逐一分析各几何公差要求的含义：

一、|⌭|0.05|的含义

被测要素 $\phi 22_{-0.013}^{\ 0}$ mm 圆柱面的圆柱度公差值为 0. 05 mm。表示在该圆柱面的任一横截面内，实际圆周应限定在半径差为 0. 05 mm 的两个同轴圆柱面之间。

二、|⊥|ϕ0.01|B| 的含义

被测要素 $\phi22_{-0.013}^{0}$ mm 的圆柱体的轴线相对于基准要素 ϕ32 mm 圆柱右端面的垂直度公差为 ϕ0. 01 mm，表示圆柱面的实际中心线应限定在直径等于 ϕ0. 01 mm、垂直于 ϕ32mm 圆柱右端面的圆柱面内。

三、|◎|ϕ0.03|A| 的含义

被测要素 $\phi18_{-0.034}^{-0.016}$ mm 圆柱体的轴线相对于基准要素 $\phi20_{-0.041}^{-0.020}$ mm 圆柱体的轴线的同轴度公差为 ϕ0. 03 mm，表示 $\phi18_{-0.034}^{-0.016}$ mm 圆柱面的实际中心线应限定在直径等于 ϕ0. 03 mm、以 $\phi20_{-0.041}^{-0.020}$ mm 圆柱体的轴线为轴线的圆柱面内。

四、|//|0.03|B| 的含义

被测要素 ϕ32 mm 圆柱左端面相对于基准要素 ϕ32 mm 圆柱右端面的平行度公差为 0. 03 mm，表示实际表面应限定在间距等于 0. 03 mm、平行于 ϕ32 mm 圆柱右端面的两平行平面之间。

五、|⌯|0.06|C| 的含义

被测要素 6N9 键槽的上下对称面相对于基准要素 $\phi22_{-0.013}^{0}$ mm 圆柱体的轴线的对称度公差为 0. 06 mm，表示实际中心面应限定在间距等于 0. 06 mm、对称于 $\phi22_{-0.013}^{0}$ mm 圆柱体的轴线（通过 $\phi22_{-0.013}^{0}$ mm 圆柱体轴线的理想平面）的两平行平面之间。

子课题 2　选择几何公差

学习目标

1. 了解几何公差项目、基准、几何公差值的选择原则。
2. 了解标注几何公差的注意事项。
3. 能正确选用几何公差。

问题与思考

图 2—94 所示为一级齿轮减速器的输出轴，其上需要安装键、轴承、齿轮和 V 带轮等零件。在图样上标注了尺寸公差，还需要标注几何公差吗？需要标注哪些几何公差要求？

任务与要求

在零件图样中，重要的配合表面除了标注尺寸公差外，还需要标注几何公差。键槽（12N9、16N9）需要控制对称度误差，ϕ60r6 圆柱的轴径（安装齿轮）和 ϕ55j6 圆柱的轴径

（安装轴承）需要控制径向圆跳动误差。

本任务的要求是：根据输出轴的功能要求，选用合适的几何公差要求，并标注在图样中。

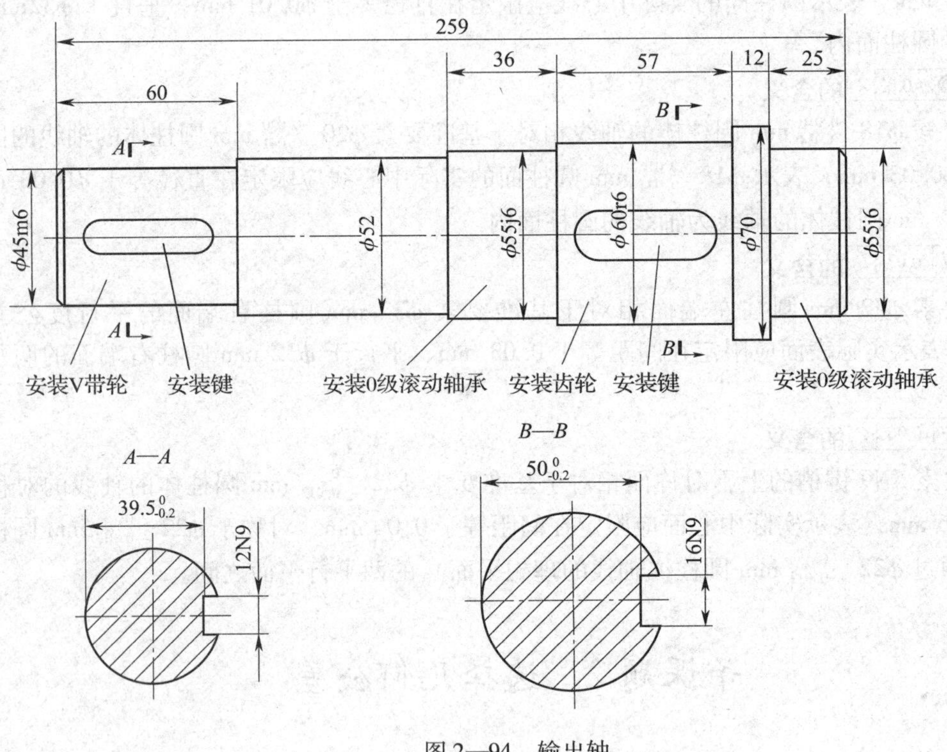

图 2—94　输出轴

预备知识

一、几何公差项目的选择原则

几何公差项目的选择应综合考虑零件的形体结构特征、功能要求、检测方法及其经济性等多方面的因素。

1. 根据零件的形体结构特征选择几何公差

零件本身的形体结构特征决定了它可能需要的公差项目。如对圆柱体零件，一般会选择圆柱度，轴线、素线的直线度；平面零件会选择平面度；槽类零件会选择对称度；台阶轴或孔类零件选择同轴度；凸轮类零件会选择轮廓度。

2. 根据零件的功能要求选择几何公差

选择几何公差项目时，需要考虑零件各部位的功能要求。如安装齿轮轴的机床箱体孔，为保证齿轮的正确啮合，需要提出两孔轴线的平行度要求；为保证机床工作台或刀架的运动精度，需要对导轨提出直线度和平面度要求；对于有相对运动关系的孔与轴，如柱塞与柱塞套，需要提出圆柱度要求。

3. 选择几何公差时应考虑检测简便性与经济性

在满足零件功能要求的前提下，应充分考虑几何公差项目检测的简便性与经济性。如轴类零件可用易于检测的跳动公差综合控制圆柱度、同轴度、端面对轴线的垂直度等。

二、基准的选择原则

基准的选择要考虑零件在机器中的安装位置、零件重要结构的作用和零件加工检验的要求。基准要素通常应具有较高的形状精度，且长度或面积较大，具有很好的刚度。基准要素一般应是零件在机器中的安装基准或工作基准。

三、几何公差值的选择原则

几何公差值的选择原则是在满足零件使用要求的前提下，尽量选择较大的公差值，各种几何公差的公差等级和公差值见附表2—2（几何公差的公差值）。确定几何公差值一般采用类比法，常见零件几何公差的应用见附表2—3（几何公差应用举例）。

任务实施

一、选择几何公差

1. 两个 ϕ55j6 轴颈

由于两个 ϕ55j6 轴颈上安装0级轴承，为保证安装精度，需要给出圆柱度要求。在两个 ϕ55j6 轴颈安装滚动轴承后，将分别与减速器的两轴孔配合，需要限定两轴颈的同轴度误差。在此综合考虑两项要求，提出了两个 ϕ55j6 圆柱面相对于其公共轴线的径向圆跳动公差。参考附表2—3中“同轴度、对称度、跳动公差等级应用”栏，选用6级公差，查阅附表2—2得公差值为0.015 mm。

2. ϕ60r6（安装齿轮）轴颈

ϕ60r6 轴颈用来安装齿轮，为保证齿轮的正确啮合，需要限定相对于两个 ϕ55j6 圆柱公共轴线的径向圆跳动误差。参考附表2—3中“同轴度、对称度、圆跳动、全跳动公差等级应用”，选用6级公差，查阅附表2—2得公差值为0.015 mm。

3. 两处键槽

键槽需要控制其上下对称平面相对于相应轴颈轴线的对称度误差，参照附表2—3可知，一般可选用7～9级，在此选用8级，查阅附表2—2得对称度公差值为0.02 mm。

二、在图样上标注几何公差

几何公差的标注如图2—95所示，标注时应注意：

1. 各项基准皆为轴线，基准符号要绘制在尺寸线的延长线上。

2. 径向圆跳动公差的被测要素为圆柱面，公差框格的指引线要和尺寸线错开。

3. 对称度公差的被测要素是键槽的对称面，公差框格的指引线要和键槽宽度的尺寸线对齐。

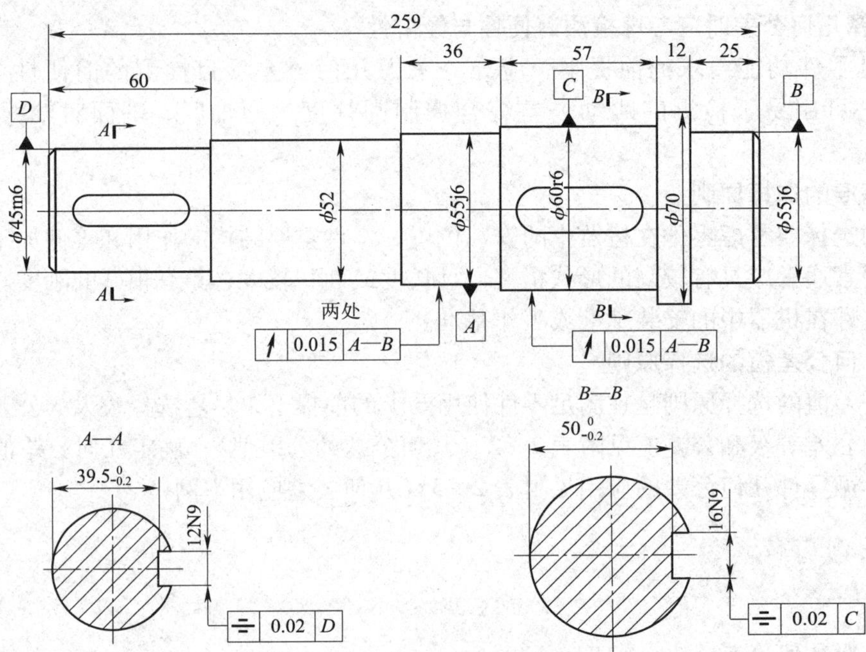

图 2—95　几何公差的标注

〔知识拓展〕

选用几何公差的注意事项

1. 在同一要素上给出的形状公差值应小于位置公差值。如要求平行的两个平面，其平面度公差值应小于平行度公差值。

2. 圆柱体零件的形状公差（轴线直线度除外）一般应小于其尺寸公差值。

3. 平行度公差值应小于其相应的距离公差值。

4. 对于下列情况，考虑到加工的难易程度和除主参数外其他因素的影响，在满足功能要求的情况下，下列情况可适当降低 1 ~ 2 级选用。

（1）孔相对于轴。

（2）细长的孔或轴。

（3）距离较大的孔或轴。

（4）宽度较大（一般大于 1/2 长度）的零件表面。

（5）线对线、线对面相对于面对面的平行度、垂直度。

5. 凡有关标准已对几何公差作出规定的，如与滚动轴承相配合的轴和壳体孔的圆柱度公差、机床导轨的直线度公差等，都应按相应的标准确定。

模块三　表面结构要求与检测

相关标准

GB/T 131—2006《产品几何技术规范（GPS）　技术产品文件中表面结构的表示法》

GB/T 3505—2009《产品几何技术规范（GPS）　表面结构　轮廓法　术语、定义及表面结构参数》

GB/T 1031—2009《产品几何技术规范（GPS）　表面结构　轮廓法　表面粗糙度参数及其数值》

机械零件的破坏一般总是从表面层开始的，零件的表面质量是保证机械产品质量的基础，零件的表面质量直接影响零件的耐磨性、耐疲劳性、抗腐蚀性以及零件的配合质量。在零件图中需要标注零件的表面结构要求。

课题一　标注表面结构要求

子课题 1　认识表面结构要求

学习目标

1. 了解表面结构要求、取样长度的概念，掌握轮廓算术平均偏差和轮廓最大高度的概念。
2. 掌握表面结构符号和表面结构代号的含义，能读懂图样上的表面结构符号和表面结构代号。

问题与思考

图 3—1 所示为定位销的零件图和装配图，其 $\phi18_{-0.018}^{\ 0}$ mm 圆柱面和 $\phi12_{-0.011}^{\ 0}$ mm 圆柱面与模板及座体配合，所以对该两圆柱面提出了尺寸公差和同轴度要求。此外这两个表面还要比其他表面更光滑，即其表面的微观质量要比其他表面高，如何才能在图样中表达零件表面的微观质量要求？

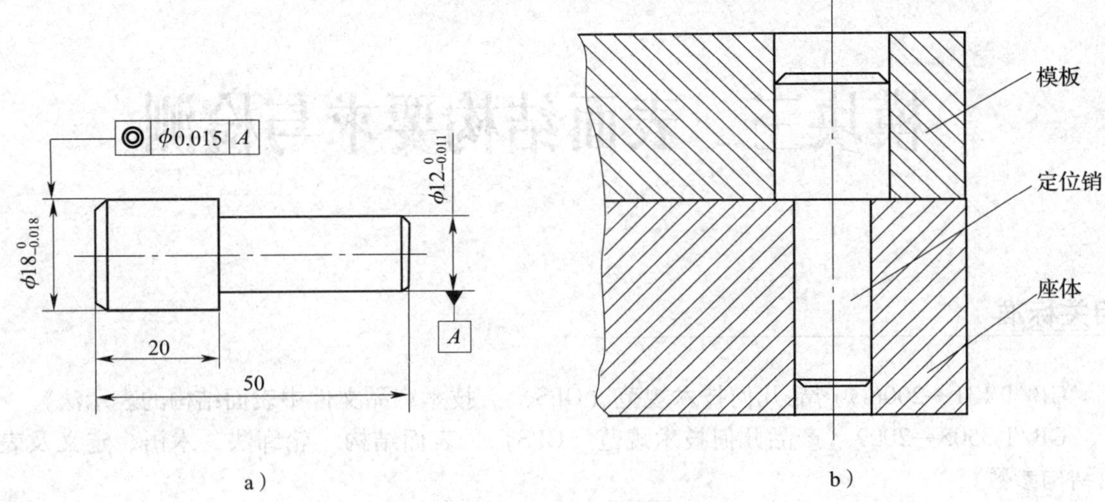

图 3—1 定位销零件及装配图

a）零件图 b）装配图

任务与要求

在零件图样中，表面的微观质量要求一般用表面结构代号表示，如图 3—2 所示。本任务的要求是：读懂图 3—2 中表面结构代号的含义。

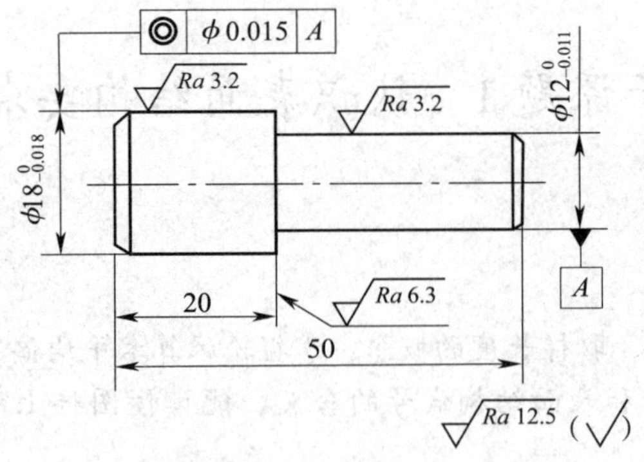

图 3—2 定位销

预备知识

一、表面结构要求的概念

表面结构要求包括零件表面的表面结构参数、加工工艺、表面纹理及方向、加工余量、传输带、取样长度等。表面结构参数有粗糙度参数（简称粗糙度）、波纹度参数和原始轮廓参数等，其中粗糙度参数是最常用的表面结构要求。

零件表面经加工后，在微小区间内会形成高低不平的痕迹，如图 3—3 所示。粗糙度是指加工表面上所具有的较小间距和峰谷所组成的微观几何形状特性，它是评定零件表面质量的一项重要指标。粗糙度常用的评定参数有轮廓算术平均偏差 Ra 和轮廓最大高度 Rz，其中 Ra 值为最常用的评定参数。一般来说，表面质量要求越高，Ra 值越小，加工成本也越高。

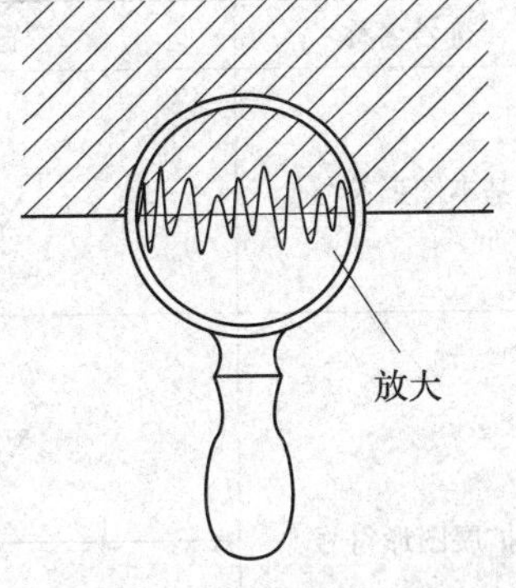

图 3—3　加工表面经放大后的图形

二、粗糙度的评定参数

1. 取样长度

为判别表面粗糙度特征而规定的一段基准线长度称为取样长度，如图 3—4 所示。

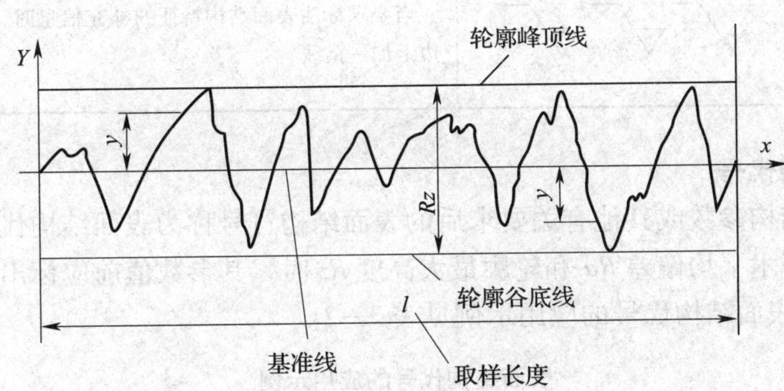

图 3—4　取样长度

2. 轮廓算术平均偏差 *Ra*

在取样长度内，轮廓偏差绝对值的算术平均值称为轮廓算术平均偏差，其计算公式为：

$$Ra = \frac{1}{n}\sum_{i=1}^{n}|y_i|$$

式中　Ra——轮廓算术平均偏差，μm；

y_i——第 i 个轮廓偏差，μm。

3. 轮廓最大高度 *Rz*

在取样长度内，轮廓峰顶线与轮廓谷底线之间的距离称为轮廓最大高度，其值见图 3—4 中的“Rz”。

三、表面结构符号

表面结构符号及含义见表 3—1。

表 3—1　　表面结构符号及含义

符号名称	符号	含　义
基本图形符号	√	由两条不等长的与标注表面成60°夹角的直线构成，仅用于简化代号标注，没有补充说明时不能单独使用
扩展图形符号	（基本图形符号上加一短横）	在基本图形符号上加一短横，表示指定表面用去除材料的方法获得，如通过机械加工获得的表面
	（基本图形符号上加一圆圈）	在基本图形符号上加一圆圈，表示指定表面用非去除材料的方法获得
完整图形符号	（图形符号的长边上加一横线）	当要求标注表面结构特征的补充信息时，应在图形符号的长边上加一横线

四、表面结构代号

注写了表面结构参数或其他有关要求后的表面结构符号称为表面结构代号。在表面结构代号上标注轮廓算术平均偏差 *Ra* 和轮廓最大高度 *Rz* 时，其参数值前应标出相应的参数代号“*Ra*”或“*Rz*”，表面结构代号的应用示例见表 3—2。

表 3—2　　表面结构代号的应用示例

代　号	含　义
Ra 25	表示表面用非去除材料的方法获得，单向上限值，轮廓算术平均偏差 *Ra* 为 25 μm
Rz 0.8	表示表面用去除材料的方法获得，单向上限值，轮廓最大高度 *Rz* 为 0.8 μm
Ra 3.2	表示表面用去除材料的方法获得，单向上限值，轮廓算术平均偏差 *Ra* 为 3.2 μm
U *Ra* 3.2 L *Ra* 0.8	表示表面用去除材料的方法获得，双向极限值，轮廓算术平均偏差 *Ra* 的上限值为 3.2 μm，下限值为 0.8 μm
L *Ra* 3.2	表示表面用任意加工方法获得，单向下限值，轮廓算术平均偏差 *Ra* 为 3.2 μm

〔注意〕

1. 在表面结构代号中，“U”和“L”分别表示上限值和下限值。

2. 当只有单向极限要求时，若为单向上限值，则可不加注“U”；若为单向下限值，则应加注“L”。

3. 如果有双向极限要求，在不致引起歧义时，也可不加注“U”“L”。

任务实施

一、识读表面结构代号“$\sqrt{Ra\ 3.2}$”

表面结构代号“$\sqrt{Ra\ 3.2}$”在图 3—2 中标注了两处，分别标注在 $\phi18_{-0.018}^{\ 0}$ mm 和 $\phi12_{-0.011}^{\ 0}$ mm 圆柱面的轮廓线上，用来表示这两个圆柱面的表面结构要求，其含义为：表面用去除材料的方法获得，其轮廓算术平均偏差 Ra 的单向上限值为 3. 2 μm。

二、识读表面结构代号“$\sqrt{Ra\ 6.3}$”

表面结构代号“$\sqrt{Ra\ 6.3}$”采用引出标注的方法，其指引线的箭头指向 $\phi18_{-0.018}^{\ 0}$ mm 圆柱右端面，其含义为：$\phi18_{-0.018}^{\ 0}$ mm 圆柱右端面是用去除材料的方法获得，其轮廓算术平均偏差 Ra 的单向上限值为 6. 3 μm。

三、识读表面结构代号“$\sqrt{Ra\ 12.5}$ (√)”

表面结构代号“$\sqrt{Ra\ 12.5}$ (√)”标注在图形的右下角。国家标准规定：当多个表面具有相同的表面结构要求时，可将表面结构代号统一标注在标题栏附近。该代号表示：图中未标注表面结构代号的表面均用去除材料的方法获得，其轮廓算术平均偏差 Ra 的单向上限值为 12. 5 μm。

子课题 2　标注表面结构代号

学习目标

1. 掌握常见表面结构要求在图样中的标注方法。
2. 能在图样上标注表面结构代号。

问题与思考

图 3—5 所示为 V 带轮的图样，表 3—3 中给出了表面粗糙度参数及要求，如何在 V 带轮的图样上标注这些表面结构要求？

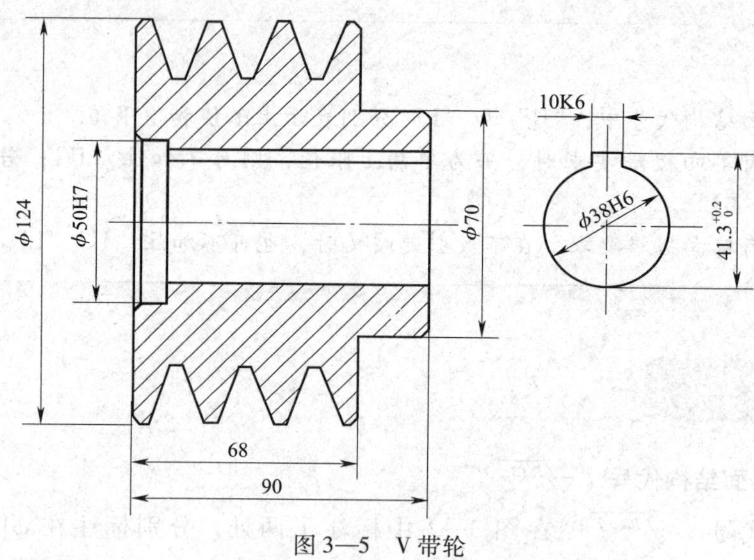

图 3—5　V 带轮

表 3—3　**V 带轮表面粗糙度参数及要求**

序号	标注部位	参数及要求
1	φ38H6 圆柱孔	用去除材料的方法获得的表面，轮廓算术平均偏差 *Ra* 的单向上限值为 0.8 μm
2	φ50H7 圆柱孔及孔底	用去除材料的方法获得的表面，轮廓算术平均偏差 *Ra* 的单向上限值为 1.6 μm
3	键槽两侧及槽底	用去除材料的方法获得的表面，轮廓算术平均偏差 *Ra* 的单向上限值为 3.2 μm
4	φ124 mm 圆柱左端面	用去除材料的方法获得的表面，轮廓算术平均偏差 *Ra* 的单向上限值为 3.2 μm
5	V 带槽两侧面	用去除材料的方法获得的表面，轮廓算术平均偏差 *Ra* 的上限值为 6.3 μm，下限值为 1.6 μm
6	其他表面	用去除材料的方法获得的表面，轮廓算术平均偏差 *Ra* 的单向上限值均为 6.3 μm

任务与要求

本任务的要求是：

1. 将表 3—3 中给定的表面粗糙度参数及要求转换为表面结构代号。
2. 在图样上标注表面结构代号。

预备知识

一、表面结构代号的标注规则

1. 在图样上标注表面结构代号时，其数字或字母的大小和方向必须与图中的尺寸数值的大小和方向一致。

2. 在同一图样上，每一表面只标注一次表面结构代号。

3．表面结构代号标注在可见轮廓线（或面）、尺寸线、尺寸界线或它们的延长线上。

4．表面结构代号的三角形的尖底由材料外指向并接触表面。

二、表面结构代号标注示例

表面结构代号的标注示例见表 3—4，在图样上标注表面结构代号时可以参照表中图例的标注形式。

表 3—4　　　　　　　　　常见表面结构要求在图样中的标注

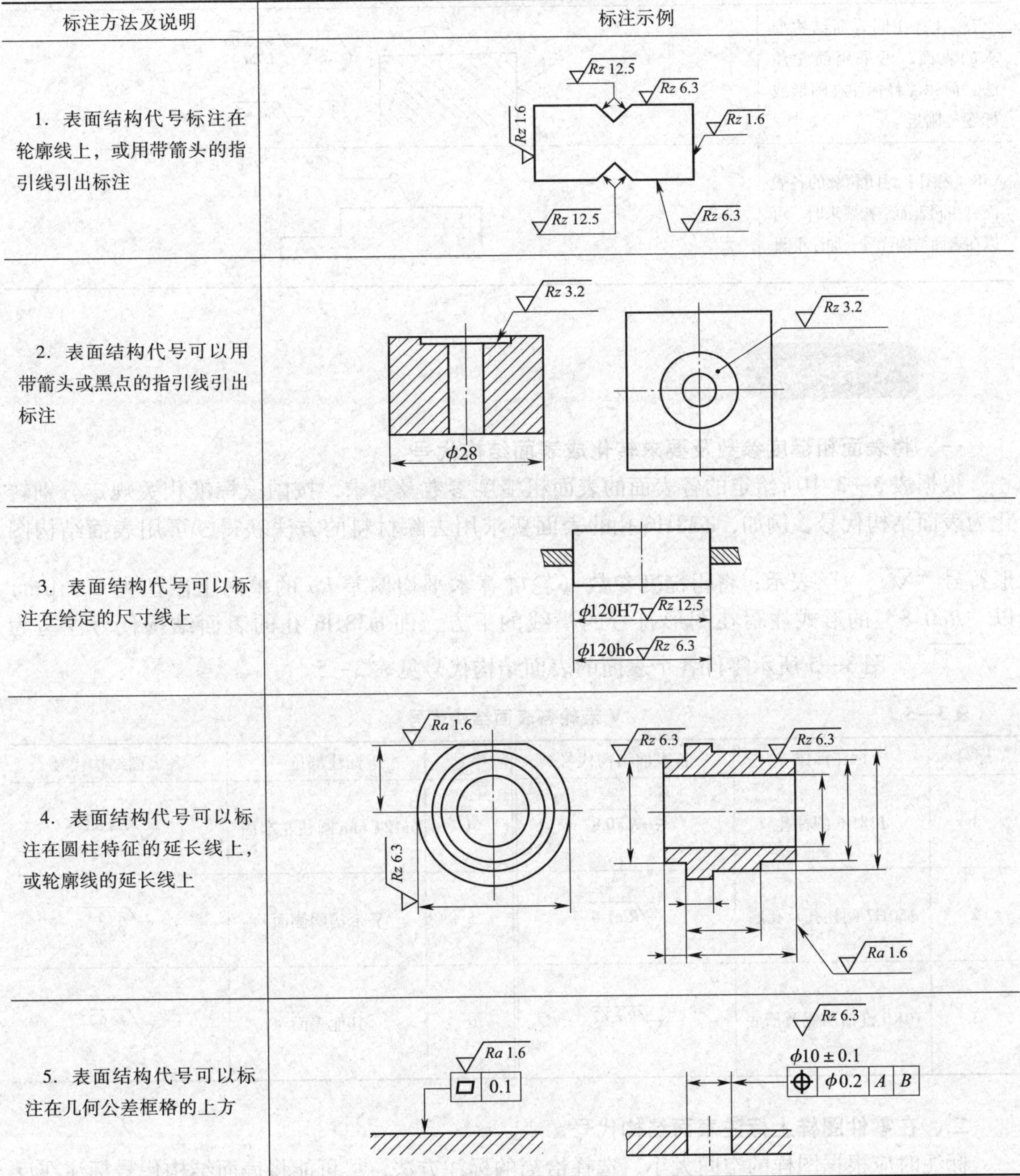

标注方法及说明	标注示例
1．表面结构代号标注在轮廓线上，或用带箭头的指引线引出标注	
2．表面结构代号可以用带箭头或黑点的指引线引出标注	
3．表面结构代号可以标注在给定的尺寸线上	
4．表面结构代号可以标注在圆柱特征的延长线上，或轮廓线的延长线上	
5．表面结构代号可以标注在几何公差框格的上方	

续表

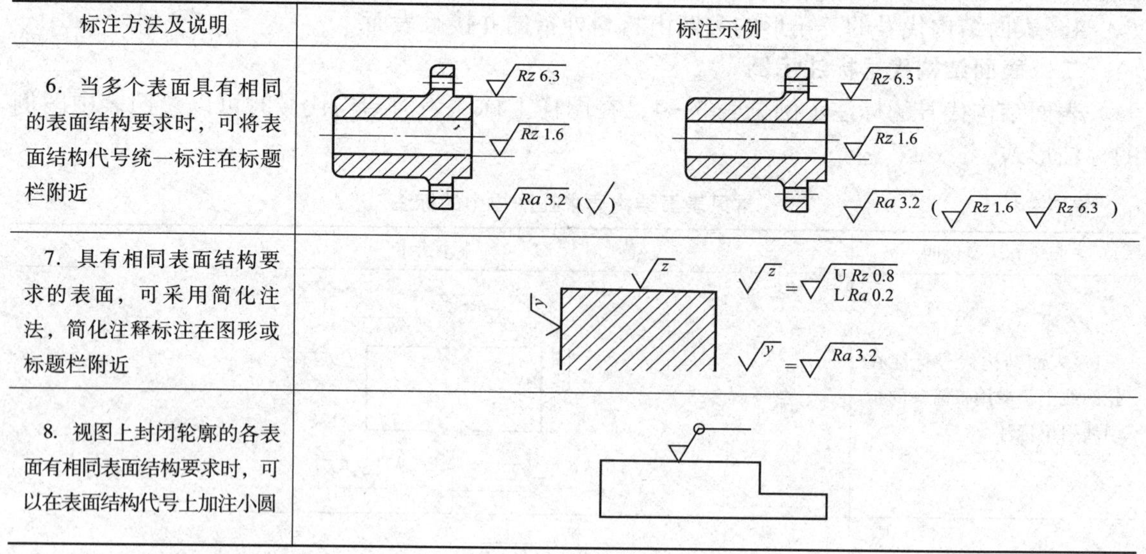

标注方法及说明	标注示例
6. 当多个表面具有相同的表面结构要求时，可将表面结构代号统一标注在标题栏附近	Rz 6.3；Rz 1.6；Ra 3.2（√） Rz 6.3；Rz 1.6；Ra 3.2（Rz 1.6　Rz 6.3）
7. 具有相同表面结构要求的表面，可采用简化注法，简化注释标注在图形或标题栏附近	z；y；√z = U Rz 0.8 L Ra 0.2；√y = Ra 3.2
8. 视图上封闭轮廓的各表面有相同表面结构要求时，可以在表面结构代号上加注小圆	

任务实施

一、将表面粗糙度参数及要求转化成表面结构代号

根据表3—3中所给定的各表面的表面粗糙度参数及要求，按国家标准相关规定分别转化为表面结构代号。例如，ϕ38H6孔的表面要求用去除材料的方法获得，可用表面结构图形符号“√”表示；将粗糙度参数（轮廓算术平均偏差 *Ra* 的单向上限值为0.8 μm）以“*Ra*0.8”的形式注写在图形符号的横线的下方，即 ϕ38H6孔的表面结构代号注写为“√Ra 0.8”。图3—5所示零件各个表面的表面结构代号见表3—5。

表3—5　　V带轮各表面结构代号

序号	标注部位	各表面结构代号	序号	标注部位	各表面结构代号
1	ϕ38H6圆柱孔	√Ra 0.8	4	ϕ124 mm圆柱左端面	√Ra 3.2
2	ϕ50H7圆柱孔及孔底	√Ra 1.6	5	V带槽两侧面	√Ra 6.3 Ra 1.6
3	10K6键槽两侧及槽底	√Ra 3.2	6	其他表面	√Ra 6.3

二、在零件图样上标注表面结构代号

标注时应根据图样的空间大小，选择恰当的标注方法，尽可能将表面结构代号标注在反

映轮廓形状的视图上。

1. 标注 ϕ38H6 孔的表面结构代号

将表面结构代号“$\sqrt{Ra\ 0.8}$”的尖底标注在 ϕ38H6 孔的轮廓线上，如图 3—6 所示①。

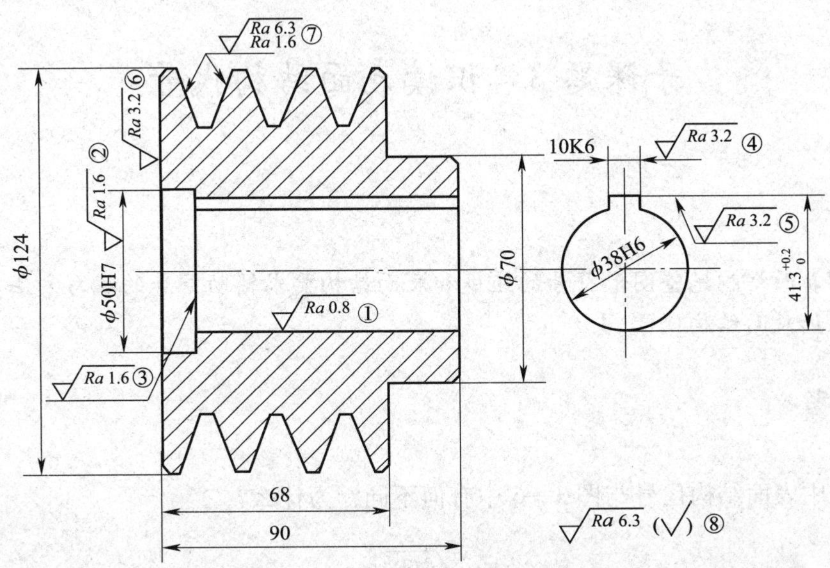

图 3—6 V 带轮表面结构代号标注

2. 标注 ϕ50H7 孔的表面结构代号

为了节省空间，将表面结构代号“$\sqrt{Ra\ 1.6}$”的尖底标注在 ϕ50H7 的尺寸线上，且与尺寸数字之间留有一定距离，如图 3—6 所示②。

3. 标注 ϕ50H7 孔底的表面结构代号

由于图内空间较小，必须采用引出标注，所以将表面结构代号“$\sqrt{Ra\ 1.6}$”水平注写，且符号的尖底标注在带箭头的指引线上，如图 3—6 所示③。

4. 标注宽度为 10K6 的键槽两侧面的表面结构代号

将表面结构代号“$\sqrt{Ra\ 3.2}$”的尖底标注在 10K6 的尺寸线的延长线上，如图 3—6 所示④。

5. 标注键槽底面的表面结构代号

将表面结构代号“$\sqrt{Ra\ 3.2}$”水平注写在带箭头的指引线上，且指引线箭头从材料外指向尺寸界线，如图 3—6 所示⑤。

6. 标注 ϕ124 mm 圆柱左端面的表面结构代号

将表面结构代号“$\sqrt{Ra\ 3.2}$”的尖底标注在 ϕ124 mm 圆柱左端面的轮廓线上，如图 3—6 所示⑥。

7. 标注 V 带槽两侧面的表面结构代号

由于该带轮有三条相同轮槽，且其侧面有相同的表面结构要求，可只标注其中一个轮槽的表面结构代号“$\sqrt{\substack{Ra\ 6.3 \\ Ra\ 1.6}}$”，如图 3—6 所示⑦。

8. 标注其他表面的表面结构要求

除以上表面外，其他表面的表面结构要求可采用统一标注方式。即将表面结构代号"$\sqrt{Ra\ 6.3}$"注写在标题栏附近，并在符号后面的括号内绘制基本符号"$\sqrt{}$"，如图 3—6 所示⑧。

子课题 3　识读表面结构代号

学习目标

1. 了解表面结构完整图形符号的组成和表面结构要求辅助信息的注写方法。
2. 能识读表面结构代号。

问题与思考

图 3—7 中表面结构代号与图 3—6 中有何不同？为什么？

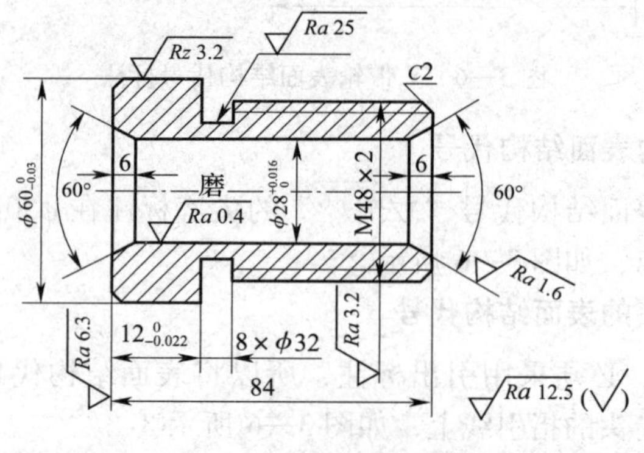

图 3—7　螺纹轴套

任务与要求

本任务的要求是：识读图 3—7 中所注表面结构代号的含义。

预备知识

一、表面结构完整图形符号的组成

为了明确表面结构要求，除了标注表面粗糙度参数外，必要时应标注辅助信息。辅助信息包括加工工艺（方法）、表面纹理及方向、加工余量等，其标注内容及注写位置如图 3—8 所示。

图 3—8 中，位置 a 注写表面结构的单一要求；位置 b 注写第二个或更多表面结构要求；位置 c 注写加工方法、表面处理、涂层或其他加工工艺要求，如车、磨、镀等加工方法；位置 d 注写所要求的表面纹理和纹理的方向；位置 e 注写加工余量，单位 mm。

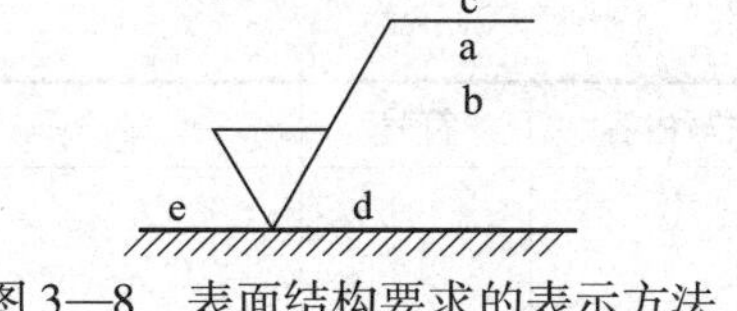

图 3—8　表面结构要求的表示方法

二、表面结构要求辅助信息的注写

对零件表面有特殊功用要求时，应在表面结构代号中注明相关要求，具体方法见表 3—6。

表 3—6　**表面结构要求的辅助信息标注**

注写内容	符号	标注方法及示例	解释
加工纹理	=	= 纹理方向	纹理方向平行于视图的正投影面
	⊥	⊥ 纹理方向	纹理方向垂直于视图的正投影面
	×	× 纹理方向	纹理呈两斜向交叉且与视图的正投影面相交
	M	M	纹理呈多方向
	C	C	纹理呈近似同心圆且圆心与表面中心相关
	R	R	纹理呈近似放射状且与表面圆心相关

续表

注写内容	符号	标注方法及示例	解释
加工纹理	P	$\sqrt{P}$	纹理呈微粒、凸起、无方向
加工方法	—	车 $\sqrt{Rz\ 3.2}$	需要注明加工方法时，应用文字注写在完整符号的横线上方，如车、铣、钻、磨等
加工余量	—	2 $\sqrt{Ra\ 3.2}$	在同一图样中，有多个加工工序的表面可用数字标注出加工余量，如示例中的“2”

任务实施

一、识读 $\phi 60_{-0.03}^{\ 0}$ mm 圆柱面的表面结构代号

表面结构代号“$\sqrt{Rz\ 3.2}$”的尖底标注在 $\phi 60_{-0.03}^{\ 0}$ mm 圆柱面的轮廓线上，表明 $\phi 60_{-0.03}^{\ 0}$ mm圆柱面用去除材料的方法获得，要求轮廓最大高度 Rz 的单向上限值为 3.2 μm。

二、识读 8 × ϕ32 mm 槽底的表面结构代号

表面结构代号“$\sqrt{Ra\ 25}$”标注在指引线上，指引线的箭头指向 8 mm × ϕ32 mm 槽底圆柱面的轮廓线，表明 ϕ32 mm 圆柱面用去除材料的方法获得，要求轮廓算术平均偏差 Ra 的单向上限值为 25 μm。

三、识读零件左端面的表面结构代号

表面结构代号“$\sqrt{Ra\ 6.3}$”尖底标注在零件左端面轮廓线的延长线上，表明零件左端面用去除材料的方法获得，要求轮廓算术平均偏差 Ra 的单向上限值为 6.3 μm。

四、识读 $\phi 28_{\ 0}^{+0.016}$ mm 内孔的表面结构代号

表面结构代号“磨 $\sqrt{Ra\ 0.4}$”的尖底标注在 $\phi 28_{\ 0}^{+0.016}$ mm 孔的轮廓线上，且在符号的上面有“磨”，说明 $\phi 28_{\ 0}^{+0.016}$ mm 孔用磨削的方法获得，要求轮廓算术平均偏差 Ra 的单向上限值为 0.4 μm。

五、识读“M48 × 2”三角形螺纹的表面结构代号

表面结构代号“$\sqrt{Ra\ 3.2}$”的尖底标注在 M48 × 2 的尺寸线的延长线上，表明螺纹用去除材料的方法获得，要求轮廓算术平均偏差 Ra 的单向上限值为 3.2 μm。

六、识读右端 60°内锥面的表面结构代号

表面结构代号“$\sqrt{Ra\ 1.6}$”的尖底标注在右端内锥面轮廓线的延长线上，表明该圆锥面

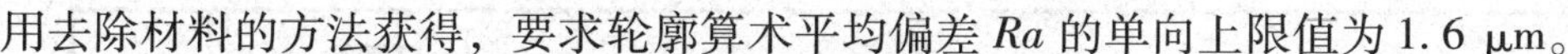

用去除材料的方法获得，要求轮廓算术平均偏差 *Ra* 的单向上限值为 1.6 μm。

七、识读图样右下角标注的表面结构代号

在图形的右下角标有表面结构代号“$\sqrt{Ra\ 12.5}$（$\sqrt{\ }$）”，它表明图中未标注表面结构要求的所有表面，均用去除材料的方法获得，要求轮廓算术平均偏差 *Ra* 的单向上限值均为12.5 μm。

〔知识拓展〕

表面粗糙度旧标准简介

在旧的国家标准中，表面粗糙度代号的完整符号如图 3—9 所示，图中位置 a_1、a_2 注写高度参数代号及数值，位置 b 注写加工要求及其他说明，位置 c 注写取样长度或波纹度，位置 d 注写表面纹理和方向，位置 e 注写加工余量，位置 f 注写间距参数或支承长度率。在标注高度参数代号及数值时，轮廓算术平均偏差 *Ra* 参数不标注代号，如图 3—10a 所示；其他参数（如微观不平度十点高度 *Rz* 和轮廓最大高度 *Ry*）则需要标注代号，如图 3—10b 所示。未注粗糙度代号的表面，其表面粗糙度代号标注在图形的右上角，并在表面粗糙度代号的前面注写“其余”两字，如图 3—10c 所示。

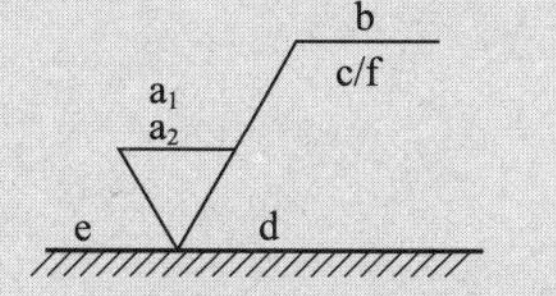

图 3—9　旧标准中的表面粗糙度代号

3.2　*Ry*3.2　其余 12.5

a）　b）　c）

图 3—10　旧标准中的表面粗糙度参数及标注

a）*Ra* 参数　b）*Ry* 参数　c）其余表面的粗糙度符号

课题二　表面粗糙度的选用与检测

子课题 1　选用表面粗糙度

学习目标

1. 掌握表面粗糙度参数的选用原则和方法。
2. 能选用表面粗糙度参数。

问题与思考

图 3—11 所示为齿轮泵泵体的零件图，图中漏注了什么？如何选择表面粗糙度参数？

70
32
A
R31.5
45°
R23
ϕ33 +0.039 0
// 0.01 D
ϕ24
Rp3/8
ϕ33 +0.039 0
45°
D
2×ϕ7
⌴ϕ13
R5
10
3
50
63.5
45
B
70
85
A
B
2×ϕ5配作
25 −0.01 −0.05
⊥ 0.01 D
12.5
27±0.02
6×M6—7H
C
20
// 0.01 C
技术要求
1. 未注铸造圆角R2~R3。
2. 铸件不得有砂眼、裂纹。
零件名称
材料
泵体
HT200

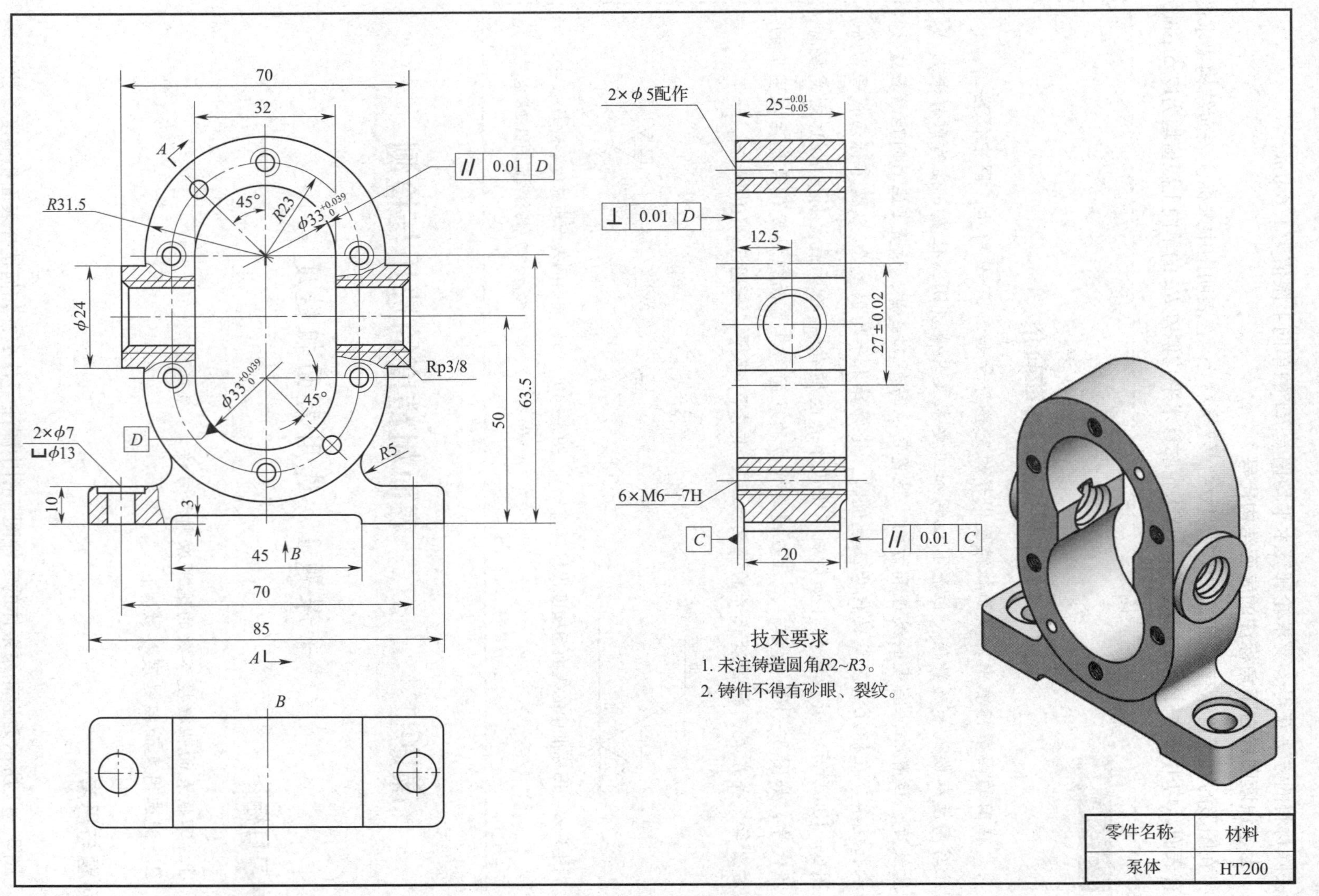

图3—11 泵体零件图

任务与要求

在图 3—11 中漏注了表面结构要求。要想合理地标注表面结构要求，必须弄清楚零件各个表面的作用，以及该零件和其他相邻零件的关系。图 3—12 为齿轮泵的立体图，从图中可以看出泵体的安装情况。本任务的要求是：

1. 确定泵体各个表面的表面结构要求。
2. 将泵体各表面的表面结构要求标注在零件图上。

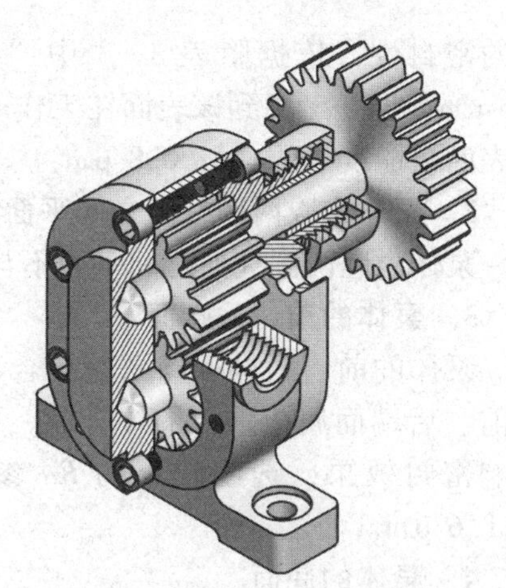

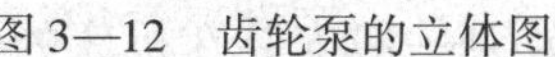

图 3—12　齿轮泵的立体图

预备知识

一、表面粗糙度参数的选择原则

表面粗糙度参数的选择既要满足零件表面功能的要求，又要考虑经济性，一般应遵循以下原则：

1. 选择表面粗糙度参数时，应优先选用常用系列值。常用轮廓算术平均偏差 *Ra* 和轮廓最大高度 *Rz* 的数值见附表 3—1（表面粗糙度参数的数值系列）。

2. 一般情况下评定表面粗糙度的参数优先选用轮廓算术平均偏差 *Ra*，当表面粗糙度要求特别高或特别低时，可选用轮廓最大高度 *Rz* 参数。

3. 在满足表面功能要求的情况下，尽量选用较大的表面粗糙度参数值，以降低加工成本。

4. 同一零件上，工作表面的粗糙度参数值应小于非工作表面的粗糙度参数值。

5. 摩擦表面比非摩擦表面的粗糙度参数值要小；运动速度高、压力大的摩擦表面比运动速度低、压力小的摩擦表面的粗糙度参数值要小。

6. 承受循环载荷的表面（如圆角、沟槽等），容易引起应力集中，其粗糙度参数值要小。

7. 配合精度要求高的结合表面、配合间隙小的配合表面以及要求连接可靠且承受重载的过盈配合表面，均应采用较小的粗糙度参数值。

二、表面粗糙度参数的选择方法

表面粗糙度参数值的选用举例见附表 3—2，常用工作表面的表面粗糙度 *Ra* 值的选用见附表 3—3，*Ra*、*Rz* 与尺寸公差的公差带的对应关系见附表 3—4，表面特征与表面结构参数及加工方法的关系见附表 3—5。在实际选用表面粗糙度值时，可根据附表 3—1 至附表 3—5 综合考虑。

任务实施

一、选择表面粗糙度参数

1. 两个 $\phi33^{+0.039}_{0}$ mm 内圆柱面

两个 $\phi33^{+0.039}_{0}$ mm 内圆柱面与齿轮的齿顶圆配合，其精度要求较高（IT8），且要求有较好的密封性，依据附表 3—3 中“配合表面”栏，应选用表面粗糙度参数 *Ra* 为 0.8 ~ 1.6 μm，但是考虑到该表面在工作时与齿轮的齿顶圆配合，起到密闭的作用，故选用较小的表面粗糙度参数（*Ra* 0.8 μm）。

2. 泵体内腔两圆柱面之间平面

泵体内腔两圆柱面之间平面不与其他零件接触，根据附表 3—2 选用 *Ra* 12.5 μm。

3. 泵体的前、后端面

泵体的前、后端面与泵盖接合，为了密封，在它们之间还加了密封垫片。所以，泵盖的前、后端面属于重要的接合面，根据其尺寸 $25^{-0.01}_{-0.05}$ mm 的公差，考虑到其表面粗糙度会影响密封效果，选用较小的 *Ra* 参数。因此泵体的前、后端面选用表面粗糙度参数为 *Ra* 1.6 μm。

4. 泵体的底面

齿轮泵一般安装在机床的机体上，泵体的底面为安装面，根据附表 3—3 中“和其他零件接触但不是配合面”栏中给出的“3.2 ~ 6.3 μm”，考虑到该表面的表面质量对设备的安装影响不大，故选用 *Ra* 6.3 μm。

5. 螺纹表面

在图 3—11 中的螺纹共有 8 处，其中管螺纹 2 处（Rp3/8），普通螺纹 6 处（6 × M6—7H），它们都属于紧固螺纹，根据附表 3—3 中“螺纹”栏，选用表面粗糙度参数为 *Ra* 3.2 μm。

6. 连接进、出油管的左、右凸台

左、右凸台与带有外螺纹的管接头相连，属于不太重要的结合面，根据附表 3—3 中“和其他零件接触但不是配合面”栏中给出的“3.2 ~ 6.3 μm”，选用 *Ra* 6.3 μm。

7. 柱销孔

柱销孔属于重要的配合面，根据附表 3—2 选用 *Ra* 0.8 μm。

8. 泵体下部两个螺栓孔

泵体下部两个安装螺栓的孔的表面粗糙度参数可根据附表 3—2 选用 *Ra* 12.5 μm。

9. 铸造表面

泵体为铸造毛坯，其非加工表面的表面粗糙度不影响机器的质量，一般不必考虑其表面粗糙度参数。

二、在图样上标注表面结构代号

1. 标注内腔各表面的表面结构代号

$\phi33^{+0.039}_{0}$ mm 内圆柱面的表面结构代号标注在左视图上，下面 $\phi33^{+0.039}_{0}$ mm 内圆柱面的表面结构代号标注在轮廓线上，上面 $\phi33^{+0.039}_{0}$ mm 内圆柱面的表面结构代号用引出标注的形式，指引线箭头指向轮廓线，如图 3—13①所示。内腔左右两平面的表面结构代号用引出标注的形式标注在主视图上，两表面共用一个表面结构代号，如图 3—13②所示。

2. 标注泵体的前、后端面的表面结构代号

泵体前端面的表面结构代号用引出标注的形式标注在左视图上，泵体后端面的表面结构代号直接标注在左视图的轮廓线上，如图 3—13③所示。

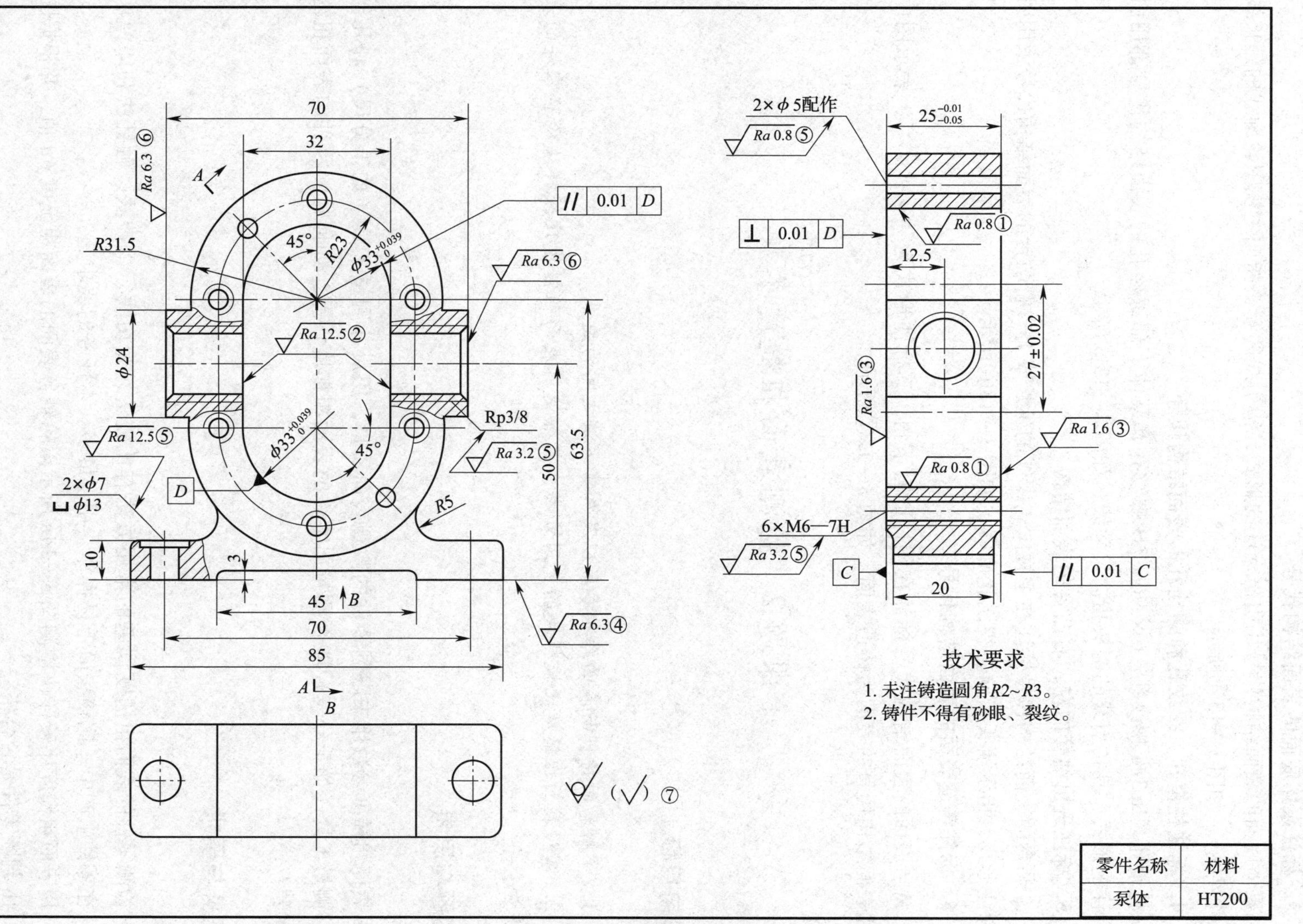

图 3—13　表面粗糙度的标注

3. 标注泵体底面的表面结构代号

泵体底面的表面结构代号用引出标注的形式，指引线的箭头指向主视图轮廓线的延长线（尺寸界线），如图 3—13④所示。

4. 标注柱销孔、螺纹孔和螺栓孔的表面结构代号

柱销孔、Rp3/8 螺纹孔、6 × M6—7H 螺纹孔和泵体下部螺栓孔的表面结构代号都用引出标注的形式，其指引线的箭头指向尺寸线，如图 3—13⑤所示。

5. 标注进出油管的左、右凸台的表面结构

左凸台的表面结构代号标注在主视图轮廓线的延长线上。右凸台的表面结构代号采用引出标注形式，指示箭头指向主视图轮廓线，如图 3—13⑥所示。

6. 标注铸造表面的表面结构代号

铸造表面的表面结构代号标注在图样的右下角，其标注形式为“$\sqrt{\circ}$（$\sqrt{}$）”，表示图中未注表面结构代号的表面为铸造表面，如图 3—13⑦所示。

子课题 2　检测表面粗糙度参数

学习目标

1. 了解表面特征与表面结构参数以及加工方法之间的关系。
2. 掌握表面粗糙度比较样块的使用方法，熟练使用表面粗糙度比较样块检验零件的表面质量。

问题与思考

表面粗糙度参数用来限制零件的微观表面质量，用尺寸测量工具（如千分尺）和几何误差测量工具（如千分表）能否测量出零件的表面粗糙度误差？如何检测零件的表面粗糙度误差？

任务与要求

检测零件的表面粗糙度误差的常用方法有比较法、光切法、干涉法、触针法和印模法等。在零件生产中，比较法简单易操作，用得最多。本任务的要求是：

用表面粗糙度比较样块检测图 3—14a 所示滚轮轴各表面的表面粗糙度 *Ra* 值，并根据图 3—14b 判断零件是否合格。

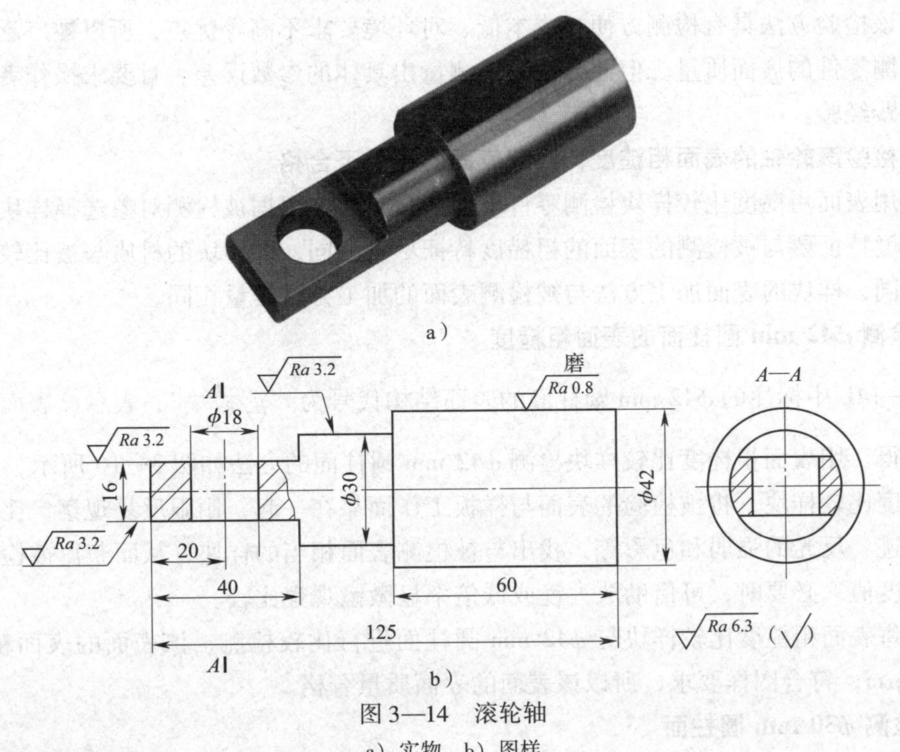

图 3—14　滚轮轴

a）实物　b）图样

任务实施

一、准备表面粗糙度比较样块

表面粗糙度比较样块是用来检测零件表面粗糙度的一种对比块，图 3—15 所示为组合式表面粗糙度比较样块，它由研磨、外磨、车床、平磨、刨床、立铣、平铣 7 组样块组成。样块工作面的表面粗糙度用轮廓算术平均偏差 *Ra* 参数来评定。

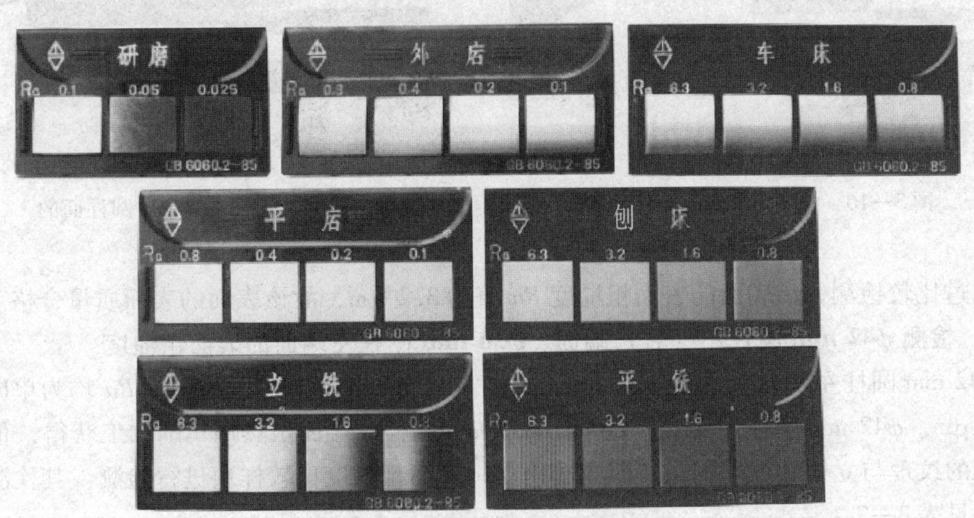

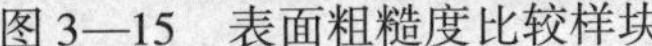

图 3—15　表面粗糙度比较样块

由于该检验方法具有检测方便、成本低、对环境要求不高等优点，所以被广泛应用于生产现场检测零件的表面质量。但此方法不能测量出具体的参数误差，且要求操作者必须具有一定的实践经验。

二、检验滚轮轴的表面粗糙度，判断表面质量是否合格

在采用表面粗糙度比较样块检测零件表面质量时，应根据被检测对象选择样块，样块的表面粗糙度特征要与被检测的表面的粗糙度特征尽量相同，即样块的材质与被比较检测工件的材质相同，样块的表面加工方法与被检测表面的加工方法尽量相同。

1. 检测 $\phi42$ mm 圆柱面的表面粗糙度

图 3—14b 中标注的 $\phi42$ mm 圆柱面的表面结构代号为“$\overset{磨}{\sqrt{Ra\ 0.8}}$”，表示该表面需要用磨削加工获得。用表面粗糙度比较样块检测 $\phi42$ mm 圆柱面的方法如图 3—16 所示，选取外磨表面粗糙度比较样块，将被检验的表面与样板工作面靠在一起，用眼反复观察，比较两表面的加工痕迹、反光的强弱和色彩等，找出与被检测表面相当的样块，从而获得被检测表面的表面粗糙度值。必要时，可借助放大镜或低倍率显微镜观察比较。

通过将表面粗糙度比较样块与 $\phi42$ mm 圆柱面进行比较检测，该表面的表面粗糙度 Ra 值为 0.8 μm，符合图样要求，所以该表面的表面质量合格。

2. 检测 $\phi30$ mm 圆柱面

$\phi30$ mm 圆柱面的轮廓算术平均偏差 Ra 为单向上限值 3.2 μm。$\phi30$ mm 圆柱面用车削的方法获得，因此选用车床表面粗糙度比较样块进行检验，检测方法如图 3—17 所示。

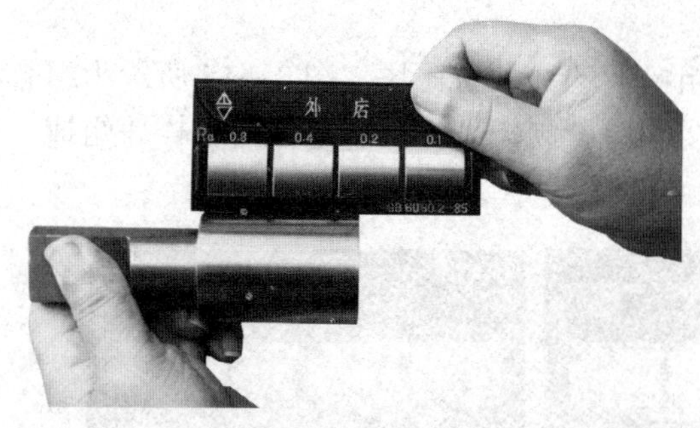

图 3—16　检测 $\phi42$ mm 圆柱面的表面粗糙度

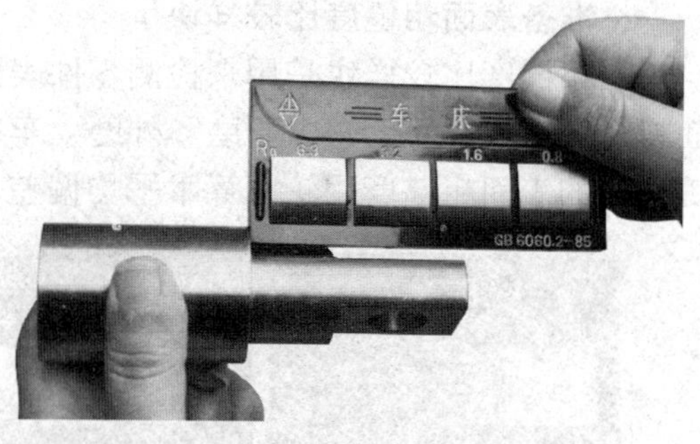

图 3—17　检测 $\phi30$ mm 圆柱面的表面粗糙度

通过比较检测，该表面的表面粗糙度 Ra 值为 3.2 μm，故该表面的表面质量合格。

3. 检测 $\phi42$ mm 圆柱左（右）端面、$\phi30$ mm 圆柱左端面的表面粗糙度

$\phi42$ mm 圆柱左（右）端面、$\phi30$ mm 圆柱左端面的轮廓算术平均偏差 Ra 均为单向上限值 6.3 μm。$\phi42$ mm 圆柱左（右）端面、$\phi30$ mm 圆柱左端面虽然用车削加工获得，但是这些表面的纹理与立铣的纹理相似，因此选用立铣表面粗糙度比较样块进行检测，其检测方法及结果见表 3—7。

表 3—7　　车削各端面的表面粗糙度检测

被测表面	检测方法	图样要求 Ra（μm）	检测结果 Ra（μm）	是否合格
ϕ42 mm 圆柱右端面	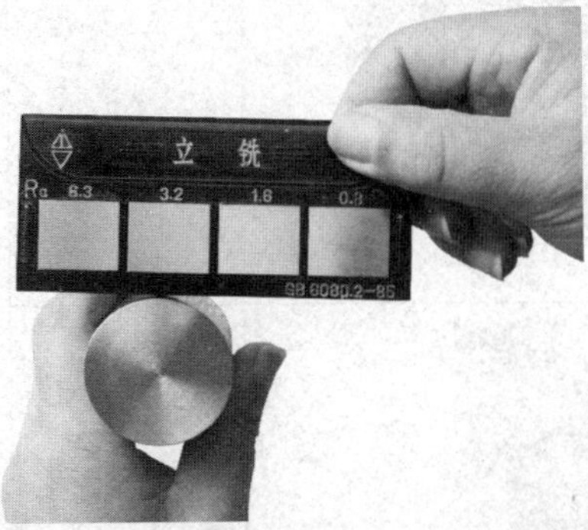 立铣 Ra 6.3 3.2 1.6 0.8 GB 6060.2—85	6.3	6.3	合格
ϕ42 mm 圆柱左端面	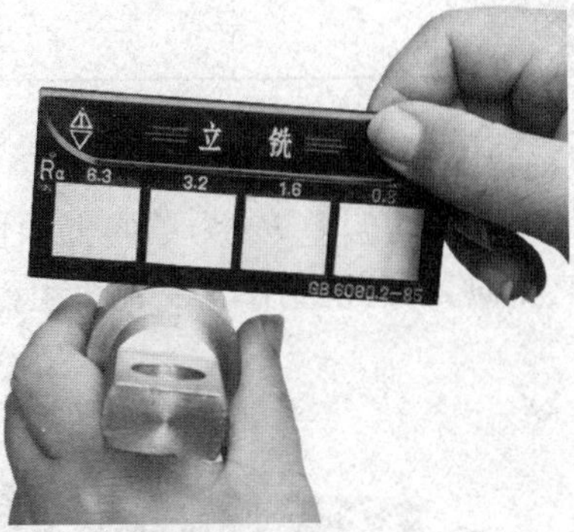 立铣 Ra 6.3 3.2 1.6 0.8 GB 6060.2—85	6.3	3.2	合格
ϕ30 mm 圆柱左端面	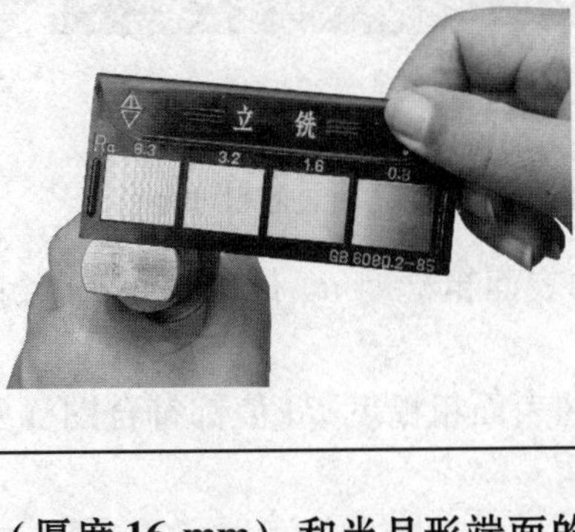 立铣 Ra 6.3 3.2 1.6 0.8 GB 6060.2—85	6.3	6.3	合格

4. 检测台阶平面（厚度 16 mm）和半月形端面的表面粗糙度

图样上要求滚轮轴的台阶平面（厚度 16 mm）的轮廓算术平均偏差 *Ra* 为单向上限值 3.2 μm，半月形端面的轮廓算术平均偏差 *Ra* 为单向上限值 6.3 μm。台阶平面是用立铣的方法获得，因此选用立铣表面粗糙度比较样块进行检测。半月形端面的加工纹理与平铣的加工纹理类似，选用平铣表面粗糙度比较样块进行检测。台阶平面和半月形端面的检测方法及结果见表 3—8。

表 3—8　　台阶平面和半月形端面的表面粗糙度检测

被测表面	检测方法	图样要求 Ra（μm）	检测结果 Ra（μm）	是否合格
上台阶平面		3.2	3.2	合格
下台阶平面			3.2	合格
上半月形端面		6.3	3.2	合格
下半月形端面			3.2	合格

5．检测 ϕ18 mm 圆柱孔的表面粗糙度

图样上要求 ϕ18 mm 圆柱孔的轮廓算术平均偏差 Ra 为单向上限值 6.3 μm，该孔由钻床加工而成，其加工面的纹理与车削加工类似，因此选用车床表面粗糙度比较样块进行检测，检测方法如图 3—18 所示。

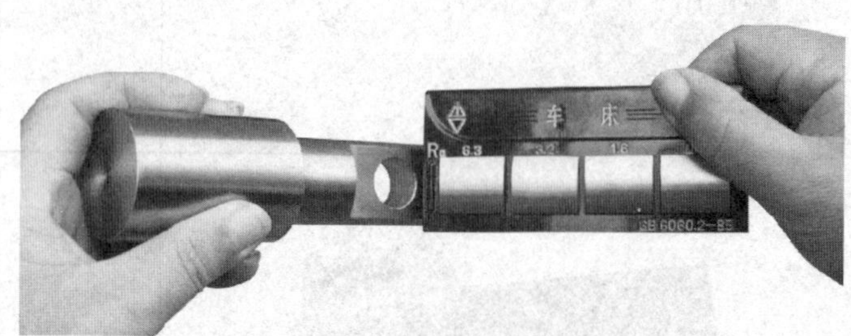

图 3—18　ϕ18 mm 圆柱孔的表面粗糙度检测

通过比较检测，ϕ18 mm 圆柱孔的表面粗糙度 Ra 值为 6.3 μm，达到图样要求，该表面的表面质量合格。

通过以上检测，该零件所有表面的表面粗糙度 Ra 值都符合图样要求，零件的表面质量合格。

〔注意〕

1．在使用表面粗糙度比较样块时，尽量不要用手直接接触样块表面，并避免碰伤或划伤。

2．用完后要涂防锈油，以防锈蚀。

〔知识拓展〕

表面粗糙度的仪器检验方法

由于比较法是一种估值测量，其检验结果的可靠性和准确性很大程度上取决于检验人员的经验。因此，当需要获得精确表面粗糙度误差值时，应采用合适的仪器进行测量，常用测量方法见表 3—9。

表 3—9　　表面粗糙度常用测量方法

测量方法	说　明
光切法	光切法是指利用光切原理测量表面粗糙度的方法。采用光切原理制成的量仪称为光切显微镜（又称双管显微镜）。其原理是将平行光束以 45°的倾角投射到被测表面上，利用光学原理成像放大获得表面轮廓，经数据处理得到表面粗糙度高度参数值。光切法通常用于检测较规则的零件表面的表面粗糙度值，其常用测量范围为 *Rz* 0. 5 ~ 60 μm
干涉法	干涉法是指利用光波干涉原理测量表面粗糙度的方法。采用光波干涉原理制成的量仪称为干涉显微镜。其原理是将平行光束分成两路，分别投射到被测表面和参考镜上，经反射后使这两条光束叠加形成起伏不平的干涉条纹，通过测量干涉条纹的弯曲量及两相邻条纹之间的距离，经数据处理得到表面粗糙度高度参数值，其常用的测量范围为 *Rz* 0. 025 ~ 0. 8 μm
激光反射法	激光反射法是近年来出现的一种测量表面粗糙度的方法，其原理是将激光光束以一定的角度照射到被测表面，除了一部分激光光束被吸收外，大部分激光光束会被反射和散射。反射光较为集中地形成明亮的光斑，散射光则分布在光斑周围形成较弱的光带。光洁表面的光斑较强而光带较弱且宽度较小；粗糙表面的光斑较弱而光带较强且宽度较大
触针法	触针法是利用触针式电动轮廓仪的金刚石触针在被测零件表面上移动，让表面轮廓的微观不平痕迹使触针在垂直于被测理想轮廓的方向产生上下位移，再把触针的微小变化通过传感器转换成电信号，经数据处理得到被测表面轮廓图形和表面粗糙度高度参数值，其常用的测量范围为 *Ra* 0. 025 ~ 5 μm
印模法	印模法是用可塑性材料（石蜡或低熔点合金等）将被测零件表面轮廓复制下来，通过测量复制品的粗糙度来确定被测零件的粗糙度值。这是一种间接测量方法。这种方法适宜测量内孔、凹槽、大尺寸零件表面。测量范围一般为 *Ra* 0. 08 ~ 80 μm 或 *Rz* 0. 8 ~ 330 μm

模块四　常见结构的公差与检测

本模块主要介绍圆锥和角度的公差与检测、螺纹的公差与检测、滚动轴承的公差与配合等内容。

课题一　圆锥和角度的公差与检测

相关标准

GB/T 157—2001《产品几何量技术规范（GPS）　圆锥的锥度与锥角系列》
GB/T 11334—2005《产品几何量技术规范（GPS）　圆锥公差》

子课题1　用游标万能角度尺检测锥度

学习目标

1. 了解锥度的概念、锥度与锥角系列和圆锥角公差。
2. 了解游标万能角度尺的结构，掌握其读数方法。
3. 掌握用游标万能角度尺测量各种锥角的方法。

问题与思考

图4—1所示为锥塞，它由圆锥体和圆柱柄组成，确定圆锥体的大小需要哪些尺寸？如何测量锥塞的圆锥角？

任务与要求

图4—2所示为锥塞的零件图样，在图中标注了各个结构的尺寸，圆锥体部分标注了圆

锥面的圆锥角及公差 30° ±4′、圆锥的大端直径 ϕ36 mm 和两底面间的轴向距离 30 mm。本任务的要求是：

1. 识读图 4—2 所示锥塞的圆锥角公差。

2. 用万能角度尺测量锥塞的锥角，并判断是否合格。

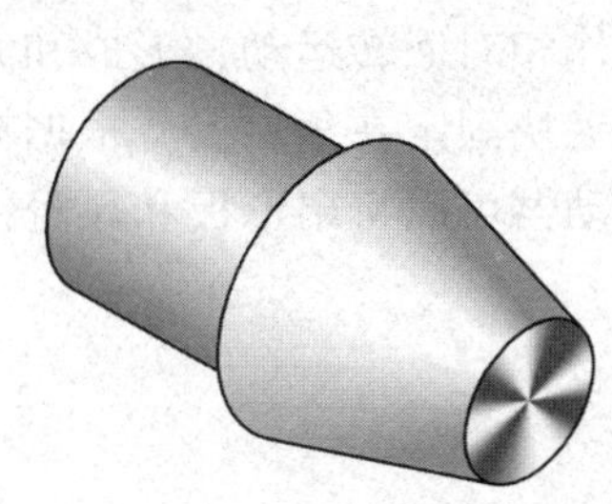

图 4—1　锥塞

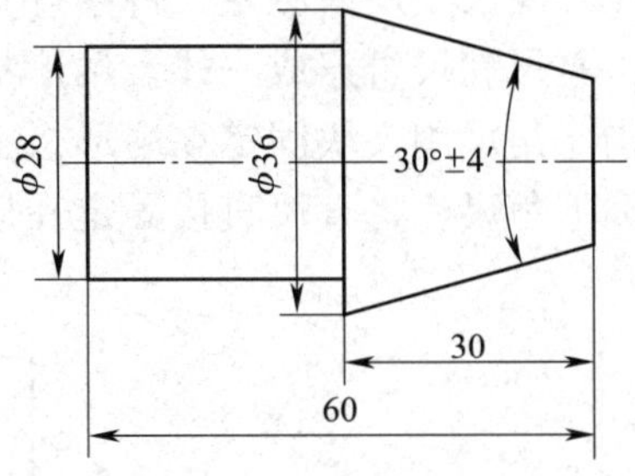

图 4—2　锥塞的图样

预备知识

一、锥度的概念

表达圆锥体的大小可以由圆锥体的大端直径 D、小端直径 d、两底圆之间的轴向距离 L、圆锥角 α 等 4 个参数中的任意 3 个确定，如图 4—3 所示。

二、锥度与锥角系列

为便于圆锥件的设计、生产和检验，保证产品的互换性，减少生产中所需的定值刀具、量具的规格，国家标准规定了一般用途的锥度与锥角系列，见附表 4—1（一般用途圆锥的锥度与锥角系列）。在选用时应优先选用第一系列。

莫氏锥度是一种在机械制造业中广泛使用的锥度，它通过圆锥面之间的过盈配合实现零件间的精确定位。莫式锥配合由于锥度很小，利用两锥摩擦可以传递一定的扭矩，又可以方便地拆卸。常用的莫氏锥度共有 7 种，分别为 5、6、0、4、3、2、1 号，其圆锥角依次减小。莫氏锥度与锥角系列见附表 4—2（特殊用途圆锥的锥度与锥角系列），使用时只有相同号数的莫氏内、外锥才能配合。

三、圆锥角公差

圆锥角公差 AT_{α} 是指圆锥角的允许变动量。圆锥角的公差带是两个极限圆锥角所限定的区域，如图 4—4 所示。圆锥角公差共分 12 个公差等级，分别为 $AT1$、$AT2$、…、$AT12$，其中 $AT1$ 精度最高，其余依次降低。各级精度圆锥角的公差值见附表 4—3（圆锥角公差数值 AT_{α}）。

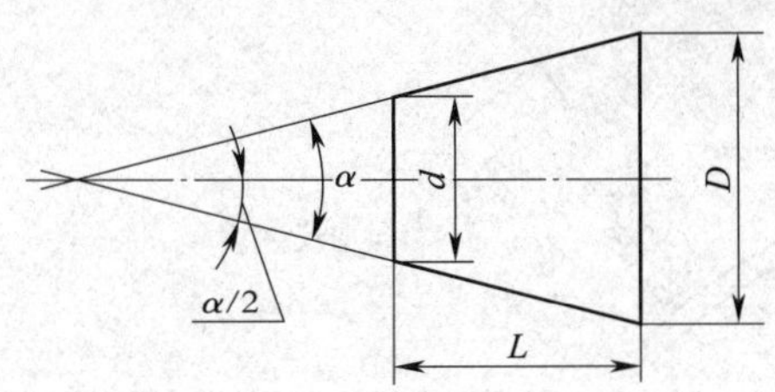

图 4—3　圆锥的基本参数

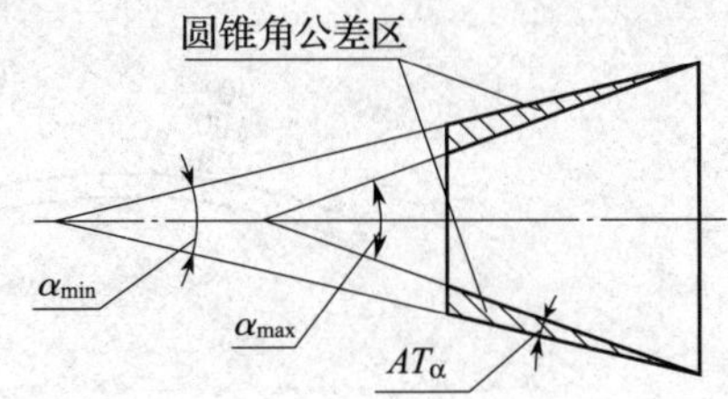

图 4—4　极限圆锥角

任务实施

一、准备游标万能角度尺

1. 认识游标万能角度尺的结构

游标万能角度尺是用来测量工件内外角度的量具，其结构如图 4—5 所示，其游标固定在扇形板上，基尺和尺身连成一体。扇形板可以与尺身作相对回转运动，形成和游标卡尺相似的读数机构。角尺用夹块固定在扇形板上，直尺又用夹块固定在角尺上。根据被测角度的需要，可以拆下角尺，将直尺直接固定在扇形板上。制动器可以将扇形板和尺身锁紧，以便于读数。

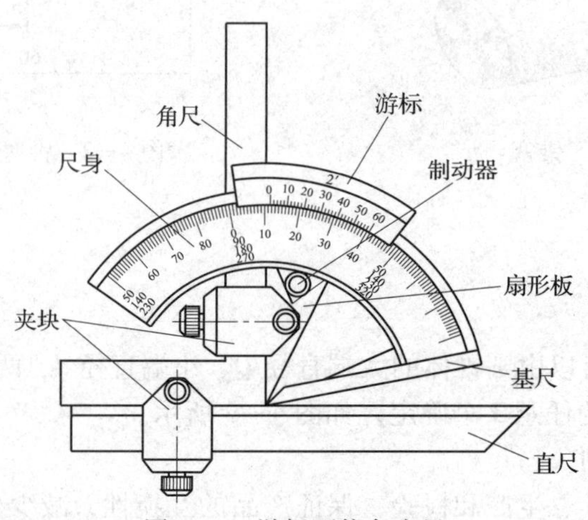

图 4—5　游标万能角度尺

2. 游标万能角度尺的读数

游标万能角度尺的分度值一般有 2′和 5′两种，图 4—5 所示游标万能角度尺的分度值为 2′。游标万能角度尺的读数方法和游标卡尺相似，即先从尺身上读出游标零刻度线指示角度的“度”的数值，再找到游标上刻线与尺身上刻线对齐的位置，读出角度“分”的数值，两者相加即为被测角度的数值。如图 4—6 所示游标万能角度尺，先在尺身上读出“度”数值为 11°，然后在游标上读出“分”数值为 36′，故游标万能角度尺的示值为 11°36′。

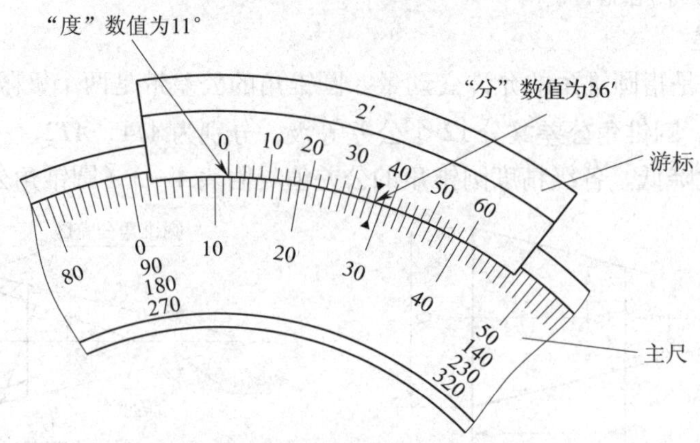

图 4—6　游标万能角度尺的读数

3．游标万能角度尺的测量范围

由于游标万能角度尺的角尺和直尺可以移动和拆换，因此游标万能角度尺可以测量0°～320°间的任意角度，如图4—7所示。

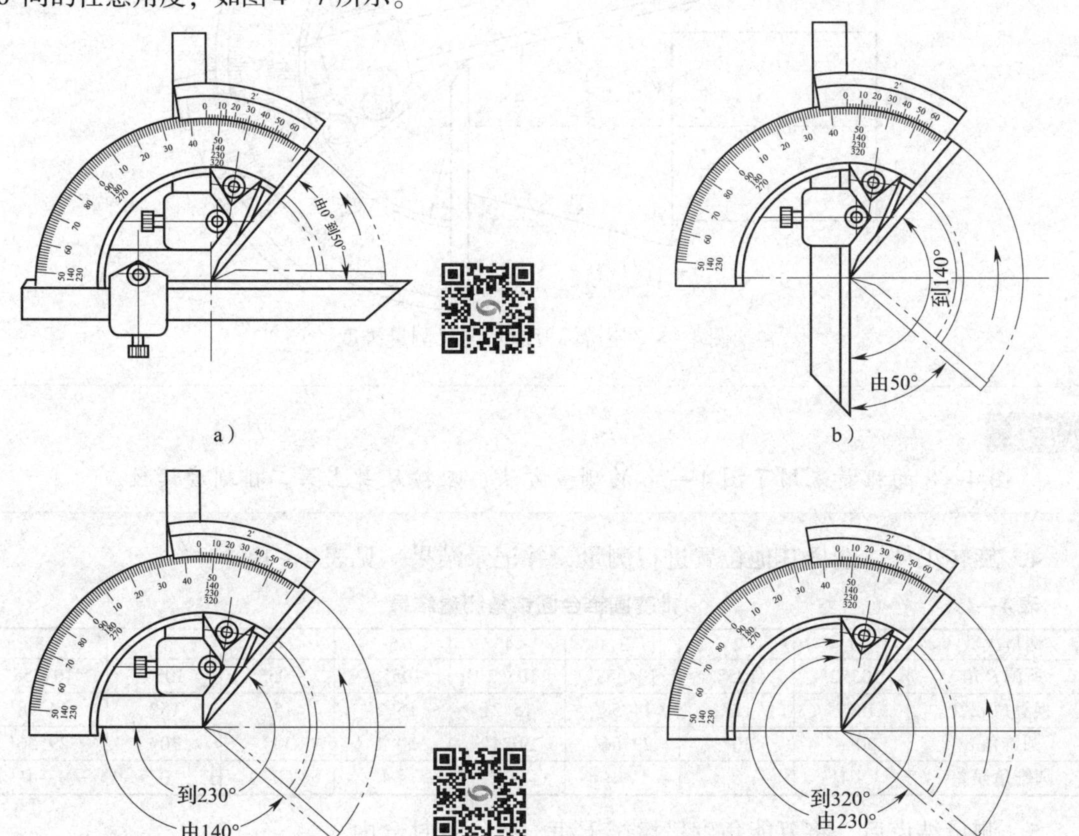

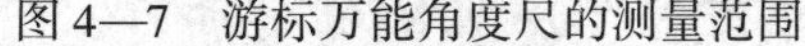
图4—7　游标万能角度尺的测量范围

a）测量0°～50°　b）测量50°～140°　c）测量140°～230°　d）测量230°～320°

图4—7a所示为测量0°～50°角时的情况，被测工件放在基尺和直尺的测量面之间，按尺身上的第一排刻度读数。

图4—7b所示为测量50°～140°角时的情况，此时将角尺取下来，将直尺直接装在扇形板的夹块上，利用基尺和直尺的测量面进行测量，并按尺身上第二排刻度读数。

图4—7c所示为测量140°～230°角时的情况，此时将直尺及固定直尺的夹块取下，调整角尺的位置，使角尺的直角顶点与基尺的尖端对齐，然后把角尺的短边和基尺的测量面靠在被测工件的被测量面上进行测量，并按尺身上第三排刻度读数。

图4—7d所示为测量230°～320°角时的情况，此时将角尺、直尺及夹块全部取下，直接用基尺和扇形板的测量面对被测工件进行测量，并按尺身上第四排刻度读数。

二、用游标万能角度尺测量塞锥的锥角

1．将游标万能角度尺擦干净并校零。

2．将基尺贴近圆锥台右端面，直尺刀口紧贴圆锥面，如图4—8所示。

3．移开游标万能角度尺，读取测得角度，记录测量结果，见表4—1。

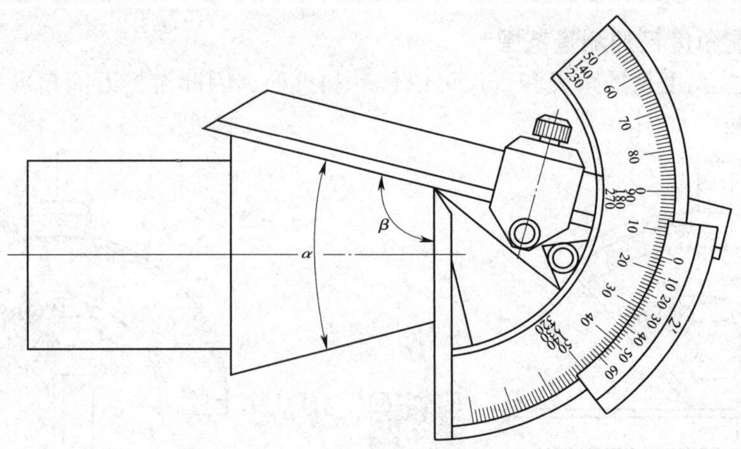

图 4—8　用游标万能角度尺测量锥度

〔注意〕

图 4—8 的测量采用了图 4—7b 的测量方法，应按尺身上第二排刻度读数。

4．旋转工件，选择其他位置进行测量，并记录结果，见表 4—1。

表 4—1　　**锥塞圆锥台圆锥角测量结果**

测量次数	1	2	3	4	5	6	7	8
所测 β 角	105°2′	105°	104°58′	105°2′	105°2′	105°	105°	104°58′
换算成 $\alpha/2$	15°2′	15°	14°58′	15°2′	15°2′	15°	15°	14°58′
圆锥角 α	30°4′	30°	29°56′	30°4′	30°4′	30°	30°	29°56′
圆锥角误差	+4′	0	−4′	+4′	+4′	0	0	−4′

5．测量结束后，将万能角度尺擦拭干净，放入量具盒内。

三、处理数据，判断零件是否合格

1．处理数据

将测得的角度 β 换算成圆锥半角 $\alpha/2$，再转换成圆锥角 α，见表 4—1。

〔注意〕

根据图 4—8 可以推算出，$\alpha/2=\beta-90°$。

2．判断零件是否合格

由于所有测得的圆锥角都在误差范围内，所以该零件的圆锥角合格。

子课题 2　用正弦规检测圆锥塞规的锥度

学习目标

1．掌握用正弦规和千分表检测锥度及处理数据的方法。

2. 了解圆锥塞规的结构，掌握用圆锥塞规检测锥孔的方法。

3. 了解圆锥套规的结构，掌握用圆锥套规检测外锥体的方法。

问题与思考

图4—9所示为圆锥塞规，其圆锥角公差为±16″，可以用游标万能角度尺检测其锥角误差吗?

任务与要求

游标万能角度尺的分度值为2′，无法测量圆锥角公差为±16″的圆锥塞规，需考虑其他精密检测方法。本任务的要求是：

1. 将图4—10所示的锥度换算成锥角，并标注圆锥角公差“±16″”。

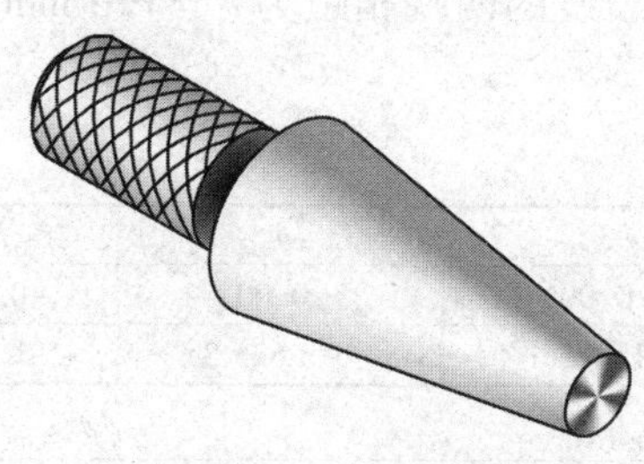

图4—9　圆锥塞规

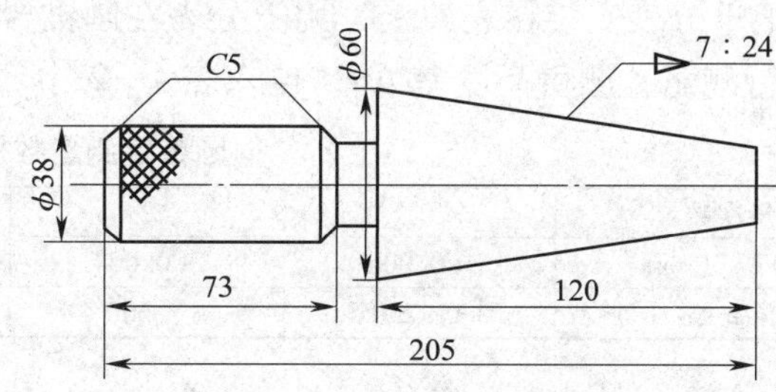

图4—10　圆锥塞规图样要求

2. 用正弦规和分度值为0.001 mm的千分表测量圆锥塞规的锥角，判断圆锥塞规的圆锥角是否合格。

任务实施

一、将锥度换算成锥角，并标注圆锥角公差±16″

查附表4—2可知，锥度为7∶24的圆锥属于特殊用途圆锥，换算成圆锥角为16°35′39.44″，圆锥角及公差的标注如图4—11所示。

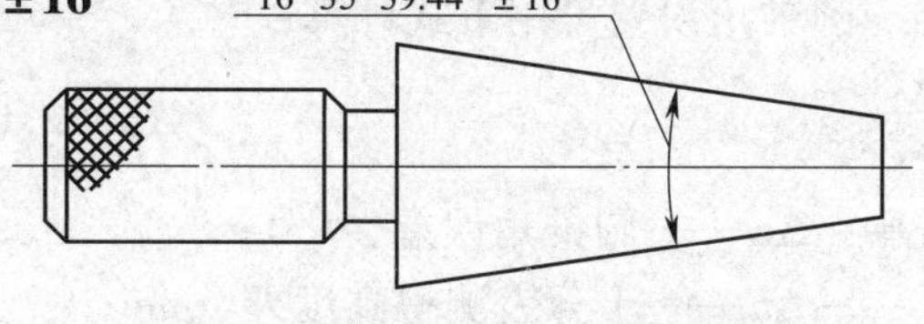

图4—11　圆锥塞规的圆锥角及公差

二、准备工具和量具

准备两圆柱中心距为200 mm的正弦规一台、挡位圆柱一个、千分表及表架一套、量块一套、铸铁平板一块。

三、用正弦规和千分表测量锥度

1. 先将圆锥塞规去除毛刺、油污，再将正弦规、铸铁平板、千分表等擦拭干净。

2. 把正弦规放在铸铁平板上，圆锥塞规放在正弦规的工作平面上。

3. 计算正弦规一端需要垫起的高度，选择合适的标准量块，垫入正弦规一端的圆柱下，如图4—12所示。

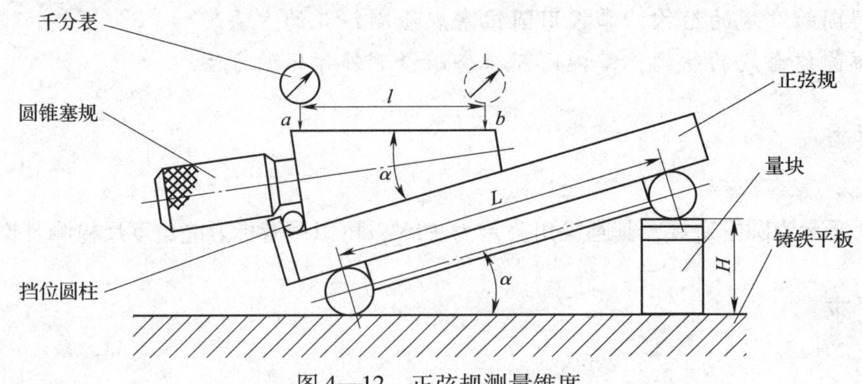

图 4—12 正弦规测量锥度

所需量块的高度为：

$$H = L\sin\alpha = 200 \times \sin16°35'39.44'' = 57.119 \text{ mm}$$

4. 把千分表安装在表架上，用千分表在圆锥台最高素线的两端相距为 l =110 mm 的 a、b 两点进行测量，测得高度差 Δh，填入表 4—2 中。

表 4—2 **圆锥度测量数据**

测量次数	1	2	3	4	5
高度差 Δh（mm）	+0.006	+0.004	−0.001	−0.003	+0.007
圆锥角误差 $\Delta\alpha$（″）	+11.250 5	+7.500 4	−1.875 1	−5.625 3	+13.125 6

〔注意〕

$\Delta h = h_a - h_b$。$h_a > h_b$ 时，Δh 数值为正值，否则为负值。

5. 旋转圆锥塞规，在圆锥体上再测量 4 次，将测得的高度差填入表 4—2。

四、处理数据，判断零件是否合格

1. 计算圆锥角误差

圆锥角误差可用下式计算：

$$\Delta\alpha \approx 2.062\,6 \times 10^5 \frac{\Delta h}{l}$$

式中 $\Delta\alpha$——圆锥角误差，(″)；

Δh——千分表测得高度差，mm；

l——两测量点之间的距离，mm。

第一次测量位置的圆锥角误差为：

$$\Delta\alpha \approx 2.062\,6 \times 10^5 \frac{\Delta h}{l} = 2.062\,6 \times 10^5 \times \frac{+0.006}{110} = +11.250\,5''$$

其余各次测量的圆锥角误差见表 4—2。

2. 判断零件是否合格

根据表 4—2 中的数据，所测圆锥塞规的圆锥角的最大误差（+13.125 6″）小于其圆锥角的公差（±16″），圆锥塞规的圆锥角合格。

〔知识拓展〕

圆锥量规用于检验内、外圆锥面的圆锥角实际偏差的大小和锥体直径。检验内圆锥的为圆锥塞规，检验外圆锥的为圆锥套规，其形状如图4—13所示。

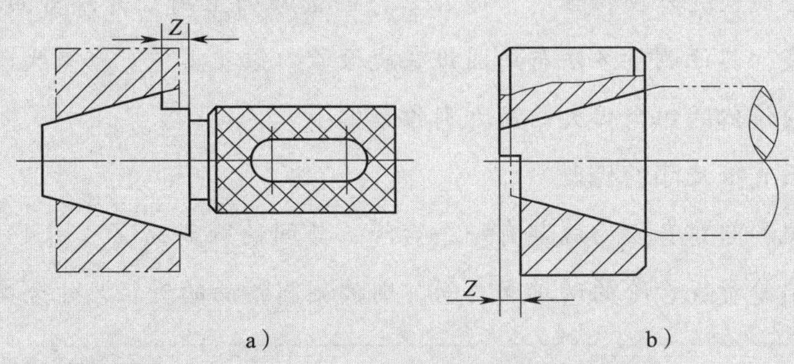

图4—13　圆锥量规

a）圆锥塞规　b）圆锥套规

一、用圆锥塞规检验内锥孔

使用圆锥塞规检验内锥孔时，首先在圆锥塞规上沿素线方向用红丹或蓝油均匀地涂上3条线，零件的精度要求越高，涂层越薄。然后将塞规插入零件的内锥孔中，轻轻对研，转动角度为60°～120°。然后抽出圆锥塞规，查看表面涂料的擦拭痕迹，判断内圆锥面是否合格。擦拭痕迹长度越长，则圆锥塞规与零件内锥面接触越好，锥度越好，反之则不好。

锥度公差等级、涂层厚度与接触率的关系见表4—3。检验圆锥孔时，接触率大于规定值为合格。

表4—3　　锥度公差等级、涂层厚度与接触率的关系

零件锥度公差等级	圆锥两底圆之间的轴向距离 L（mm）					接触率 ψ（%）
	>6～16	>16～40	>40～100	>100～250	>250～630	
	涂层厚度 δ（μm）					
AT3				0.5	1.0	85
AT4			0.5	1.0	1.5	80
AT5			0.5	1.0	1.5	75
AT6		0.5	1.0	1.5	2.5	70
AT7		0.5	1.0	1.5	2.5	65
AT8	0.5	1.0	1.5	3.0	5.0	60

当用圆锥塞规检验内圆锥时，若大端的涂层被擦去，则表明内圆锥角偏小；若小端的涂层被擦去，则表明内圆锥角偏大。

二、用圆锥套规检验外圆锥体

在用圆锥套规检验外圆锥体时，先在零件的圆锥面上用红丹或蓝油沿素线方向均匀地涂上3条线，其他测量方法与用圆锥塞规检验内锥孔类似。如果大端涂层被擦去，则表示零件外圆锥体的锥角偏大；反之则锥角偏小。

三、圆锥面直径尺寸的检验

在圆锥塞规和圆锥套规的端部有一个台阶，其间的距离为 Z（图4—13），若被测锥体的端面在圆锥量规台阶的两端面之间，则被测圆锥面的直径尺寸合格。

子课题3　用游标万能角度尺检测燕尾薄板的角度

学习目标

熟练使用游标万能角度尺测量各种角度。

问题与思考

图4—14所示为燕尾薄板，如果用游标万能角度尺测量图中标注的角度尺寸，应采用图4—7所示的哪种方法？

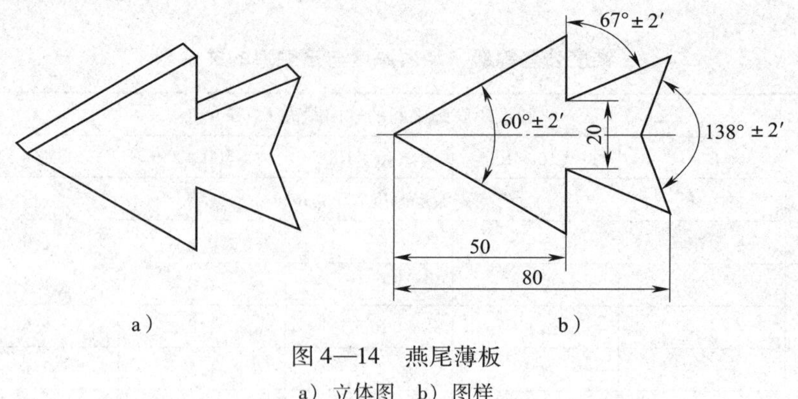

图4—14　燕尾薄板

a）立体图　b）图样

任务与要求

测量图4—14所示的燕尾薄板时，角度尺寸60°采用图4—7中的第二种测量方法，角度尺寸 67°采用第四种测量方法，角度尺寸 138°采用第三种测量方法。

本任务的要求是：测量燕尾薄板的角度，判断零件是否合格。

任务实施

一、测量 60° ±2′

测量方法如图 4—15 所示，测得的锥角为 60°6′，该角度尺寸不在公差范围之内，角度不合格。

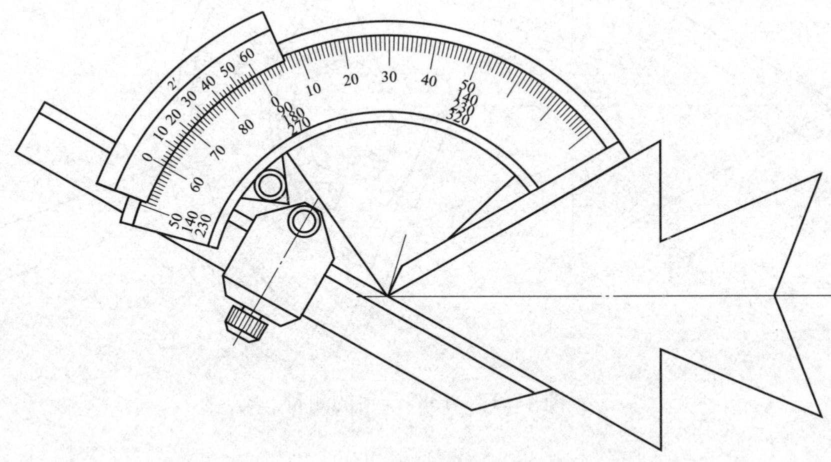

图 4—15　60°锥角的测量

二、测量 67° ±2′

燕尾薄板上的 67°角需要用图 4—7 所示的第四种方法测量，所测量的公称角度为 293°，其测量方法如图 4—16 所示。按第四排读数，测得角度为 292°58′，换算成与图样上标注的角度所对应的角度为 67°2′，该角度尺寸在公差范围之内，角度合格。

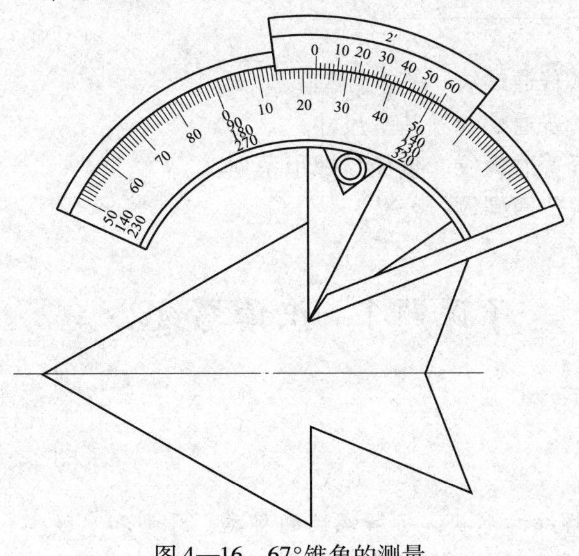

图 4—16　67°锥角的测量

三、测量 138° ±2′

燕尾薄板上的 138° 角需要用图 4—7 所示的第三种方法测量，所测量的公称角度为 222°，其测量方法如图 4—17 所示。按第三排读数，测得角度为 222°02′，换算成图样上的角度为 137°58′，该角度尺寸在公差范围之内，角度合格。

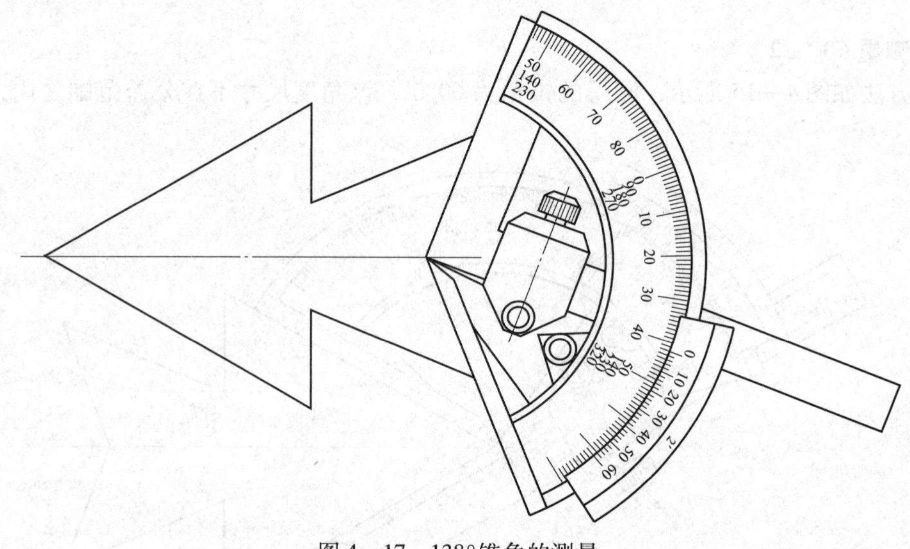

图 4—17 138°锥角的测量

课题二 螺纹的公差与检测

相关标准

GB/T 192—2003《普通螺纹 基本牙型》

GB/T 196—2003《普通螺纹 基本尺寸》

GB/T 193—2003《普通螺纹 直径与螺距系列》

GB/T 197—2003《普通螺纹 公差》

子课题 1 识读螺纹公差

学习目标

1. 了解螺旋线、螺纹的形状，了解螺纹的种类、牙型和参数。
2. 掌握普通螺纹的牙型及参数，掌握普通螺纹的标记方法。

3. 掌握计算普通螺纹基本偏差、公差和极限尺寸的方法。

问题与思考

图 4—18 所示为六角头螺栓和六角螺母，其螺纹的牙型是什么形状？

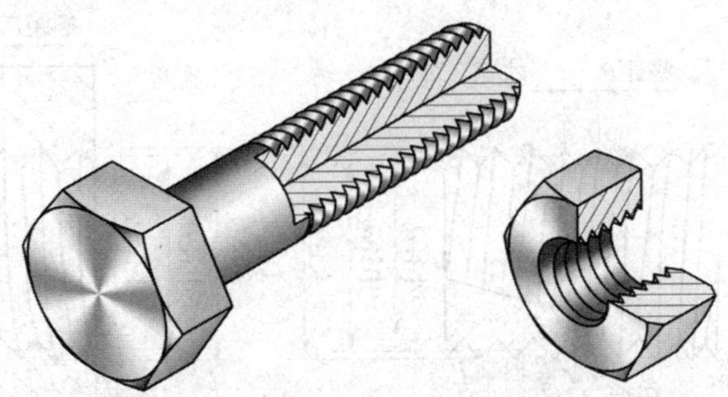

图 4—18　六角头螺栓和六角螺母

任务与要求

图 4—18 所示螺栓和螺母的零件图样如图 4—19 所示，本任务的要求是：

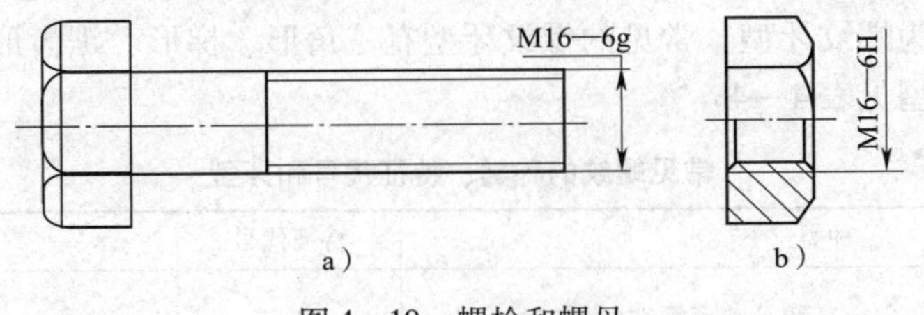

图 4—19　螺栓和螺母

a）螺栓　b）螺母

1. 识读图 4—19 中螺栓和螺母上的螺纹标记。
2. 根据螺纹公差带代号，查表求图 4—19 所示螺纹的基本偏差和公差。
3. 计算螺纹的极限尺寸。

预备知识

一、螺旋线的概念

圆柱面上一动点绕圆柱轴线作等速转动的同时，又沿圆柱母线作等速直线运动，形成的复合运动轨迹称为螺旋线，如图 4—20 所示。螺旋线有右旋和左旋之分，当圆柱轴线直立时，右旋螺旋线的可见部分自左向右升高（图 4—20a）；左旋螺旋线则自右向左升高（图 4—20b）。

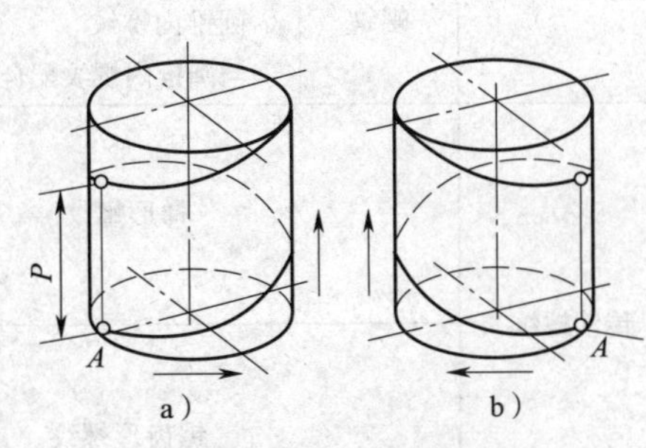

图 4—20　螺旋线的形成

a）右旋　b）左旋

二、螺纹的形成

一平面图形（如三角形、梯形、锯齿形等）沿圆柱或圆锥表面上的螺旋线运动，形成的具有相同断面的连续凸起和沟槽称为螺纹。螺纹是零件上一种常见的标准结构，在圆柱（或圆锥）外表面上形成的螺纹称为外螺纹（图 4—21a）；在圆柱（或圆锥）内表面上形成的螺纹称为内螺纹（图 4—21b）。

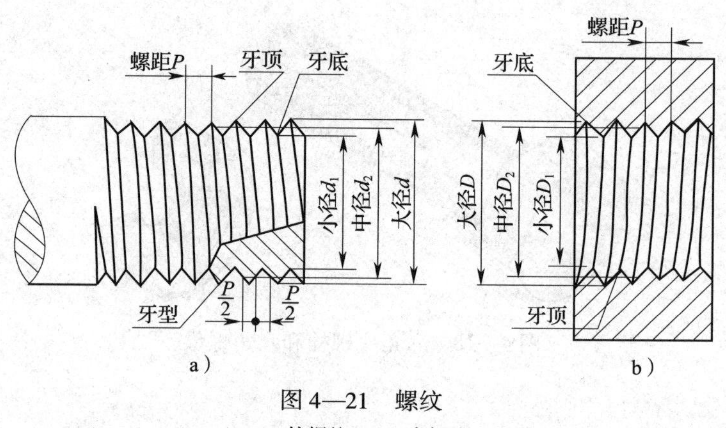

图 4—21　螺纹

a）外螺纹　b）内螺纹

三、螺纹种类与牙型

螺纹的种类很多，常见的有普通螺纹、管螺纹和传动螺纹。在通过螺纹轴线的断面上，螺纹的轮廓形状称为螺纹牙型，常见的螺纹牙型有三角形、梯形、锯齿形等。常见螺纹的种类、特征代号和牙型见表 4—4。

表 4—4　　常见螺纹的种类、特征代号和牙型

种类			特征代号	牙型
普通螺纹	粗牙普通螺纹		M	60°
	细牙普通螺纹			
管螺纹	55°非密封管螺纹		G	55°
	55°密封管螺纹	圆柱内螺纹	Rp	
		与圆柱内螺纹配合的圆锥外螺纹	R_1	
		圆锥内螺纹	Rc	
		与圆锥内螺纹配合的圆锥外螺纹	R_2	
传动螺纹	梯形螺纹		Tr	30°
	锯齿形螺纹		B	30° 3°

四、螺纹直径

螺纹直径主要有螺纹大径、螺纹小径、螺纹中径、公称直径、螺纹顶径等，如图 4—21 所示。

1. 螺纹大径

与外螺纹牙顶或内螺纹牙底相切的假想圆柱的直径。外螺纹大径用 d 表示，内螺纹大径用 D 表示。

2. 螺纹小径

与外螺纹牙底或内螺纹牙顶相切的假想圆柱的直径。外螺纹小径用 d_1 表示，内螺纹小径用 D_1 表示。

3. 螺纹中径

是指一个假想圆柱的直径，该圆柱的母线通过牙型上沟槽和凸起宽度相等的地方。外螺纹中径用 d_2 表示，内螺纹中径用 D_2 表示。

4. 公称直径

代表螺纹尺寸的直径。除管螺纹外，公称直径是指螺纹的大径。

5. 螺纹顶径

外螺纹的顶径指的是大径，内螺纹的顶径指的是小径。

五、螺纹的线数、螺距与导程

1. 线数

形成螺纹时，沿一条螺旋线形成的螺纹称为单线螺纹，如图 4—22a 所示；沿两条或两条以上螺旋线形成的螺纹称为多线螺纹，图 4—22b 所示为双线螺纹。

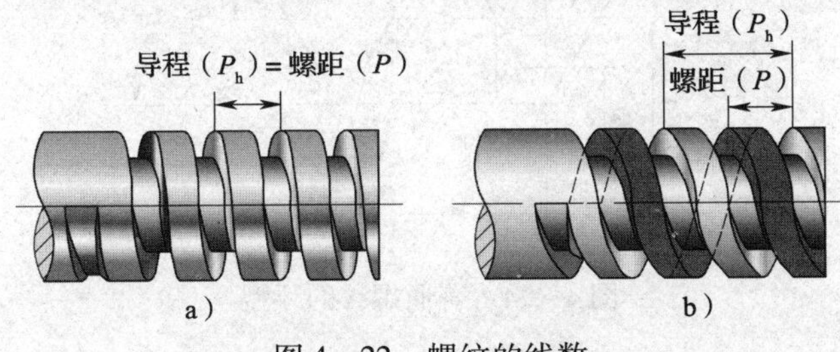

图 4—22 螺纹的线数
a）单线螺纹 b）双线螺纹

2. 螺距

螺距是螺纹相邻两牙之间两对应点的轴向距离，用 P 表示，如图 4—22 所示。

3. 导程

导程是同一条螺旋线上相邻两牙之间两对应点的轴向距离，用 P_h 表示，如图 4—22 所示。

螺距、导程、线数之间的关系是：导程 P_h = 螺距 P × 线数 n

对于单线螺纹：导程 P_h = 螺距 P

六、螺纹的旋向

根据形成螺纹时螺旋线的旋向，螺纹的旋向也分为右旋和左旋两种，如图 4—23 所示。螺纹旋向的判别方式与螺旋线相同，当螺纹的轴线竖直放置时，左旋螺纹的可见部分自右向左升高（图 2—23a），右旋螺纹的可见部分则自左向右升高（图 4—23b）。

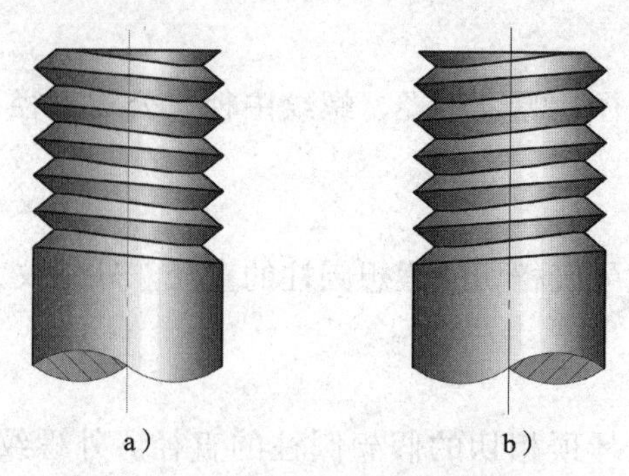

图 4—23　螺纹的旋向及判别方法

a）左旋螺纹　b）右旋螺纹

任务实施

一、认识普通螺纹的基本牙型及参数

根据表 4—4 可知，普通螺纹的牙型为三角形。但是螺纹的牙型不是一个完整的三角形，其形状如图 4—24 所示，图中粗实线为螺纹基本牙型的轮廓线，它是在正三角形上削去了顶部和底部。在图 4—24 中，正三角形的高度 H 与螺距 P 的关系为 $H=\sqrt{3}P/2$。

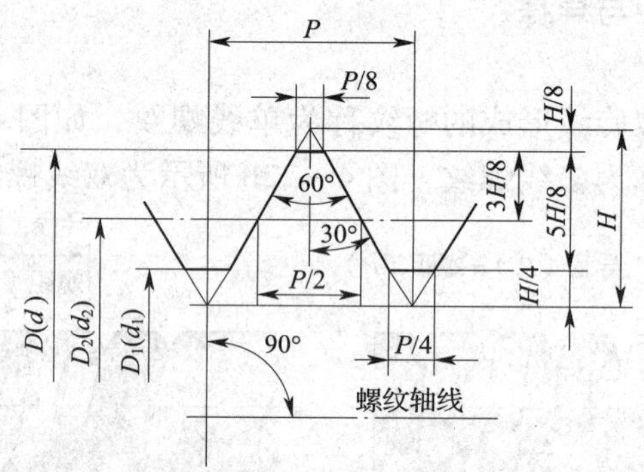

图 4—24　普通螺纹的牙型

普通螺纹有粗牙普通螺纹和细牙普通螺纹两种，国家标准规定了普通螺纹公称直径、螺距、中径、小径的尺寸，具体见附表 4—4（普通螺纹直径与螺距）。

二、识读普通螺纹的标记

普通螺纹的标记中最常用的有三部分，即螺纹特征代号、尺寸代号和公差带代号。

1. 认识普通螺纹的螺纹特征代号

普通螺纹的螺纹特征代号为 M。

2. 认识普通螺纹的尺寸代号

单线螺纹的尺寸代号为“公称直径 × 螺距”。因为一个公称直径所对应的粗牙螺纹只有一个，而一个公称直径所对应的细牙螺纹有可能不止一个，所以国家标准规定：粗牙普通螺纹不标螺距，细牙普通螺纹必须注出螺距。例如：

“M8 × 1”表示公称直径为 8 mm、螺距为 1 mm 的单线细牙螺纹。

“M16”表示公称直径为 16 mm、螺距为 2 mm（查附表 4—4）的单线粗牙螺纹。

3. 认识普通螺纹的公差带代号

在图 4—19 中标注了螺纹的标记“M16—6g”和“M16—6H”，其中“M16”为尺寸代号，表示螺纹大径为 16 mm 的粗牙普通螺纹。尺寸代号后面的“6g”和“6H”是螺纹的公差带代号，标记中的“g”和“H”为基本偏差代号，外螺纹的基本偏差代号用小写字母表示，内螺纹的基本偏差代号用大写字母表示；标记中的“6”为公差等级。

三、查表求出螺纹的基本偏差

普通螺纹的基本偏差用来确定公差带相对于基本牙型的位置，国家标准对内螺纹规定了 G、H 两种基本偏差，如图 4—25 所示，内螺纹基本偏差皆为下极限偏差 EI。图 4—25 中的 T_{D2}为中径的公差带代号，T_{D1}为顶径的公差带代号。

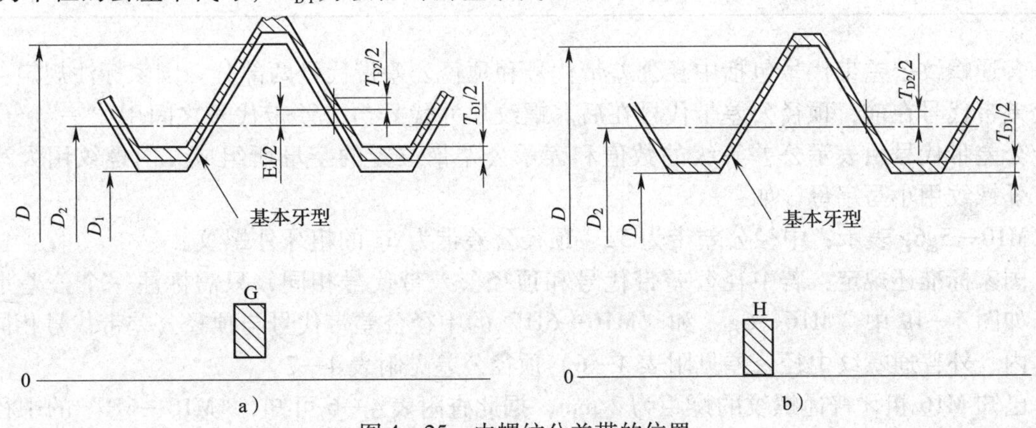

图 4—25　内螺纹公差带的位置

a）公差带位置 G　b）公差带位置 H

国家标准对外螺纹的基本偏差规定了 e、f、g、h 四种，如图 4—26 所示，外螺纹的基本偏差皆为上极限偏差。图 4—26 中的 T_{d2}为中径的公差带代号，T_d为顶径的公差带代号。内、外螺纹基本偏差的数值见附表 4—5。

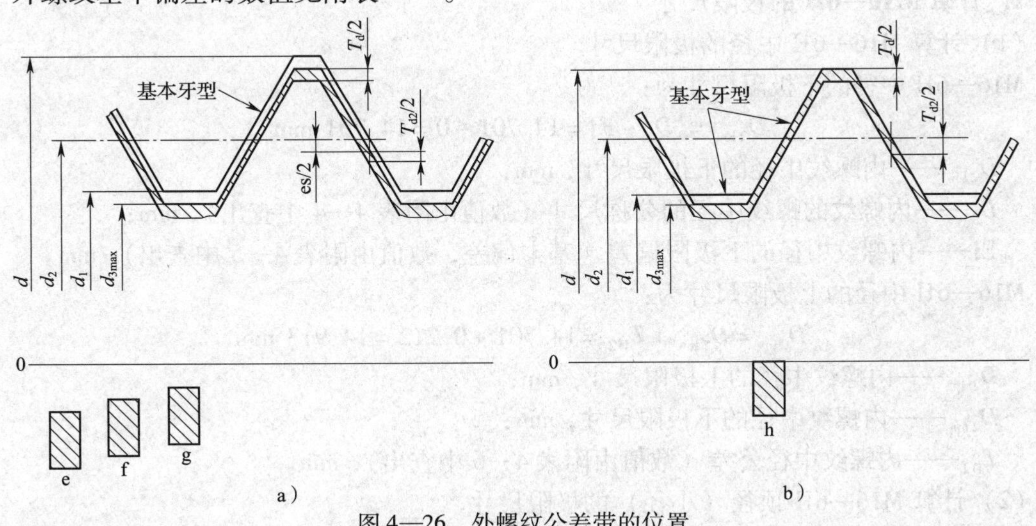

图 4—26　外螺纹公差带的位置

a）公差带位置 e、f 和 g　b）公差带位置 h

查附表4—4可知，M16的粗牙普通螺纹的螺距$P=2$ mm。查附表4—5可知，其基本偏差代号为g的外螺纹的基本偏差（上极限偏差es）为-38 μm；基本偏差代号为H的内螺纹的基本偏差（下极限偏差EI）为0。

四、查表求出螺纹的公差

普通螺纹一般需要限制其中径的公差带和顶径的公差带，普通螺纹公差带的等级见表4—5。

表4—5　　螺纹公差等级

内螺纹直径	公差等级	外螺纹直径	公差等级
小径 D_1	4、5、6、7、8	大径 d	4、6、8
中径 D_2	4、5、6、7、8	中径 d_2	3、4、5、6、7、8、9

普通螺纹公差带代号包括中径公差带代号和顶径公差带代号两部分。国家标注规定：中径公差带代号在前，顶径公差带代号在后。螺纹尺寸代号与公差带代号之间用“—”分开。每个公差带代号由表示公差等级的数值和表示公差带位置的字母所组成。内螺纹用大写字母，外螺纹用小写字母。如：

M10—5g6g表示：中径公差带为5g、顶径公差带为6g的粗牙外螺纹。

国家标准还规定：若中径公差带代号和顶径公差带代号相同，只需标注一个公差带代号。如图4—19中“M16—6g”和“M16—6H”的中径公差带代号与顶径公差带代号相同。

内、外普通螺纹中径公差见附表4—6，顶径公差见附表4—7。

已知M16粗牙普通螺纹的螺距为2 mm，据此查附表4—6可知，“M16—6H”的中径公差$T_{D2}=0.212$ mm；查附表4—7可知，“M16—6H”的顶径（小径）公差$T_{D1}=0.375$ mm。

查附表4—6可知，“M16—6g”的中径公差$T_{d2}=0.160$ mm；查附表4—7可知，“M16—6g”的顶径（大径）公差$T_d=0.280$ mm。

五、计算普通螺纹的极限尺寸

1．计算M16—6H的极限尺寸

（1）计算M16—6H中径的极限尺寸

M16—6H中径的下极限尺寸为：

$$D_{2\,low}=D_2-EI=14.701-0=14.701\ \text{mm}$$

式中　$D_{2\,low}$——内螺纹中径的下极限尺寸，mm；

D_2——内螺纹的螺纹中径的公称尺寸（数值由附表4—4中查出），mm；

EI——内螺纹中径的下极限偏差（基本偏差，数值由附表4—5中查出），mm。

M16—6H中径的上极限尺寸为：

$$D_{2\,up}=D_{2\,low}+T_{D2}=14.701+0.212=14.913\ \text{mm}$$

式中　$D_{2\,up}$——内螺纹中径的上极限尺寸，mm；

$D_{2\,low}$——内螺纹中径的下极限尺寸，mm；

T_{D2}——内螺纹中径公差（数值由附表4—6中查出），mm。

（2）计算M16—6H顶径（小径）的极限尺寸

M16—6H的顶径（小径）的下极限尺寸为：

$$D_{1low}=D_1-EI=13.835-0=13.835\ \text{mm}$$

式中　D_{1low}——内螺纹顶径（小径）的下极限尺寸，mm；

D_1——内螺纹小径的公称尺寸（数值由附表4—4查出），mm；

EI——内螺纹顶径的下极限偏差（基本偏差，数值由附表4—5查出），mm。

M16—6H的顶径（小径）的上极限尺寸为：

$$D_{1up}=D_{1low}+T_{D1}=13.835+0.375=14.210\ \text{mm}$$

式中　D_{1up}——内螺纹顶径（小径）的上极限尺寸，mm；

D_{1low}——内螺纹顶径（小径）的下极限尺寸，mm；

T_{D1}——内螺纹顶径（小径）公差（数值由附表4—7查出），mm。

2．计算M16—6g的极限尺寸

（1）计算M16—6g中径的极限尺寸

M16—6g的中径的上极限尺寸为：

$$d_{2up}=d_2+es=14.701+(-0.038)=14.663\ \text{mm}$$

式中　d_{2up}——外螺纹中径的上极限尺寸，mm；

d_2——外螺纹中径的公称尺寸（数值由附表4—4查出），mm；

es——外螺纹中径的上极限偏差（基本偏差，数值由附表4—5查出），mm。

M16—6g的中径的下极限尺寸为：

$$d_{2low}=d_{2up}-T_{d2}=14.663-0.160=14.503\ \text{mm}$$

式中　d_{2low}——外螺纹中径的下极限尺寸，mm；

d_{2up}——外螺纹中径的上极限尺寸，mm；

T_{d2}——外螺纹中径公差（数值由附表4—6查出），mm。

（2）计算M16—6g顶径（大径）的极限尺寸

M16—6g的顶径（大径）的上极限尺寸为：

$$d_{up}=d+es=16+(-0.038)=15.962\ \text{mm}$$

式中　d_{up}——外螺纹顶径（大径）的上极限尺寸，mm；

d——外螺纹的公称直径，mm；

es——外螺纹顶径的上极限偏差（基本偏差，数值由附表4—5查出），mm。

M16—6g的顶径（大径）的下极限尺寸为：

$$d_{low}=d_{up}-T_d=15.962-0.280=15.682\ \text{mm}$$

式中　d_{low}——外螺纹顶径（大径）的下极限尺寸，mm；

d_{up}——外螺纹顶径（大径）的上极限尺寸，mm；

T_d——外螺纹顶径（大径）公差（数值由附表4—7查出），mm。

子课题2　标注螺纹公差

学习目标

掌握普通螺纹的旋合长度和公差带的选用方法。

问题与思考

图 4—27 为微调丝杠，其左侧的细牙普通螺纹与微调螺母配合，以实现仪器工作台的移动，右侧的粗牙普通螺纹与普通螺母配合，以便将手柄连接在微调丝杠上。那么，两侧的螺纹公差应相同吗？如何选择螺纹的公差？

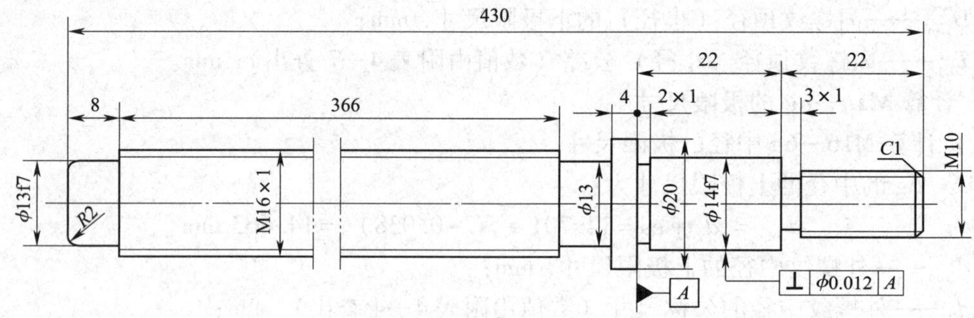

图 4—27　微调丝杠

任务与要求

不同用途的螺纹，其公差等级和基本偏差要求也不同。所以，选择螺纹公差时首先要考虑螺纹的用途。本任务的要求是：

1. 根据图 4—27 所示零件上螺纹的用途，选用螺纹的旋合长度。
2. 根据图 4—27 所示零件上螺纹的用途，选用螺纹的公差，在图样上重新标注螺纹代号。
3. 根据图 4—27 所示零件上螺纹的用途，选择螺纹的表面粗糙度参数，并在图样上标记表面结构代号。

任务实施

一、选用螺纹的旋合长度

国家标准对螺纹连接规定了短旋合长度、中等旋合长度和长旋合长度三种，分别用代号 S、N、L 表示，一般情况下应采用中等旋合长度。

图 4—27 所示零件左侧的螺纹为传动螺纹，右侧的螺纹为连接螺纹，都是常用螺纹，可以选择中等旋合长度。

二、选用螺纹的公差带

螺纹的公差等级和基本偏差可以组成多种公差带，但是在实际生产中，为了减少刀具、量具的规格种类，国家标准规定了螺纹的推荐公差带，内、外螺纹的推荐公差带见附表 4—8（螺纹推荐公差带）。螺纹公差带分为精密、中等和粗糙三个精度等级，精密级用于要求配合性质变动较小的精密螺纹；中等级用于一般用途螺纹；粗糙级用于对精度要求不高或制造比较困难的场合。

从附表 4—8 中可以看出，同一精度的螺纹，不同的旋合长度，所采用的公差等级也不同。如果不知道螺纹旋合长度的实际值时（例如标准螺栓），推荐按中等旋合长度选取螺纹公差带。

内、外螺纹配合的公差带可以任意组合成多种配合，为了保证足够的接触高度，以保证连接强度以及拆卸方便，建议采用 H/g、H/h 或 G/h 等配合。H/h 配合的最小间隙为零，应用广泛；当螺纹连接要求拆卸容易，或高温下工作，或需要涂层保护，或需要改善螺纹的疲劳强度时，可采用 H/g 和 G/h，这两种配合都具有一定间隙。

图 4—27 所示零件上左侧的细牙普通螺纹是传动螺纹，用于调整仪器工作台的位置，为保证调整的精度，应该选择精密级；右侧的粗牙普通螺纹是连接螺纹，可以选用中等级精度。同时，考虑到左侧传动螺纹在配合时需要一定的间隙，所以应选用 H/g 或 G/h 配合，在此选用公差带位置 g。根据附表 4—8，选择螺纹的公差带为 4g，因此左侧螺纹标记应为 M16 ×1—4g，其标注如图 4—28 中的①所示。右侧螺纹为连接螺纹，与标准螺母配合，配合时应有较小的间隙，故选用 H/h 配合。根据附表 4—8，选择螺纹的公差带为 6h，因此右侧螺纹标记可以书写为 M10—6h，其标注如图 4—28 中的②所示。

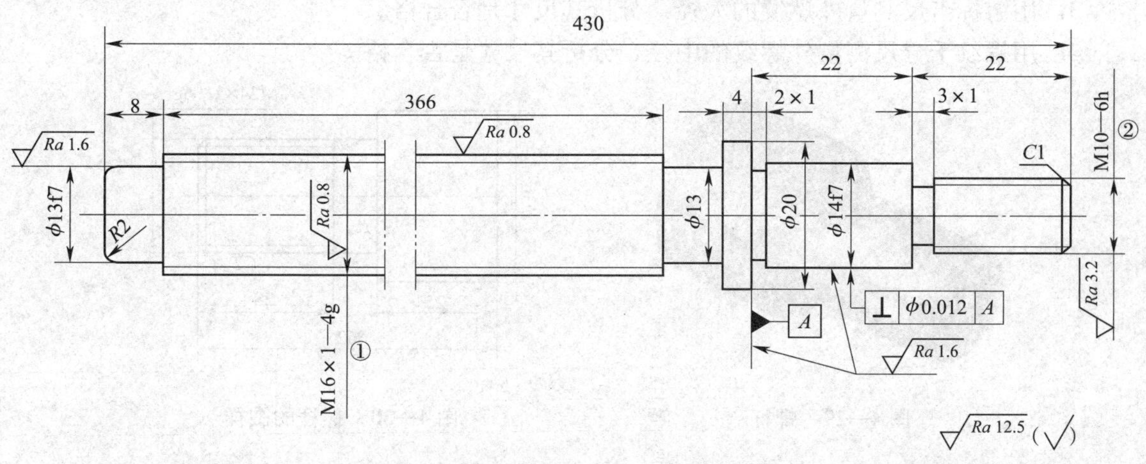

图 4—28　螺纹标记和表面粗糙度的标注

三、选择螺纹的表面粗糙度参数

根据螺纹的精度，查阅附表 3—3，选择零件左侧传动螺纹的表面粗糙度参数为 Ra = 0. 8 μm，选择右侧零件螺纹的表面粗糙度参数为 Ra = 3. 2 μm。螺纹表面结构代号的标注如图 4—28 所示，螺纹工作面的表面结构代号可以标注在螺纹的尺寸线或其延长线上。

子课题 3　检测外螺纹

学习目标

1. 了解螺纹样板、螺纹千分尺的结构，掌握其使用方法。
2. 掌握用螺纹样板检测螺距的方法，掌握用游标卡尺测量螺纹外径的方法，掌握用螺纹千分尺测量螺纹中径的方法。

问题与思考

图 4—29 所示螺杆上有外螺纹，如何测量其上外螺纹的牙型、螺距、大径和中径？

任务与要求

螺纹样板可以用来测量外螺纹的牙型和螺距，测量外螺纹的大径可以用游标卡尺，测量外螺纹的中径需要用螺纹千分尺。

螺杆的尺寸及技术要求如图 4—30 所示，本任务的要求是：

1. 查表计算外螺纹的公差。
2. 用螺纹样板检测牙型和螺距。
3. 用游标卡尺测量外螺纹的大径，分析其尺寸是否合格。
4. 用螺纹千分尺测量外螺纹的中径，分析其尺寸是否合格。

图 4—29　螺杆

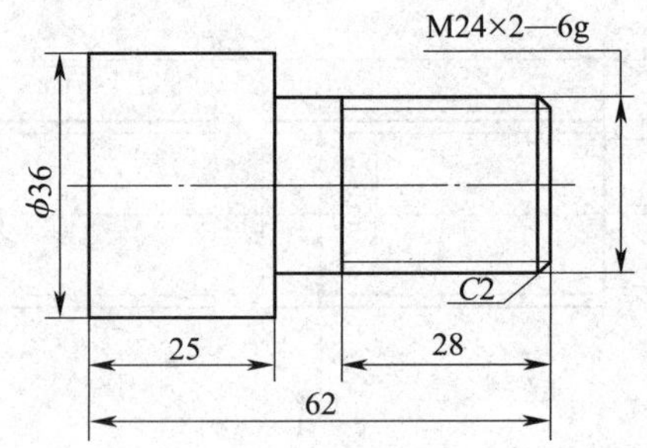

图 4—30　螺杆的图样

任务实施

一、计算外螺纹公差

1. 计算外螺纹顶径的公差

图 4—30 所示外螺纹的标记为 M24×2—6g，根据其公差带代号 6g 和螺距 2 mm，查附表 4—5 得外螺纹 M24×2—6g 的顶径的基本偏差（上极限偏差）es = −0. 038 mm，查附表 4—7 得顶径公差为 T_{d1} =0. 280 mm，所以顶径的下极限偏差：

$$ei = es - T_{d1} = -0.038 - 0.280 = -0.318\ \text{mm}$$

故顶径的尺寸为 $\phi24^{-0.038}_{-0.318}$ mm。

2. 计算外螺纹中径的公差

根据螺纹的公称直径 24 mm 和螺距 2 mm，查附表 4—4 可得中径 d_2 =22. 701 mm，由于外螺纹中径的公差带代号与顶径的公差带代号相同，所以其基本偏差也相同（es = −0. 038 mm），查附表 4—6 得中径公差为 T_{d2} =0. 170 mm，所以中径的下极限偏差：

$$ei = es - T_{d1} = -0.038 - 0.170 = -0.208 \text{ mm}$$

故中径的尺寸为 $\phi 22.701_{-0.208}^{-0.038} = \phi 22_{+0.493}^{+0.663}$ mm。

二、准备工具和量具

1. 认识螺纹样板

螺纹样板是一种带有不同螺距的基本牙型的薄片，可以用比较法检验螺纹的螺距和牙型，其形状如图 4—31 所示。常用的螺纹样板有普通螺纹样板和英制螺纹样板两种，其结构基本相同，只是普通螺纹样板的牙型角为 60°，英制螺纹样板的牙型角为 55°。螺纹样板一般成套供应，每套螺纹样板由许多不同螺距的钢片组成，每片样板上都刻有相应的螺距（普通螺纹样板）或每英寸牙数（英制螺纹样板）。

图 4—31　螺纹样板

2. 认识螺纹千分尺

螺纹千分尺是用来测量外螺纹中径的量具，其结构如图 4—32 所示。螺纹千分尺与外径千分尺结构相同，只是其测头为螺纹测头。螺纹千分尺测头的形状与螺纹的基本牙型相吻合，一端为 V 形测头，测量时与螺纹的凸起部分相吻合；另一端为圆锥形测头，测量时与直径位置的螺纹沟槽部分相吻合，如图 4—33 所示。每把螺纹千分尺都配有几对测头，用于测量不同螺距范围的螺纹，使用时根据螺距的大小，按量具盒内的附表成对选用。

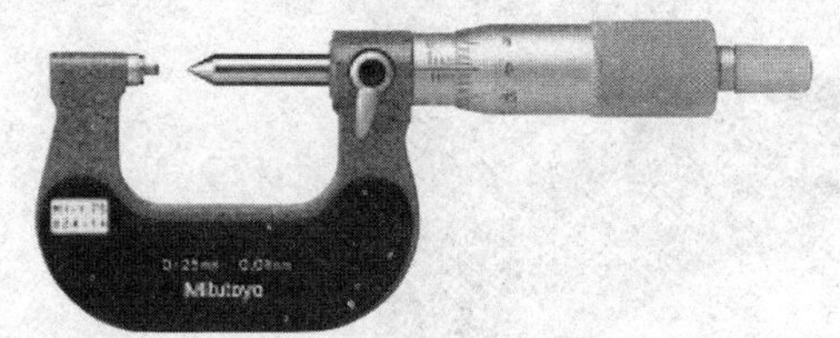

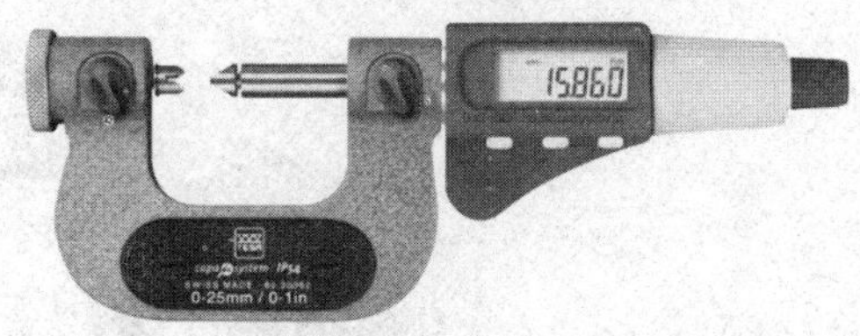

图 4—32　螺纹千分尺

根据螺纹的尺寸，选用量程 0 ~ 25 mm 的螺纹千分尺，根据螺距选择测头，并校对零位，若零位有微小误差时，可记录误差值，并在数据处理时减去该误差值。

3. 选择量具

准备牙型角为 60° 的普通螺纹样板一套、测量范围为 0 ~ 150 mm 的游标卡尺一把、测量范围为 0 ~ 25 mm 的螺纹千分尺一把。

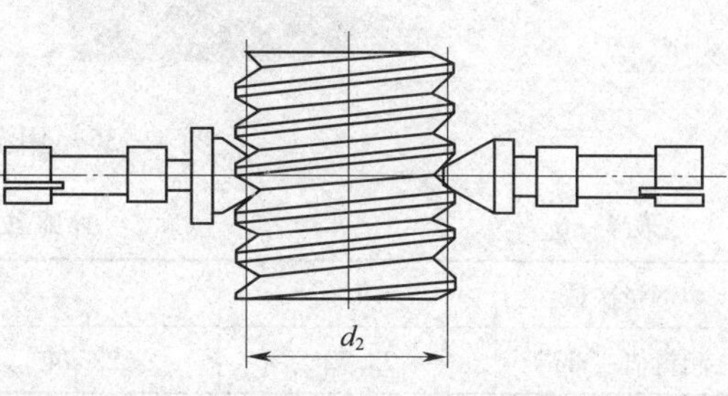

图 4—33　螺纹千分尺的测头及测量位置

三、检测螺纹的牙型和螺距，判断其是否合格

1. 检测螺距，判断是否合格

根据螺距 2 mm，选择相应的螺纹样板，将样板沿螺纹的轴剖面卡在被测螺纹工件上，观察两者密合情况，如图 4—34 所示。由于样板的所有牙都与被测螺纹的牙密合，说明该工件的螺距合格。

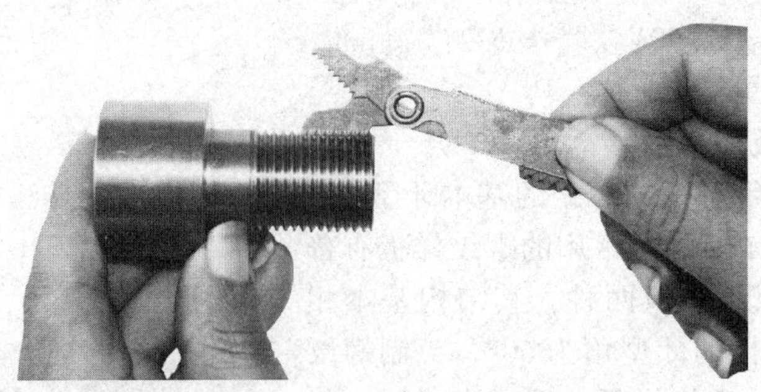

图 4—34　用螺纹样板检测螺距和牙型角

螺纹样板检验螺距的精度不高，一般用于检验精度要求不高的螺纹工件。

2. 检测牙型，判断是否合格

如图 4—34 所示，检查螺纹与样板的接触情况，没有间隙透光，说明被测螺纹的牙型正确。

四、测量外螺纹大径，判断其是否合格

外螺纹大径可以用游标卡尺测量，其测量方法如图 4—35 所示。选择 5 个测量位置读数，将测量结果填入表 4—6。

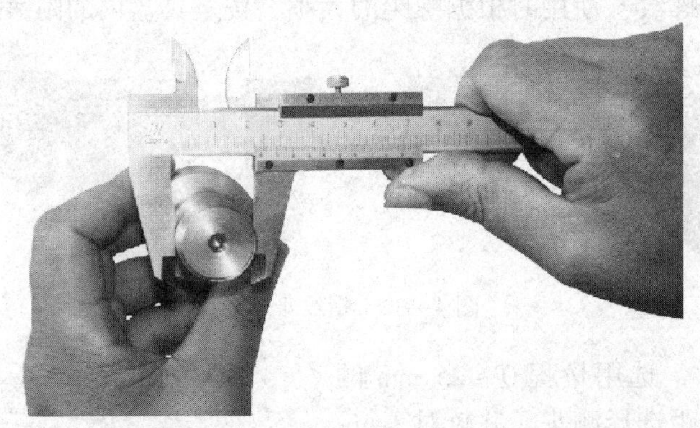

图 4—35　用游标卡尺测量螺纹大径

表 4—6　外螺纹大径测量数据

测量次数	1	2	3	4	5
测量值（mm）	23.72	23.74	23.72	23.76	23.74

由表 4—6 可知，所有测量数据都在外螺纹顶径的公差范围之内，所以外螺纹顶径的尺寸符合精度要求，外螺纹的顶径合格。

五、测量外螺纹的中径，判断其是否合格

（1）擦干净被测螺杆，将被测螺纹放入两测头之间，找正中径部位，使两测量头的公共中心线与被测量螺纹的轴线垂直，如图 4—36 所示。

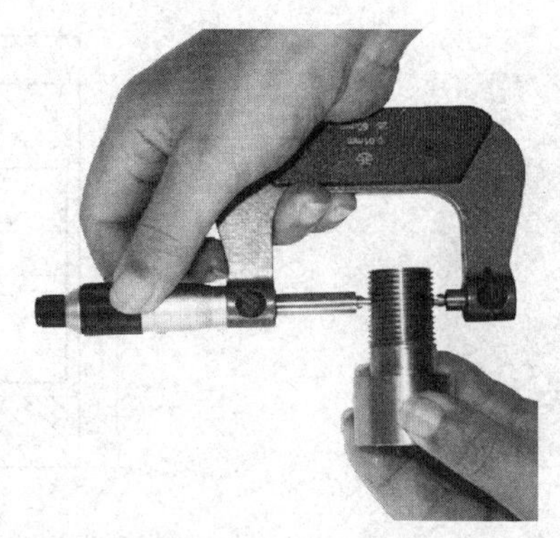

图 4—36　用螺纹千分尺测量外螺纹的中径

（2）转动测力装置，使测量砧表面保持适当的测量压力。

（3）按上述方法测量五次，将测量数据填入表 4—7。

表 4—7　　外螺纹中径测量数据

测量次数	1	2	3	4	5
测量值（mm）	22. 594	22. 602	22. 501	22. 499	22. 597

（4）根据表 4—7 的测量结果可知，所有测量数据都在外螺纹中径的公差范围之内，所以外螺纹中径的尺寸符合精度要求，该尺寸合格。

子课题 4　检测内螺纹

学习目标

1. 了解螺纹塞规和螺纹环规的结构。
2. 掌握用螺纹塞规和螺纹环规检测内、外螺纹的方法。

问题与思考

在图 4—37 所示螺套的内部加工内螺纹，如何检测其上内螺纹的尺寸是否合格？

任务与要求

螺纹的检验除了前述的单项检测外，还可以使用螺纹量规综合检验，螺纹量规分为检测外螺纹用的螺纹环规和检测内螺纹用的螺纹塞规。

本任务的要求是：用螺纹塞规检测图 4—38 螺套内螺纹的尺寸。

图 4—37　螺套

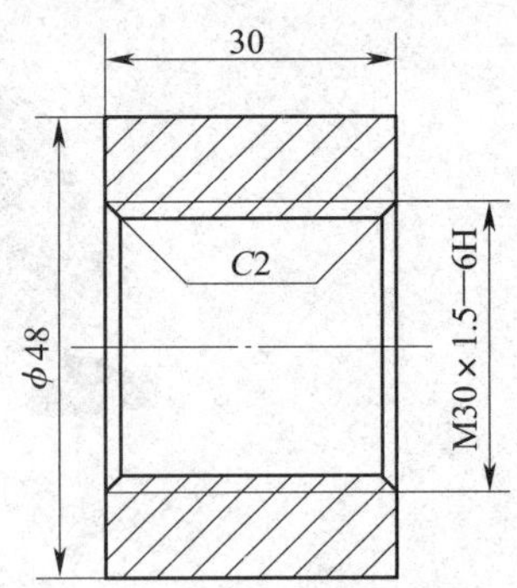

图 4—38　螺套的图样

任务实施

一、认识螺纹塞规

螺纹塞规是检验内螺纹用的量规，包括通规和止规，如图 4—39 所示。螺纹塞规用来对内螺纹进行综合检验，其通规具有完整的牙型，长度等于被检测螺纹的旋合长度。螺纹塞规止规的牙型做成截短型牙型，且牙扣只做出几个牙。

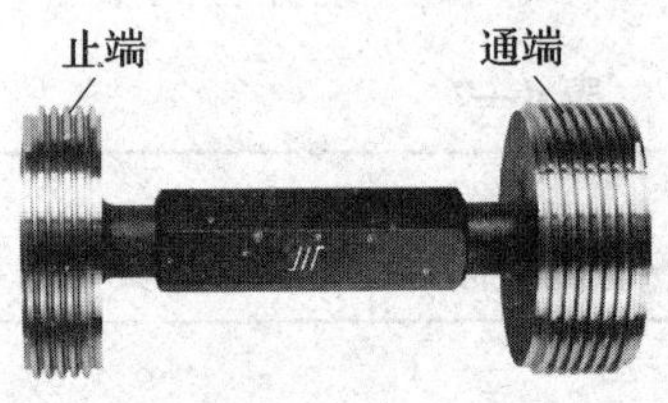

图 4—39　螺纹塞规

二、用螺纹塞规检测内螺纹

用螺纹塞规通规检测内螺纹的方法如图 4—40 所示，用螺纹塞规止规检测内螺纹的方法如图 4—41 所示。检测时，在旋合长度内，螺纹塞规通规能顺利旋合，螺纹塞规止规仅仅能旋进 2 ~ 3 牙，但不能通过。通过以上检测可以断定，该内螺纹合格。

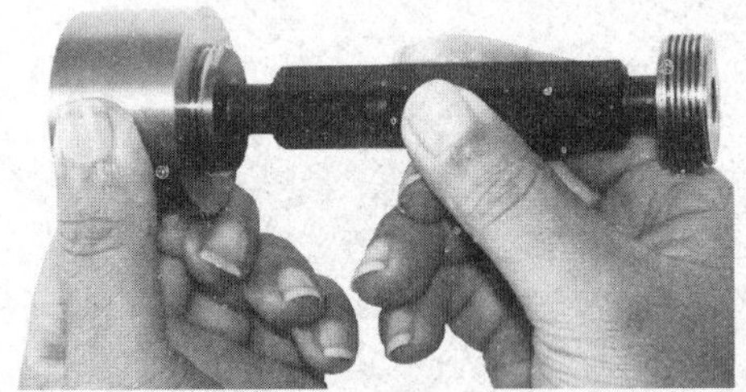

图 4—40　用通规检测内螺纹

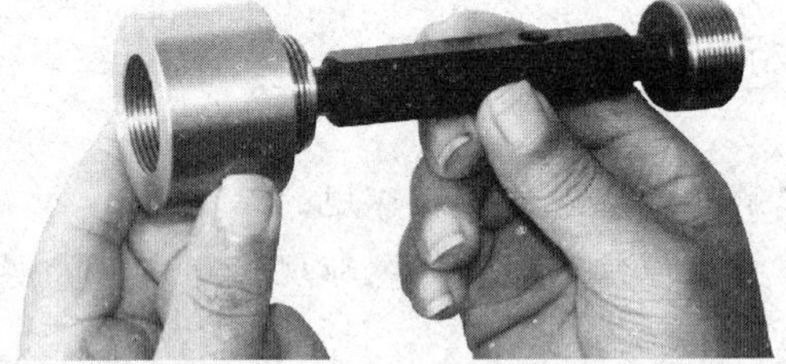

图 4—41　用止规检测内螺纹

〔知识拓展〕

螺 纹 环 规

螺纹环规是用来综合检测外螺纹的量规，也包括通规和止规，如图 4—42 所示。通规的长度也等于被检测螺纹的旋合长度，止规也只做出几个牙。

a）

b）

图 4—42　螺纹环规

a）通规　b）止规

用螺纹环规通规检测外螺纹的方法如图 4—43 所示，合格的外螺纹在旋合长度内应顺利旋合；用螺纹环规止规检测外螺纹的方法如图 4—44 所示，合格的外螺纹在用止规检测时仅仅能旋进 2～3 牙，但不能通过。

图 4—43　用螺纹环规通规检测外螺纹

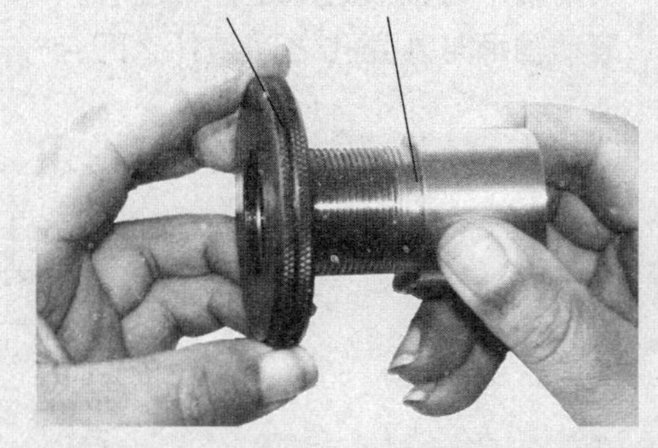

图 4—44　用螺纹环规止规检测外螺纹

课题三　滚动轴承的公差与配合

相关标准

GB/T 271—2017《滚动轴承　分类》

GB/T 276—2013《滚动轴承　深沟球轴承　外形尺寸》

GB/T 297—2015《滚动轴承　圆锥滚子轴承　外形尺寸》

GB/T 301—2015《滚动轴承　推力球轴承　外形尺寸》

GB/T 275—2015《滚动轴承　配合》

子课题1　分析滚动轴承与轴和孔配合的性质

学习目标

1. 了解滚动轴承的结构。
2. 掌握滚动轴承的公差等级和公差带。
3. 掌握滚动轴承与轴颈配合、滚动轴承与外壳孔配合的公差带。

问题与思考

图4—45所示为某齿轮减速器中安装的深沟球轴承，其代号为“滚动轴承　6206　GB/T 276—2013”。试问：

1. 滚动轴承与轴颈之间是什么配合？
2. 滚动轴承与外壳孔之间是什么配合？

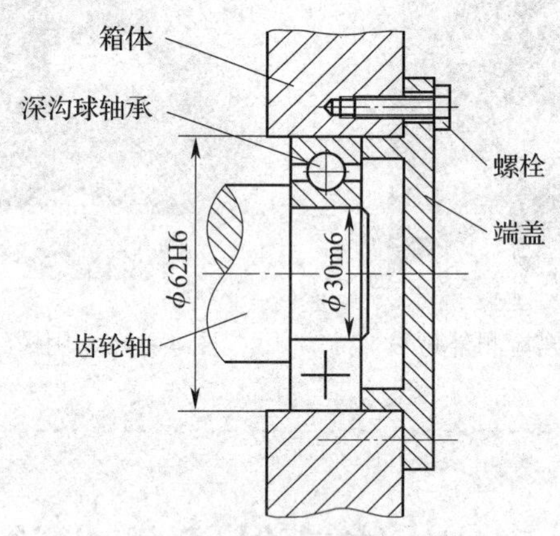

图4—45　减速器中的深沟球轴承的安装

任务与要求

本任务的要求是：

1. 了解图4—45所示滚动轴承的结构。
2. 识读“滚动轴承　6206　GB/T 276—2013”的公差等级和公差带。
3. 分析图4—45所示滚动轴承与轴颈和外壳孔的配合性质。

任务实施

一、了解滚动轴承的结构

滚动轴承是一种支撑转动轴的标准件，根据滚动轴承的受力方向，滚动轴承可分为向心轴承和推力轴承。向心轴承主要用于承受径向载荷，推力轴承主要用于承受轴向载荷。

图 4—46 所示为几种最常用的滚动轴承，滚动轴承一般由内圈（下圈）、外圈（上圈）、滚动体、保持架等四部分组成。

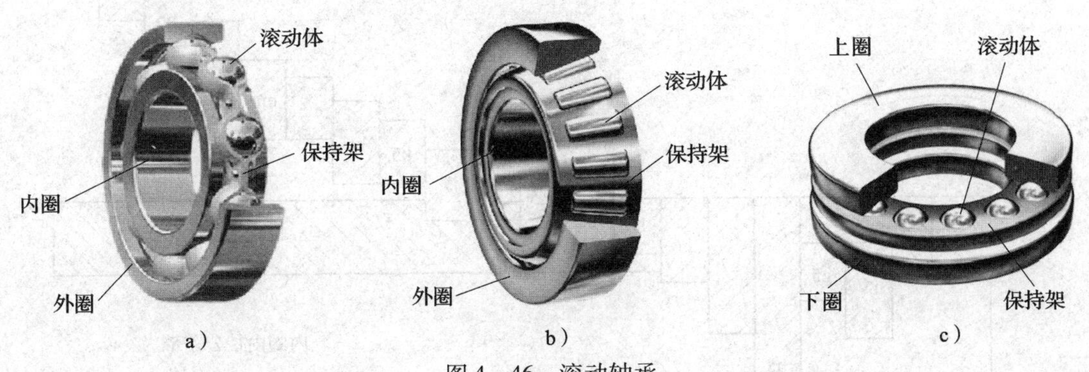

图 4—46　滚动轴承

a）深沟球轴承　b）圆锥滚子轴承　c）推力球轴承

图 4—45 中的深沟球轴承是一种向心轴承，其结构如图 4—46a 所示。图 4—46b 所示的圆锥滚子轴承是一种向心轴承，图 4—46c 所示推力球轴承是一种推力轴承。常见滚动轴承的外形尺寸见附表 4—9。

二、认识滚动轴承的公差等级和公差带

滚动轴承的公差等级由其尺寸公差和旋转精度确定，具体如下：

向心轴承公差等级分为：普通级、6、5、4、2 五级。

圆锥滚子轴承公差等级分为：普通级、6X、5、4、2 五级。

推力轴承公差等级分为：普通级、6、5、4 四级。

滚动轴承的精度等级中，普通级精度最低，2 级精度最高，普通级、6（6X）、5、4、2 级的精度依次升高。各种公差等级的滚动轴承的应用范围见附表 4—10。

滚动轴承的公差带如图 4—47 所示，内圈公差带位于以公称内径 d 为零线的下方，且上极限偏差为 0；外圈公差带位于以公称外径 D 为零线的下方，其上极限偏差也为 0。

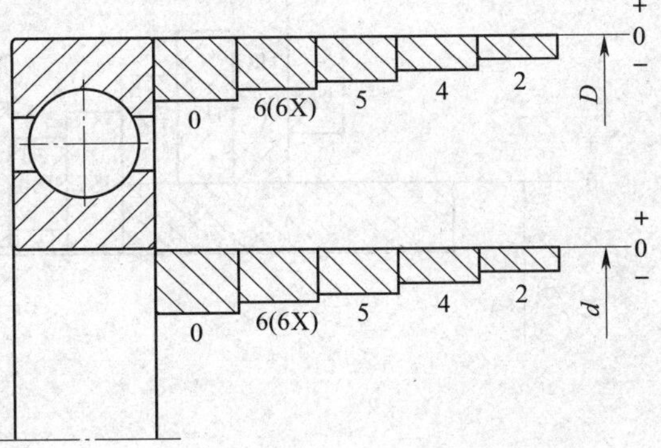

图 4—47　滚动轴承内、外径公差带

滚动轴承的公差等级标注在轴承代号中，如“滚动轴承　6206/P6　GB/T 276—2013”

表示的是 6 级精度的轴承。国家标准规定：0 级精度的滚动轴承省略标注，因此“滚动轴承 6206　GB/T 276—2013”表示的滚动轴承的精度等级为 0 级。

三、分析滚动轴承的配合性质

由于滚动轴承内圈内径和外圈外径的公差带在生产轴承时已经确定，因此在使用轴承时，它与轴颈和外壳孔的配合面间的配合性质由轴颈和外壳孔的公差带确定。滚动轴承与轴颈配合的公差带如图 4—48 所示。图 4—45 中与深沟球轴承配合的轴颈的尺寸及公差带代号为 ϕ30m6，对照分析图 4—48 可知，该配合为过盈量适中的过盈配合。

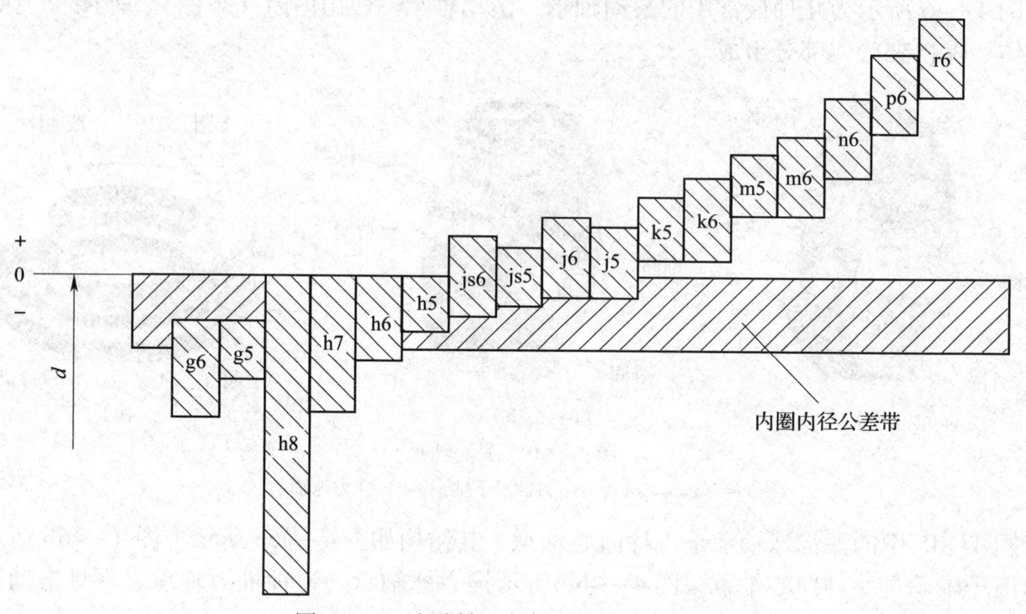

图 4—48　滚动轴承与轴颈配合的公差带

滚动轴承与外壳孔配合的公差带如图 4—49 所示，图 4—45 中与深沟球轴承配合的外壳孔的尺寸及公差带代号为 ϕ62H6，对照分析图 4—49 可知，该配合为最小间隙为 0 的间隙配合。

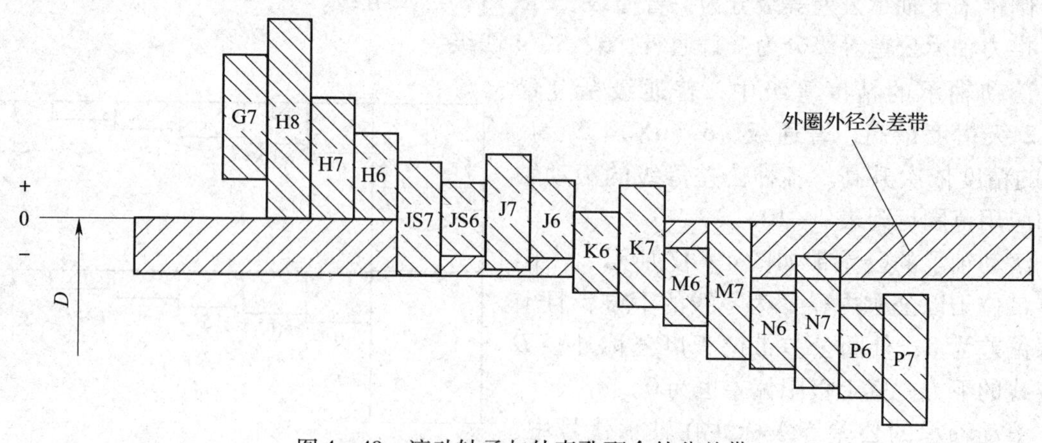

图 4—49　滚动轴承与外壳孔配合的公差带

子课题2 选择与滚动轴承配合的轴颈和外壳孔的公差带

学习目标

1. 掌握选择滚动轴承精度的方法。
2. 掌握选择与滚动轴承配合的轴颈和外壳孔的公差带的方法。

问题与思考

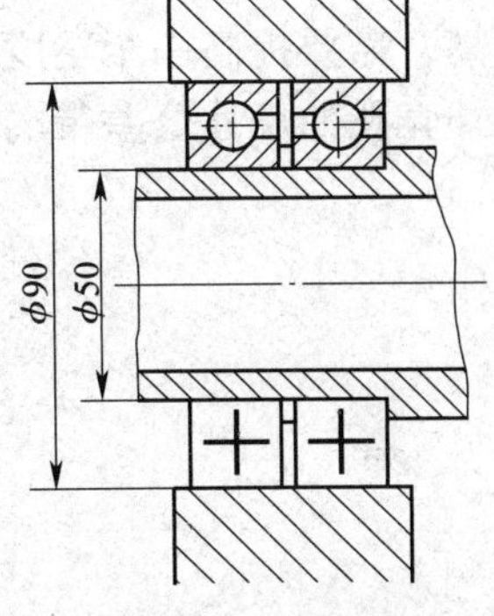

图 4—50 C616 车床主轴后支撑轴承

图 4—50 所示为 C616 车床主轴后支撑上安装的两个深沟球轴承，试问：

1. 该处滚动轴承的运转状态与图 4—45 中的有何不同？
2. 该例中滚动轴承的公差等级与图 4—45 中的是否一样？
3. 轴颈和外壳孔的公差等级与滚动轴承的公差等级有关吗？

任务与要求

本任务的要求是：

1. 选择深沟球轴承的型号。
2. 选择深沟球轴承的精度等级。
3. 选择主轴和箱体孔的公差带。

任务实施

一、选择深沟球轴承的型号

如图 4—50 所示，与深沟球轴承配合的外壳孔的尺寸为 $\phi90$ mm，轴颈的尺寸为 $\phi50$ mm，据此查阅附表 4—9 可知，应选深沟球轴承的型号为“6210”。

二、选择滚动轴承的精度

C616 车床属于小型车床，床身最大工件回转半径为 160 mm。相对于齿轮减速器中的轴承，C616 车床主轴的转速较高，旋转精度要求较高。查阅附表 4—10，选用 6 级精度的滚动轴承。

三、选择主轴和箱体孔的公差带

影响滚动轴承与轴颈和外壳孔配合的因素很多，如工作温度、轴承的旋转速度、旋转精度、轴颈和外壳体的材料及结构、安装及拆卸方法等，在生产实际中一般采用类比法确定与滚动轴承配合的轴颈和外壳孔的公差带。附表 4—11 为与向心轴承配合的轴颈的公差带代号，附表 4—12 为与向心轴承配合的外壳孔的公差带代号，附表 4—13 为与推力轴承配合的轴颈的公差带代号，附表 4—14 为与推力轴承配合的外壳孔的公差带代号。

根据轴承的工作条件，查阅附表 4—11，取轴颈尺寸的公差带代号为 k5；查附表 4—12，考虑到车床主轴的旋转精度要求较高，需要提高一个精度等级，取外壳孔的公差带为 J6。轴颈及外壳孔的尺寸公差带的标注如图 4—51 所示。

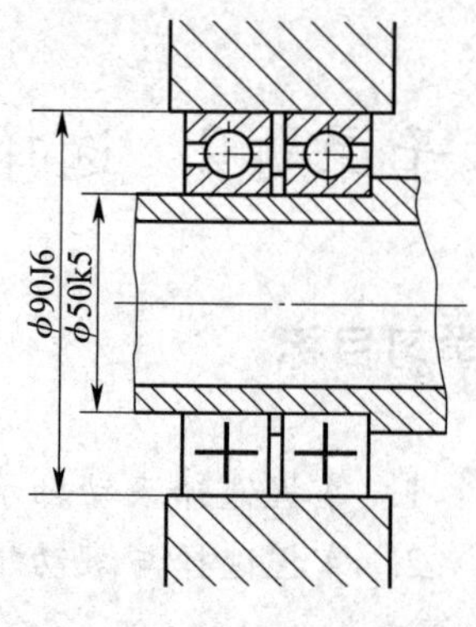

图 4—51　尺寸公差带的标注

附　　录

附录1　极限与配合

附表1—1　　　　标准公差数值（摘自GB/T 1800.1—2009）

公称尺寸（mm）		公差等级																	
		IT1	IT2	IT3	IT4	IT5	IT6	IT7	IT8	IT9	IT10	IT11	IT12	IT13	IT14	IT15	IT16	IT17	IT18
大于	至	μm											mm						
—	3	0.8	1.2	2	3	4	6	10	14	25	40	60	0.1	0.14	0.25	0.4	0.6	1	1.4
3	6	1	1.5	2.5	4	5	8	12	18	30	48	75	0.12	0.18	0.3	0.48	0.75	1.2	1.8
6	10	1	1.5	2.5	4	6	9	15	22	36	58	90	0.15	0.22	0.36	0.58	0.9	1.5	2.2
10	18	1.2	2	3	5	8	11	18	27	43	70	110	0.18	0.27	0.43	0.7	1.1	1.8	2.7
18	30	1.5	2.5	4	6	9	13	21	33	52	84	130	0.21	0.33	0.52	0.84	1.3	2.1	3.3
30	50	1.5	2.5	4	7	11	16	25	39	62	100	160	0.25	0.39	0.62	1	1.6	2.5	3.9
50	80	2	3	5	8	13	19	30	46	74	120	190	0.3	0.46	0.74	1.2	1.9	3	4.6
80	120	2.5	4	6	10	15	22	35	54	87	140	220	0.35	0.54	0.87	1.4	2.2	3.5	5.4
120	180	3.5	5	8	12	18	25	40	63	100	160	250	0.4	0.63	1	1.6	2.5	4	6.3
180	250	4.5	7	10	14	20	29	46	72	115	185	290	0.46	0.72	1.15	1.85	2.9	4.6	7.2
250	315	6	8	12	16	23	32	52	81	130	210	320	0.52	0.81	1.3	2.1	3.2	5.2	8.1
315	400	7	9	13	18	25	36	57	89	140	230	360	0.57	0.89	1.4	2.3	3.6	5.7	8.9
400	500	8	10	15	20	27	40	63	97	155	250	400	0.63	0.97	1.55	2.5	4	6.3	9.7
500	630	9	11	16	22	32	44	70	110	175	280	440	0.7	1.1	1.75	2.8	4.4	7	11
630	800	10	13	18	25	36	50	80	125	200	320	500	0.8	1.25	2	3.2	5	8	12.5
800	1 000	11	15	21	28	40	56	90	140	230	360	560	0.9	1.4	2.3	3.6	5.6	9	14
1 000	1 250	13	18	24	33	47	66	105	165	260	420	660	1.05	1.65	2.6	4.2	6.6	10.5	16.5
1 250	1 600	15	21	29	39	55	78	125	195	310	500	780	1.25	1.95	3.1	5	7.8	12.5	19.5
1 600	2 000	18	25	35	46	65	92	150	230	370	600	920	1.5	2.3	3.7	6	9.2	15	23
2 000	2 500	22	30	41	55	78	110	175	280	440	700	1 100	1.75	2.8	4.4	7	11	17.5	28
2 500	3 150	26	36	50	68	96	135	210	330	540	860	1 350	2.1	3.3	5.4	8.6	13.5	21	33

注：1．公称尺寸大于500 mm的IT1～IT5的标准公差数值为试行。

2．公称尺寸小于或等于1mm时，无IT14～IT18。

3．标准公差等级IT01和IT0在工业中很少用到，所以在本表中没有给出其标准公差数值。

附表 1—2　　孔的基本偏差数值（摘自 GB/T 1800.1—2009）

公称尺寸（mm）		基本偏差数值（μm）																				
		下极限偏差 EI												上极限偏差 ES								
		所有标准公差等级												IT6	IT7	IT8	≤IT8	>IT8	≤IT8	>IT8	≤IT8	>IT8
大于	至	A	B	C	CD	D	E	EF	F	FG	G	H	JS	J			K		M		N	
—	3	+270	+140	+60	+34	+20	+14	+10	+6	+4	+2	0		+2	+4	+6	0	0	−2	−2	−4	−4
3	6	+270	+140	+70	+46	+30	+20	+14	+10	+6	+4	0		+5	+6	+10	−1+Δ		−4+Δ	−4	−8+Δ	0
6	10	+280	+150	+80	+56	+40	+25	+18	+13	+8	+5	0		+5	+8	+12	−1+Δ		−6+Δ	−6	−10+Δ	0
10	14	+290	+150	+95		+50	+32		+16		+6	0		+6	+10	+15	−1+Δ		−7+Δ	−7	−12+Δ	0
14	18																					
18	24	+300	+160	+110		+65	+40		+20		+7	0		+8	+12	+20	−2+Δ		−8+Δ	−8	−15+Δ	0
24	30																					
30	40	+310	+170	+120		+80	+50		+25		+9	0		+10	+14	+24	−2+Δ		−9+Δ	−9	−17+Δ	0
40	50	+320	+180	+130																		
50	65	+340	+190	+140		+100	+60		+30		+10	0		+13	+18	+28	−2+Δ		−11+Δ	−11	−20+Δ	0
65	80	+360	+200	+150																		
80	100	+380	+220	+170		+120	+72		+36		+12	0		+16	+22	+34	−3+Δ		−13+Δ	−13	−23+Δ	0
100	120	+410	+240	+180																		
120	140	+460	+260	+200		+145	+85		+43		+14	0		+18	+26	+41	−3+Δ		−15+Δ	−15	−27+Δ	0
140	160	+520	+280	+210																		
160	180	+580	+310	+230																		
180	200	+660	+340	+240		+170	+100		+50		+15	0		+22	+30	+47	−4+Δ		−17+Δ	−17	−31+Δ	0
200	225	+740	+380	+260									由公式计算									
225	250	+820	+420	+280																		
250	280	+920	+480	+300		+190	+110		+56		+17	0		+25	+36	+55	−4+Δ		−20+Δ	−20	−34+Δ	0
280	315	+1 050	+540	+330																		
315	355	+1 200	+600	+360		+210	+125		+62		+18	0		+29	+39	+60	−4+Δ		−21+Δ	−21	−37+Δ	0
355	400	+1 350	+680	+400																		
400	450	+1 500	+760	+440		+230	+135		+68		+20	0		+33	+43	+66	−5+Δ		−23+Δ	−23	−40+Δ	0
450	500	+1 650	+840	+480																		
500	560					+260	+145		+76		+22	0					0		−26		−44	
560	630																					
630	710					+290	+160		+80		+24	0					0		−30		−50	
710	800																					
800	900					+320	+170		+86		+26	0					0		−34		−56	
900	1 000																					
1 000	1 120					+350	+195		+98		+28	0					0		−40		−66	
1 120	1 250																					
1 250	1 400					+390	+220		+110		+30	0					0		−48		−78	
1 400	1 600																					
1 600	1 800					+430	+240		+120		+32	0					0		−58		−92	
1 800	2 000																					
2 000	2 240					+480	+260		+130		+34	0					0		−68		−110	
2 240	2 500																					
2 500	2 800					+520	+290		+145		+38	0					0		−76		−135	
2 800	3 150																					

续表

公称尺寸（mm）		基本偏差数值（μm）														Δ值					
		上极限偏差 ES																			
		≤IT7	标准公差等级大于 IT7													标准公差等级					
大于	至	P 至 ZC	P	R	S	T	U	V	X	Y	Z	ZA	ZB	ZC	IT3	IT4	IT5	IT6	IT7	IT8
—	3	在大于 IT7 的相应数值上增加一个Δ值	-6	-10	-14		-18		-20		-26	-32	-40	-60	0	0	0	0	0	0
3	6		-12	-15	-19		-23		-28		-35	-42	-50	-80	1	1.5	1	3	4	6
6	10		-15	-19	-23		-28		-34		-42	-52	-67	-97	1	1.5	2	3	6	7
10	14		-18	-23	-28		-33		-40		-50	-64	-90	-130	1	2	3	3	7	9
14	18							-39	-45		-60	-77	-108	-150						
18	24		-22	-28	-35		-41	-47	-54	-63	-73	-98	-136	-188	1.5	2	3	4	8	12
24	30					-41	-48	-55	-64	-75	-88	-118	-160	-218						
30	40		-26	-34	-43	-48	-60	-68	-80	-94	-112	-148	-200	-274	1.5	3	4	5	9	14
40	50					-54	-70	-81	-97	-114	-136	-180	-242	-325						
50	65		-32	-41	-53	-66	-87	-102	-122	-144	-172	-226	-300	-405	2	3	5	6	11	16
65	80			-43	-59	-75	-102	-120	-146	-174	-210	-274	-360	-480						
80	100		-37	-51	-71	-91	-124	-146	-178	-214	-258	-335	-445	-585	2	4	5	7	13	19
100	120			-54	-79	-104	-144	-172	-210	-254	-310	-400	-525	-690						
120	140		-43	-63	-92	-122	-170	-202	-248	-300	-365	-470	-620	-800	3	4	6	7	15	23
140	160			-65	-100	-134	-190	-228	-280	-340	-415	-535	-700	-900						
160	180			-68	-108	-146	-210	-252	-310	-380	-465	-600	-780	-1 000						
180	200		-50	-77	-122	-166	-236	-284	-350	-425	-520	-670	-880	-1 150	3	4	6	9	17	26
200	225			-80	-130	-180	-258	-310	-385	-470	-575	-740	-960	-1 250						
225	250			-84	-140	-196	-284	-340	-425	-520	-640	-820	-1 050	-1 350						
250	280		-56	-94	-158	-218	-315	-385	-475	-580	-710	-920	-1 200	-1 550	4	4	7	9	20	29
280	315			-98	-170	-240	-350	-425	-525	-650	-790	-1 000	-1 300	-1 700						
315	355		-62	-108	-190	-268	-390	-475	-590	-730	-900	-1 150	-1 500	-1 900	4	5	7	11	21	32
355	400			-114	-208	-294	-435	-530	-660	-820	-1 000	-1 300	-1 650	-2 100						
400	450		-68	-126	-232	-330	-490	-595	-740	-920	-1 100	-1 450	-1 850	-2 400	5	5	7	13	23	34
450	500			-132	-252	-360	-540	-660	-820	-1 000	-1 250	-1 600	-2 100	-2 600						
500	560		-78	-150	-280	-400	-600													
560	630			-155	-310	-450	-660													
630	710		-88	-175	-340	-500	-740													
710	800			-185	-380	-560	-840													
800	900		-100	-210	-430	-620	-940													
900	1 000			-220	-470	-680	-1 050													
1 000	1 120		-120	-250	-520	-780	-1 150													
1 120	1 250			-260	-580	-840	-1 300													
1 250	1 400		-140	-300	-640	-960	-1 450													
1 400	1 600			-330	-720	-1 050	-1 600													
1 600	1 800		-170	-370	-820	-1 200	-1 850													
1 800	2 000			-400	-920	-1 350	-2 000													
2 000	2 240		-195	-440	-1 000	-1 500	-2 300													
2 240	2 500			-460	-1 100	-1 650	-2 500													
2 500	2 800		-240	-550	-1 250	-1 900	-2 900													
2 800	3 150			-580	-1 400	-2 100	-3 200													

注：1. 公称尺寸小于或等于 1 mm 时，基本偏差 A 和 B 及大于 IT8 的 N 均不采用。

2. js 的偏差 = $\pm \frac{IT_n}{2}$，其中 IT_n 是 IT 值数；公差带 JS7 至 JS11，若 IT_n 值数是奇数，则取偏差 = $\pm \frac{IT_n - 1}{2}$。

3. 对小于或等于 IT8 的 K、M、N 和小于或等于 IT7 的 P 至 ZC，所需 Δ 值从表内右侧选取。例如：18 ~ 30 mm 段的 K7，Δ = 8 μm，所以 ES = -2 + 8 = +6 μm；18 ~ 30 mm 段的 S6，Δ = 4 μm，所以 ES = -35 + 4 = -31 μm。

4. 特殊情况：250 ~ 315 mm 段的 M6，ES = -9 μm（代替 -11 μm）。

附表 1—3　　轴的基本偏差数值（摘自 GB/T 1800.1—2009）

公称尺寸（mm）		基本偏差数值（μm）														
		上极限偏差 es												下极限偏差 ei		
大于	至	所有标准公差等级												IT5和IT6	IT7	IT8
		a	b	c	cd	d	e	ef	f	fg	g	h	js	j		
—	3	−270	−140	−60	−34	−20	−14	−10	−6	−4	−2	0		−2	−4	−6
3	6	−270	−140	−70	−46	−30	−20	−14	−10	−6	−4	0		−2	−4	
6	10	−280	−150	−80	−56	−40	−25	−18	−13	−8	−5	0		−2	−5	
10	14	−290	−150	−95		−50	−32		−16		−6	0		−3	−6	
14	18															
18	24	−300	−160	−110		−65	−40		−20		−7	0		−4	−8	
24	30															
30	40	−310	−170	−120		−80	−50		−25		−9	0		−5	−10	
40	50	−320	−180	−130												
50	65	−340	−190	−140		−100	−60		−30		−10	0		−7	−12	
65	80	−360	−200	−150												
80	100	−380	−220	−170		−120	−72		−36		−12	0		−9	−15	
100	120	−410	−240	−180												
120	140	−460	−260	−200		−145	−85		−43		−14	0		−11	−18	
140	160	−520	−280	−210												
160	180	−580	−310	−230												
180	200	−660	−340	−240		−170	−100		−50		−15	0		−13	−21	
200	225	−740	−380	−260												
225	250	−820	−420	−280									由公式计算			
250	280	−920	−480	−300		−190	−110		−56		−17	0		−16	−26	
280	315	−1 050	−540	−330												
315	355	−1 200	−600	−360		−210	−125		−62		−18	0		−18	−28	
355	400	−1 350	−680	−400												
400	450	−1 500	−760	−440		−230	−135		−68		−20	0		−20	−32	
450	500	−1 650	−840	−480												
500	560					−260	−145		−76		−22	0				
560	630															
630	710					−290	−160		−80		−24	0				
710	800															
800	900					−320	−170		−86		−26	0				
900	1 000															
1 000	1 120					−350	−195		−98		−28	0				
1 120	1 250															
1 250	1 400					−390	−220		−110		−30	0				
1 400	1 600															
1 600	1 800					−430	−240		−120		−32	0				
1 800	2 000															
2 000	2 240					−480	−260		−130		−34	0				
2 240	2 500															
2 500	2 800					−520	−290		−145		−38	0				
2 800	3 150															

附录2 几何公差

附表 2—1 顶式测量的反映系数 F（摘自 GB/T 4380—2004） mm

棱数 n	两点法	三点法对称安置的 V 形架角度				
		72°	108°	90°	120°	60°
2	2	0.47	1.38	1.00	1.58	—
3	—	2.62	1.38	2.00	1.00	3
4	2	0.38	—	0.41	0.42	—
5	—	1.00	2.24	2.00	2.00	—
6	2	2.38	—	1.00	0.16	3
7	—	0.62	1.38	—	2.00	—
8	2	1.53	1.38	2.41	0.42	—
9	—	2.00	—	—	1.00	3
10	2	0.70	2.24	1.00	1.58	—
11	—	2.00	—	2.00	—	—
12	2	1.53	1.38	0.41	2.16	3
13	—	0.62	1.38	2.00	—	—
14	2	2.38	—	1.00	1.58	—
15	—	1.00	2.24	—	1.00	3
16	2	0.38	—	2.41	0.42	—
17	—	2.62	1.38	—	2.00	—
18	2	0.47	1.38	1.00	0.16	3
19	—	—	—	2.00	2.00	—
20	2	2.70	2.24	0.41	0.42	—
21	—	—	—	2.00	1.00	3
22	2	0.47	1.38	1.00	1.58	—

附表 2—2 几何公差的公差值（摘自 GB/T 1184—1996）

一、直线度和平面度公差

主参数（mm）	公差等级											
	1	2	3	4	5	6	7	8	9	10	11	12
	公差值（μm）											
≤10	0.2	0.4	0.8	1.2	2	3	5	8	12	20	30	60
>10～16	0.25	0.5	1	1.5	2.5	4	6	10	15	25	40	80
>16～25	0.3	0.6	1.2	2	3	5	8	12	20	30	50	100
>25～40	0.4	0.8	1.5	2.5	4	6	10	15	25	40	60	120

续表

一、直线度和平面度公差

主参数（mm）	公差等级											
	1	2	3	4	5	6	7	8	9	10	11	12
	公差值（μm）											
>40~63	0.5	1	2	3	5	8	12	20	30	50	80	150
>63~100	0.6	1.2	2.5	4	6	10	15	25	40	60	100	200
>100~160	0.8	1.5	3	5	8	12	20	30	50	80	120	250
>160~250	1	2	4	6	10	15	25	40	60	100	150	300

注：主参数为棱线、回转面的轴线、素线的长度，矩形平面较长的边长，圆平面的直径

二、圆度和圆柱度公差

主参数（mm）	公差等级											
	1	2	3	4	5	6	7	8	9	10	11	12
	公差值（μm）											
≤3	0.2	0.3	0.5	0.8	1.2	2	3	4	6	10	14	25
>3~6	0.2	0.4	0.6	1	1.5	2.5	4	5	8	12	18	30
>6~10	0.25	0.4	0.6	1	1.5	2.5	4	6	9	15	22	36
>10~18	0.25	0.5	0.8	1.2	2	3	5	8	11	18	27	43
>18~30	0.3	0.6	1	1.5	2.5	4	6	9	13	21	33	52
>30~50	0.4	0.6	1	1.5	2.5	4	7	11	16	25	39	62
>50~80	0.5	0.8	1.2	2	3	5	8	13	19	30	46	74
>80~120	0.6	1	1.5	2.5	4	6	10	15	22	35	54	87
>120~180	1	1.2	2	3.5	5	8	12	18	25	40	63	100

注：主参数为轴或孔的直径

三、平行度、垂直度或倾斜度公差值

主参数（mm）	公差等级											
	1	2	3	4	5	6	7	8	9	10	11	12
	公差值（μm）											
≤10	0.4	0.8	1.5	3	5	8	12	20	30	50	80	120
>10~16	0.5	1	2	4	6	10	15	25	40	60	100	150
>16~25	0.6	1.2	2.5	5	8	12	20	30	50	80	120	200
>25~40	0.8	1.5	3	6	10	15	25	40	60	100	150	250
>40~63	1	2	4	8	12	20	30	50	80	120	200	300
>63~100	1.2	2.5	5	10	15	25	40	60	100	150	250	400
>100~160	1.5	3	6	12	20	30	50	80	120	200	300	500
>160~250	2	4	8	15	25	40	60	100	150	250	400	600

注：主参数为给定轴线或素线的长度，平面给定方向的长度，轴或孔的直径

续表

四、同轴度、对称度、圆跳动和全跳动公差值												
主参数（mm）	公差等级											
	1	2	3	4	5	6	7	8	9	10	11	12
	公差值（μm）											
>3～6	0.5	0.8	1.2	2	3	5	8	12	25	50	80	150
>6～10	0.6	1	1.5	2.5	4	6	10	15	30	60	100	200
>10～18	0.8	1.2	2	3	5	8	12	20	40	80	120	250
>18～30	1	1.5	2.5	4	6	10	15	25	50	100	150	300
>30～50	1.2	2	3	5	8	12	20	30	60	120	200	400
>50～120	1.5	2.5	4	6	10	15	25	40	80	150	250	500
>120～250	2	3	5	8	12	20	30	50	100	200	300	600

注：主参数为轴或孔的直径，给出斜向圆跳动的圆锥体的平均直径，给出对称度的槽的宽度，给出两孔对称度的孔中心距

五、位置度公差数系表（mm）									
1	1.2	1.5	2	2.5	3	4	5	6	8
1×10^n	1.2×10^n	1.5×10^n	2×10^n	2.5×10^n	3×10^n	4×10^n	5×10^n	6×10^n	8×10^n

注：1. n 为正整数

2. 国家标准对位置度只规定了公差值数系，而未规定公差等级

附表 2—3　　几何公差应用举例

一、直线度和平面度公差等级的应用

公差等级	应用举例
5	用于一级平板，二级宽平尺，平面磨床纵导轨、垂直导轨、立柱导轨及工作台，液压龙门刨床和转塔车床的床身导轨，柴油机进、排气门导杆等
6	普通车床、龙门刨床、滚齿机、自动车床等的床身导轨及工作台，柴油机机体上部结合面等
7	2级平板，机床主轴箱，摇臂钻床底座及工作台，镗床工作台，液压泵盖，减速器壳体结合面等
8	机床传动箱体，交换齿轮箱体，车床溜板箱体，柴油机汽缸体，连杆分离面，汽缸盖，汽车发动机缸盖，曲轴箱结合面，液压管件和法兰连接面等
9	3级平板，数控车床床身底面，摩托车曲轴箱体，汽车变速箱壳体，手动机械的支撑面

二、圆度、圆柱度公差等级应用

公差等级	应用举例
5	一般计量仪器的主轴、测杆外圆柱面，陀螺仪轴颈，一般机床主轴轴颈及主轴轴承孔，柴油机、汽油机活塞、活塞销，与6级滚动轴承配合的轴颈等
6	仪表端盖外圆柱面，一般机床主轴及前轴承孔，泵、压缩机的活塞、汽缸，汽油发动机凸轮轴，纺机锭子，减速器传动轴轴颈，高速船用柴油机、拖拉机曲轴主轴颈，与6级滚动轴承配合的外壳孔，与普通级滚动轴承配合的轴颈等

续表

二、圆度、圆柱度公差等级应用	
公差等级	应用举例
7	大功率低速柴油机曲轴轴颈、活塞、活塞销、连杆、汽缸，高速柴油机箱体轴承孔，千斤顶或压力油缸活塞，机车传动轴，水泵及通用减速器转轴轴颈，与普通级滚动轴承配合的外壳孔等
8	低速发动机、大功率曲轴轴颈，压气机连杆盖、体，拖拉机汽缸、活塞，炼胶机冷铸轴辊，印刷机传墨辊，内燃机曲轴轴颈，柴油机凸轮轴承孔、凸轮轴，拖拉机、小型船用柴油机汽缸套等
9	空气压缩机缸体，滚压传动筒，通用机械杠杆与拉杆用套筒销子，拖拉机活塞环、套筒孔等

三、平行度、垂直度和倾斜度公差等级应用	
公差等级	应用举例
4、5	卧式车床导轨，重要支撑面，机床主轴孔对基准的平行度，精密机床重要零件，计量仪器、量具、模具的基准面和工作面，主轴箱重要孔，齿轮泵的泵体端面，发动机轴和离合器的凸缘，汽缸支撑端面，安装精密滚动轴承的壳体孔的凸肩等
6、7、8	一般机床的基准面和工作面，压力机和锻锤的工作面，中等精度钻模的工作面，机床一般轴承孔对基准面的平行度，变速箱箱体孔，主轴花键对定心直径部位轴线的平行度，重型机械轴承端盖面，卷扬机、手动传动装置的传动轴，一般导轨，主轴箱体孔，刀架，砂轮架，汽缸配合面对基准轴线、活塞销孔对活塞中心线的垂直度，滚动轴承内、外圈端面对轴线的垂直度等
9、10	低精度零件，重型机械滚动轴承端盖，柴油机、煤气发动机箱体曲轴孔、曲轴颈、花键轴和轴肩端面，皮带运输机端盖等对轴线的垂直度，手动卷扬机及传动装置中的轴承端盖，减速器壳体平面等

四、同轴度、对称度、圆跳动、全跳动公差等级应用	
公差等级	应用举例
3、4	机床主轴轴颈，砂轮轴轴颈，汽轮机主轴，测量仪器的小齿轮轴，安装高精度齿轮的轴颈等
5	机床轴颈，机床主轴箱孔，套筒，测量仪器的测量杆，轴承座孔，汽轮机主轴，柱塞油泵转子，高精度滚动轴承外圈，一般精度滚动轴承内圈等
6、7	安装齿轮、滚动轴承的定位轴肩、外壳孔肩的轴向圆跳动一般采用6级公差 内燃机曲轴，凸轮轴轴颈，柴油机机体主轴承孔，油泵柱塞，水泵轴，齿轮轴，汽车后桥输出轴，安装一般精度齿轮的轴颈，测量仪器杠杆轴，电机转子，普通滚动轴承内圈，印刷机传墨辊的轴颈，键槽等
8、9	常用于几何精度要求一般、尺寸公差等级 IT9 ~ IT11 的零件。8 级用于拖拉机发动机分配轴轴颈，与9级精度以下齿轮相配合的轴，水泵叶轮，离心泵体，棉花精梳机前、后滚子，键槽等。9 级用于内燃机汽缸套配合面、自行车中轴等

附录3 表面结构要求

附表3—1 表面粗糙度参数的数值系列（摘自GB/T 1031—2009） μm

表面粗糙度参数	参数系列				
轮廓算术平均偏差 *Ra*	0.012 0.025 0.05 0.1	0.2 0.4 0.8 1.6	3.2 6.3 12.5 25	50 100	
轮廓最大高度 *Rz*	0.025 0.05 0.1 0.2	0.4 0.8 1.6 3.2	6.3 12.5 25 50	100 200 400 800	1 600

附表3—2 表面粗糙度参数值选用举例

Ra 值不大于（μm）	选用举例
100	毛坯经粗加工后的表面（粗车、切割、粗刨、钻孔、镗孔），用粗锉刀和粗砂轮等加工的表面等，一般很少采用
25、50	粗加工后的表面，焊接前的焊缝表面，粗钻孔壁等
12.5	支架、箱体、粗糙的手柄、离合器等不与其他零件接触的表面，轴的端面、倒角，不重要的安装支撑表面，穿螺钉、铆钉的孔的表面等
6.3	不重要零件的非配合表面，如支柱、轴、支架、外壳、衬套、端盖等的端面，紧固件的自由表面，螺栓、螺钉、双头螺柱和螺母的表面，不要求定心及配合特性的表面，螺栓孔、螺钉孔和铆钉孔等表面，飞轮、带轮、联轴器、凸轮、偏心轴的侧面，平键及键槽的上、下表面，楔键侧面，花键非定心表面，齿顶圆表面，不重要的连接或配合表面等
3.2	按IT10～IT11制造的零件配合表面，外壳、箱体、盖、套筒、支架等和其他零件连接而不形成配合的表面，外壳、座架、端盖、凸耳端面，扳手和手轮的外圆，要求有定心及配合特性的固定支撑面、定心的轴肩，键及键槽的工作表面，不重要的螺纹表面，非传动用梯形螺纹、锯齿形螺纹表面，齿轮的非工作面，燕尾槽的表面，低速工作的滑动轴承和轴的摩擦表面，张紧链轮、导向滚动轮的孔与轴的配合表面，对工作精度及可靠性有影响的连杆结构的铰接表面，低速工作的支撑轴肩、止推滑动轴承及中间垫片的工作表面，滑块及导向面（速度20～50 m/min）等
1.6	按IT8～IT9制造的零件配合表面，要求粗略定心的配合表面及固定支撑面，衬套、轴承和定位销的压入孔，不要求定心及配合特性的活动支撑面，活动关节、花键的结合面，8级齿轮的齿面，传动螺纹工作面，低速传动的轴颈、楔键及键槽的上下表面，轴承座凸肩表面（对中心用），端盖内侧面，滑块的导向面，V带轮槽表面，电镀前的金属表面，轴与毡圈的摩擦面等

续表

Ra 值 不大于（μm）	选 用 举 例
0. 8	按 IT6 ~ IT8 级制造的零件配合表面，销孔与圆柱销的表面，齿轮、蜗轮、套筒的配合表面；与普通级精度滚动轴承配合的孔，中速转动的轴颈，过盈配合的 7 级孔（H7），间隙配合的 8 ~ 9 级孔（H8 ~ H9），花键轴上的定心表面，不要求保证定心及配合特性的活动支撑面，安装直径在 180 mm以下的滚动轴承机体孔（按 IT7 级镗孔），与滚动轴承紧靠在一起的零件端面等
0. 4	按 IT6 级制造的轴与 IT7 级制造的孔配合，且要求长久保持配合性质稳定的零件配合表面。在有色金属零件上镗制安装滚动轴承的 IT6 级的内孔表面，与普通级和 6（6X）级精度滚动轴承相配合的轴颈，偏心轴、精密螺杆、齿轮轴的表面。曲轴及凸轮轴的工作轴颈，传动螺杆（丝杠）的工作表面，活塞销孔，7 级精度齿轮工作表面，7 级和 8 级蜗杆的齿面等
0. 2	按 IT5 ~ IT6 级制造的零件配合表面，如小直径精密心轴及转轴的配合表面。顶尖的圆锥面，与 6（6X）、5、4 级精度滚动轴承配合的轴颈，高精度齿轮（3、4、5 级）的工作表面，发动机曲轴及凸轮轴的工作表面，液压油缸和柱塞的表面，喷雾器、活塞泵缸套内表面，齿轮泵轴颈，工作时承受反复应力的重要零件表面等
0. 1	在摩擦条件下工作且其稳定性直接决定着机构工作精度的表面，高精度和较重要的轴，仪器导轨面，阀的工作表面，精密滚动轴承（5 级）的座圈滚道，气缸内表面，活塞的外表面等
0. 05	超精密（4 级）滚珠轴承套筒滚道，滚动轴承滚珠及滚柱表面，摩擦离合器的摩擦表面，精密机床的轴颈，极限量规的测量面等
0. 025	超精密（4 级）和最精密（2 级）高速滚动轴承的滚珠、滚柱表面，测量仪器中的精密间隙配合零件的工作表面，柴油发动机的高压油泵中柱塞套的配合表面等

附表 3—3　　常用工作表面的表面粗糙度 *Ra* 值　　μm

	公差等级	表面	基本尺寸（mm）	
			~50	>50 ~ 500
配合表面	5	轴	0. 2	0. 4
		孔	0. 4	0. 8
	6	轴	0. 4	0. 8
		孔	0. 4 ~ 0. 8	0. 8 ~ 1. 6
	7	轴	0. 4 ~ 0. 8	0. 8 ~ 1. 6
		孔	0. 8	1. 6
	8	轴	0. 8	1. 6
		孔	0. 8 ~ 1. 6	1. 6 ~ 3. 2

	类型	螺纹精度等级		
		4、5	6、7	8、9
螺纹	紧固螺纹	1. 6	3. 2	3. 2 ~ 6. 3
	在轴、杆和套上的螺纹	0. 8 ~ 1. 6	1. 6	3. 2
	丝杠		0. 4	0. 8
	丝杠螺母		0. 8	1. 6

续表

	类型	精度等级								
		3	4	5	6	7	8	9	10	11
齿轮和蜗轮传动	直齿、斜齿、人字齿圆柱齿轮、蜗轮齿面	0.1~0.2	0.2~0.4	0.2~0.4	0.4	0.4~0.8	1.6	3.2	6.3	6.3
	圆锥齿轮齿面			0.2~0.4	0.4~0.8	0.4~0.8	0.8~1.6	1.6~3.2	3.2~6.3	6.3
	蜗杆牙型面	0.1	0.2	0.2	0.4	0.4~0.8	0.8~1.6	1.6~3.2		
	齿根圆	与工作面相同或接近								
	齿顶圆	3.2~12.5								

	类型		键	轴上键槽	毂上键槽
键连接	不动结合	工作面	3.2	1.6~3.2	1.6~3.2
		非工作面	6.3~12.5	6.3~12.5	6.3~12.5
	导向键	工作面	1.6~3.2	1.6~3.2	1.6~3.2
		非工作面	6.3~12.5	6.3~12.5	6.3~12.5

	垂直度公差（μm/100 mm）		
端面接触不动的支撑面（法兰等）	~25	>25~60	>60
	1.6	3.2	6.3

	类型	有垫片	无垫片
箱体分界面（减速器）	密封的	3.2~6.3	0.8~1.6
	不密封的	6.3~12.5	6.3~12.5

和其他零件接触但不是配合面	3.2~6.3				
齿轮、链轮和蜗轮的非工作面	3.2~12.5	影响零件平衡的表面	直径（mm）	~180	1.6~3.2
孔和轴的非工作表面	6.3~12.5			>180~500	6.3
倒角、倒圆、退刀槽等	3.2~12.5			>500	12.5~25
穿螺栓、螺柱、螺钉等的通孔	25	光学读数的精密刻度尺			0.025~0.05

附表 3—4　*Ra*、*Rz* 与尺寸公差的公差带的对应关系

公差等级 IT	轴		孔	
	基本尺寸（mm）	*Ra* 值（μm）	基本尺寸（mm）	*Ra* 值（μm）
5	~6	0.1	~6	0.1
	>6~30	0.2	>6~30	0.2
	>30~180	0.4	>30~180	0.4
	>180~500	0.8	>180~500	0.8
6	~10	0.2	~50	0.4
	>10~80	0.4		
	>80~250	0.8	>50~250	0.8
	>250~500	1.6	>250~500	1.6

续表

公差等级 IT	轴		孔	
	基本尺寸（mm）	*Ra* 值（μm）	基本尺寸（mm）	*Ra* 值（μm）
7	~6	0.4	~6	0.4
	>6~120	0.8	>6~80	0.8
	>120~500	1.6	>80~500	1.6
8	~3	0.4	~3	0.4
	>3~50	0.8	>3~30	0.8
	>50~500	1.6	>30~250	1.6
			>250~500	3.2
9	~6	0.8	~6	0.8
	>6~120	1.6	>6~120	1.6
	>120~400	3.2	>120~400	3.2
	>400~500	6.3	>400~500	6.3
10	~10	1.6	~10	1.6
	>10~120	3.2	>10~180	3.2
	>120~500	6.3	>180~500	6.3
11	~10	1.6	~10	1.6
	>10~120	3.2	>10~120	3.2
	>120~500	6.3	>120~500	6.3
12	~80	3.2	~80	3.2
	>80~250	6.3	>80~250	6.3
	>250~500	12.5	>250~500	12.5
13	~30	3.2	~30	3.2
	>30~120	6.3	>30~120	6.3
	>120~500	12.5	>120~500	12.5

附表 3—5　　表面特征与表面结构参数及加工方法的关系

表面特征		常用参数值		加工方法
		Ra（μm）	*Rz*（μm）	
粗糙表面	可见刀痕	25	100	粗车、粗铣、粗刨、钻削、粗锉、锯割等
	微见刀痕	12.5	50	
半光表面	可见加工痕迹	6.3	25	车、铣、镗、刨、钻、锉、粗磨、粗铰等
	微见加工痕迹	3.2	12.5	车、铣、镗、磨、刨、拉、滚压、电火花加工、粗刮等
	看不清加工痕迹	1.6	6.3	车、铣、镗、磨、刨、拉、滚压、刮等

续表

表面特征		常用参数值		加工方法
		Ra（μm）	Rz（μm）	
光表面	可辨加工痕迹的方向	0.8	3.2	车、铣、镗、磨、拉、滚压、精铰、刮等
	微辨加工痕迹的方向	0.4	1.6	精铰、精镗、磨、滚压、刮等
	不可辨加工痕迹的方向	0.2	0.8	精磨、研磨、超精加工、抛光等
极光表面	暗光泽面	0.1	0.4	精磨、研磨、超精加工、抛光等
	亮光泽面	0.05	0.2	超精磨、精研、镜面磨削、精抛光等
	镜状光泽面	0.025	0.1	
	镜面	0.012	0.05	镜面磨削、超精研等

附录 4　常见结构的尺寸及公差

附表 4—1　一般用途圆锥的锥度与锥角系列（摘自 GB/T 157—2001）

基本值		推算值			应用举例
系列 1	系列 2	锥角 α		锥度 C	
120°				1:0.2887	节气阀
90°				1:0.5000	重型顶尖、重型零件中心孔、阀销锥体
	75°			1:0.6516	埋头螺钉、直径小于 10 mm 的螺锥
60°				1:0.8660	顶尖、零件中心孔、弹簧夹头、埋头钻
45°				1:1.2071	埋头铆钉
30°				1:1.8660	摩擦联轴器、弹簧夹头、平衡块
1:3		18°55′28.72″	18.9246°		受力方向垂直于轴线易拆开的连接
	1:4	14°15′0.12″	14.2500°		受力方向垂直于轴线的连接，锥形摩擦离合器、磨床主轴
1:5		11°25′16.27″	11.4212°		
	1:6	9°31′38.22″	9.5273°		
	1:7	8°10′16.44″	8.1712°		重型机床主轴
	1:8	7°9′9.61″	7.1527°		
1:10		5°43′29.32″	5.7248°		受轴向力和扭转力的连接处
	1:12	4°46′18.80″	4.7719°		承受轴向力的机件，如机车十字轴头
	1:15	3°49′5.90″	3.8183°		
1:20		2°51′51.09″	2.8642°		机床主轴、刀具刀杆尾部、锥形铰刀、心轴
1:30		1°54′34.86″	1.9097°		锥形铰刀、套式铰刀、扩孔钻的刀杆、主轴颈部
1:50		1°8′45.16″	1.1459°		锥销、手柄端部、锥形铰刀、量具尾部

续表

基本值		推算值			应用举例
系列 1	系列 2	锥角 α		锥度 C	
1:100		34′22.63″	0.5730°		受静载荷不拆开的连接，如心轴等
1:200		17′11.32″	0.2865°		导轨镶条，受振动和冲击的不拆开的连接
1:500		6′52.53″	0.1146°		

附表 4—2　特殊用途圆锥的锥度与锥角系列（摘自 GB/T 157—2001）

基本值	锥角 α 推算值		说明
7:24	16°35′39.44″	16.5943°	机床主轴、工具配合
1:19.002	3°0′52.40″	3.0146°	莫氏锥度 No. 5
1:19.180	2°59′11.73″	2.9866°	莫氏锥度 No. 6
1:19.212	2°58′53.83″	2.9816°	莫氏锥度 No. 0
1:19.254	2°58′30.42″	2.9751°	莫氏锥度 No. 4
1:19.922	2°52′31.45″	2.8754°	莫氏锥度 No. 3
1:20.020	2°51′40.80″	2.8613°	莫氏锥度 No. 2
1:20.047	2°51′26.93″	2.8575°	莫氏锥度 No. 1

附表 4—3　圆锥角公差数值 AT_{α}（摘自 GB/T 11334—2005）

基本圆锥长度 L（mm）	圆锥角公差等级											
	AT1	AT2	AT3	AT4	AT5	AT6	AT7	AT8	AT9	AT10	AT11	AT12
>6 ~ 10	10″	16″	26″	41″	1′05″	1′43″	2′45″	4′18″	6′52″	10′49″	17′10″	27′28″
>10 ~ 16	8″	13″	21″	33″	52″	1′22″	2′10″	3′26″	5′30″	8′35″	13′44″	21′38″
>16 ~ 25	6″	10″	16″	26″	41″	1′05″	1′43″	2′45″	4′18″	6′52″	10′49″	17′10″
>25 ~ 40	5″	8″	13″	21″	33″	52″	1′22″	2′10″	3′26″	5′30″	8′35″	13′44″
>40 ~ 63	4″	6″	10″	16″	26″	41″	1′05″	1′43″	2′45″	4′18″	6′52″	10′49″
>63 ~ 100	3″	5″	8″	13″	21″	33″	52″	1′22″	2′10″	3′26″	5′30″	8′35″
>100 ~ 160	2.5″	4″	6″	10″	16″	26″	41″	1′05″	1′43″	2′45″	4′18″	6′52″
>160 ~ 250	2″	3″	5″	8″	13″	21″	33″	52″	1′22″	2′10″	3′26″	5′30″
>250 ~ 400	1.5″	2.5″	4″	6″	10″	16″	26″	41″	1′05″	1′43″	2′45″	4′18″
>400 ~ 630	1″	2″	3″	5″	8″	13″	21″	33″	52″	1′22″	2′10″	3′26″

附表 4—4　普通螺纹直径与螺距（摘自 GB/T 193—2003 和 GB/T 196—2003）　mm

公称直径 D、d			螺距 P		中径	小径
第一系列	第二系列	第三系列	粗牙	细牙	D_2、d_2	D_1、d_1
4			0.7		3.545	3.242
				0.5	3.675	3.459
	4.5		0.75		4.013	3.688
				0.5	4.175	3.959
5			0.8		4.480	4.134
				0.5	4.675	4.459
		5.5		0.5	5.175	4.959
6			1		5.350	4.917
				0.75	5.513	5.188
	7		1		6.350	5.917
				0.75	6.513	6.188
8			1.25		7.188	6.647
				1	7.350	6.917
				0.75	7.513	7.188
		9	1.25		8.188	7.647
				1	8.350	7.917
				0.75	8.513	8.188
10			1.5		9.026	8.376
				1.25	9.188	8.647
				1	9.350	8.917
				0.75	9.513	9.188
12			1.75		10.863	10.106
				1.25	11.188	10.647
				1	11.350	10.917
	14		2		12.701	11.835
				1.5	13.026	12.376
				1.25	13.188	12.647
				1	13.350	12.917
		15		1.5	14.026	13.376
				1	14.350	13.917
16			2		14.701	13.835
				1.5	15.026	14.376
				1	15.350	14.917
	18		2.5		16.376	15.294
				2	16.701	15.835
				1.5	17.026	16.376
				1	17.350	16.917

公称直径 D、d			螺距 P		中径	小径
第一系列	第二系列	第三系列	粗牙	细牙	D_2、d_2	D_1、d_1
20			2.5		18.376	17.294
				2	18.701	17.835
				1.5	19.026	18.376
				1	19.350	18.917
	22		2.5		20.376	19.294
				2	20.701	19.835
				1.5	21.026	20.376
				1	21.350	20.917
24			3		22.051	20.752
				2	22.701	21.835
				1.5	23.026	22.376
				1	23.350	22.917
		25		2	23.701	22.835
				1.5	24.026	23.376
				1	24.350	23.917
	27		3		25.051	23.752
				2	25.701	24.835
				1.5	26.026	25.376
				1	26.350	25.917
30			3.5		27.727	26.211
				2	28.701	27.835
				1.5	29.026	28.376
				1	29.350	28.917
	33		3.5		30.727	29.211
				2	31.701	30.835
				1.5	32.026	31.376
36			4		33.402	31.670
				3	34.051	32.752
				2	34.701	33.835
				1.5	35.026	34.376
	39		4		36.402	34.670
				3	37.051	35.752
				2	37.701	36.835
				1.5	38.026	37.376
		40		3	38.051	36.752
				2	38.701	37.835
				1.5	39.026	38.376

注：优先选用第一系列，其次是第二系列，第三系列尽可能不用。

附表 4—5　　内、外普通螺纹的基本偏差（摘自 GB/T 197—2003）　μm

螺距 P（mm）	基本偏差					
	内螺纹		外螺纹			
	G (EI)	H (EI)	e (es)	f (es)	g (es)	h (es)
0.5	+20	0	-50	-36	-20	0
0.7	+22		-56	-38	-22	
0.75	+22		-56	-38	-22	
0.8	+24		-60	-38	-24	
1	+26		-60	-40	-26	
1.25	+28		-63	-42	-28	
1.5	+32		-67	-45	-32	
1.75	+34		-71	-48	-34	
2	+38		-71	-52	-38	
2.5	+42		-80	-58	-42	
3	+48		-85	-63	-48	
3.5	+53		-90	-70	-53	
4	+60		-95	-75	-60	

附表 4—6　　内、外普通螺纹的中径公差（摘自 GB/T 197—2003）　μm

公称直径 D、d (mm)		螺距 P (mm)	内螺纹中径公差 T_{D2}					外螺纹中径公差 T_{d2}						
			公差等级											
>	≤		4	5	6	7	8	3	4	5	6	7	8	9
5.6	11.2	0.75	85	106	132	170	—	50	63	80	100	125	—	—
		1	95	118	150	190	236	56	71	90	112	140	180	224
		1.25	100	125	160	200	250	60	75	95	118	150	190	236
		1.5	112	140	180	224	280	67	85	106	132	170	212	265
11.2	22.4	1	100	125	160	200	250	60	75	95	118	150	190	236
		1.25	112	140	180	224	280	67	85	106	132	170	212	265
		1.5	118	150	190	236	300	71	90	112	140	180	224	280
		1.75	125	160	200	250	315	75	95	118	150	190	236	300
		2	132	170	212	265	335	80	100	125	160	200	250	315
		2.5	140	180	224	280	355	85	106	132	170	212	265	335
22.4	45	1	106	132	170	212	—	63	80	100	125	160	200	250
		1.5	125	160	200	250	315	75	95	118	150	190	236	300
		2	140	180	224	280	355	85	106	132	170	212	265	335
		3	170	212	265	335	425	100	125	160	200	250	315	400
		3.5	180	224	280	355	450	106	132	170	212	265	335	425
		4	190	236	300	375	475	112	140	180	224	280	355	450

附表 4—7　内、外普通螺纹的顶径公差（摘自 GB/T 197—2003）　μm

螺距 P (mm)	内螺纹顶径（小径）公差 T_{D1}					外螺纹顶径（大径）公差 T_d		
	公差等级							
	4	5	6	7	8	4	6	8
0.75	118	150	190	236	—	90	140	—
0.8	125	160	200	250	315	95	150	236
1	150	190	236	300	375	112	180	280
1.25	170	212	265	335	425	132	212	335
1.5	190	236	300	375	475	150	236	375
1.75	212	265	335	425	530	170	265	425
2	236	300	375	475	600	180	280	450
2.5	280	355	450	560	710	212	335	530
3	315	400	500	630	800	236	375	600
3.5	355	450	560	710	900	265	425	670
4	375	475	600	750	950	300	475	750

附表 4—8　螺纹推荐公差带（摘自 GB/T 197—2003）

内螺纹公差带	精度	公差带位置 G			公差带位置 H		
		S	N	L	S	N	L
	精密				4H	5H	6H
	中等	(5G)	6G*	(7G)	5H*	6H*（带方框）	7H*
	粗糙		(7G)	(8G)		7H	8H

外螺纹公差带	精度	公差带位置 e			公差带位置 f			公差带位置 g			公差带位置 h		
		S	N	L	S	N	L	S	N	L	S	N	L
	精密								(4g)	(5g4g)	(3h4h)	4h*	(5h4h)
	中等		6e*	(7e6e)		6f*		(5g6g)	6g*（带方框）	(7g6g)	(5h6h)	6h	(7h6h)
	粗糙		(8e)	(9e8e)					8g	(9g8g)			

注：公差带的优先选用顺序为：带“*”公差带、一般字体公差带、括号内公差带。带方框的公差带用于大量生产的紧固件螺纹。

附表 4—9　　常见滚动轴承的外形尺寸

深沟球轴承
（摘自 GB/T 276—2013）

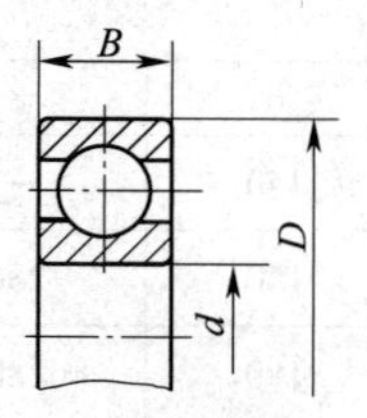

标记示例：
滚动轴承 6308
GB/T 276—2013

轴承型号	尺寸（mm）		
	d	D	B
尺寸系列（0）2			
6202	15	35	11
6203	17	40	12
6204	20	47	14
6205	25	52	15
6206	30	62	16
6207	35	72	17
6208	40	80	18
6209	45	85	19
6210	50	90	20
6211	55	100	21
6212	60	110	22
尺寸系列（0）3			
6302	15	42	13
6303	17	47	14
6304	20	52	15
6305	25	62	17
6306	30	72	19
6307	35	80	21
6308	40	90	23
6309	45	100	25
6310	50	110	27
6311	55	120	29
6312	60	130	31

圆锥滚子轴承
（摘自 GB/T 297—2015）

标记示例：
滚动轴承 30210
GB/T 297—2015

轴承型号	尺寸（mm）				
	d	D	B	C	T
尺寸系列 02					
30203	17	40	12	11	13. 25
30204	20	47	14	12	15. 25
30205	25	52	15	13	16. 25
30206	30	62	16	14	17. 25
30207	35	72	17	15	18. 25
30208	40	80	18	16	19. 75
30209	45	85	19	16	20. 75
30210	50	90	20	17	21. 75
30211	55	100	21	18	22. 75
30212	60	110	22	19	23. 75
32213	65	120	23	20	24. 75
尺寸系列 03					
30302	15	42	13	11	14. 25
30303	17	47	14	12	15. 25
30304	20	52	15	13	16. 25
30305	25	62	17	15	18. 25
30306	30	72	19	16	20. 75
30307	35	80	21	18	22. 75
30308	40	90	23	20	25. 25
30309	45	100	25	22	27. 25
30310	50	110	27	23	29. 25
30311	55	120	29	25	31. 5
30312	60	130	31	26	33. 5

推力球轴承
（摘自 GB/T 301—2015）

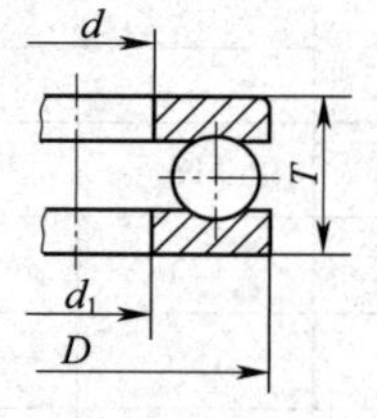

标记示例：
滚动轴承 51206
GB/T 301—2015

轴承型号	尺寸（mm）			
	d	D	T	$d_{1\min}$
尺寸系列 12				
51202	15	32	12	17
51203	17	35	12	19
51204	20	40	14	22
51205	25	47	15	27
51206	30	52	16	32
51207	35	62	18	37
51208	40	68	19	42
51209	45	73	20	47
51210	50	78	22	52
51211	55	90	25	57
51212	60	95	26	62
尺寸系列 13				
51304	20	47	18	22
51305	25	52	18	27
51306	30	60	21	32
51307	35	68	24	37
51308	40	78	26	42
51309	45	85	28	47
51310	50	95	31	52
51311	55	105	35	57
51312	60	110	35	62
51313	65	115	36	67
51314	70	125	40	72

注：表中用“（ ）”括住的数字表示在滚动轴承的代号中省略。

附表 4—10　　各种公差等级的滚动轴承的应用范围

轴承的公差等级	应用示例
普通级	广泛应用于旋转精度和运转平稳性要求不高的一般旋转机构中，如普通机床的变速机构、进给机构，汽车、拖拉机的变速机构，普通减速器、水泵及农业机械等通用机械的旋转机构
6 级、6X 级（中级）、5 级（较高级）	多用于旋转精度和运转平稳性要求较高或转速较高的旋转机构中，如普通机床的主轴轴系（前支承采用 5 级，后支承采用 6 级）和比较精密的仪器、仪表、机械的旋转机构中
4 级（高级）	多用于转速很高或旋转精度要求很高的机床和机器的旋转机构中，如高精度磨床和车床、精密螺纹车床和齿轮磨床等的主轴轴系
2 级（精密级）	多用于精密机械的旋转机构中，如精密坐标镗床、高精度齿轮磨床和数控机床等的主轴轴系

附表 4—11　　向心轴承和轴的配合——轴公差带（摘自 GB/T 275—2015）

圆柱孔轴承						
载荷情况		举例	深沟球轴承、调心球轴承和角接触球轴承	圆柱滚子轴承和圆锥滚子轴承	调心滚子轴承	公差带
			轴承公称内径（mm）			
内圈承受旋转载荷或方向不定载荷	轻载荷	输送机、轻载齿轮箱	≤18	—	—	h5
			>18~100	≤40	≤40	j6[a]
			>100~200	>40~140	>40~100	k6[a]
			—	>140~200	>100~200	m6[a]
	正常载荷	一般通用机械、电动机、泵、内燃机、正齿轮传动装置	≤18	—	—	j5　js5
			>18~100	≤40	≤40	k5[b]
			>100~140	>40~100	>40~65	m5[b]
			>140~200	>100~140	>65~100	m6
			>200~280	>140~200	>100~140	n6
			—	>200~400	>140~280	p6
			—	—	>280~500	r6
	重载荷	铁路机车车辆轴箱、牵引电机、破碎机等	—	>50~140	>50~100	n6[c]
				>140~200	>100~140	p6[c]
				>200	>140~200	r6[c]
				—	>200	r7[c]
内圈承受固定载荷	所有载荷　内圈需在轴向易移动	非旋转轴上的各种轮子	所有尺寸			f6 g6
	所有载荷　内圈不需在轴向易移动	张紧轮、绳轮	所有尺寸			h6 j6
仅有轴向载荷			所有尺寸			j6、js6

圆锥孔轴承				
所有载荷	铁路机车车辆轴箱	装在退卸套上	所有尺寸	h8（IT6）[d,e]
	一般机械传动	装在紧定套上	所有尺寸	h9（IT7）[d,e]

[a] 凡精度要求较高的场合，应用 j5、k5、m5 代替 j6、k6、m6。

[b] 圆锥滚子轴承、角接触球轴承配合对游隙影响不大，可用 k6、m6 代替 k5、m5。

[c] 重载荷下轴承游隙应选大于 N 组。

[d] 凡精度要求较高或转速要求较高的场合，应选用 h7（IT5）代替 h8（IT6）等。

[e] IT6、IT7 表示圆柱度公差数值。

附表 4—12　向心轴承和轴承座孔的配合——孔公差带（摘自 GB/T 275—2015）

载荷情况		举例	其他状况	公差带[a]	
				球轴承	滚子轴承
外圈承受固定载荷	轻、正常、重	一般机械、铁路机车车辆轴箱	轴向易移动，可采用剖分式轴承座	H7、G7[b]	
	冲击		轴向能移动，可采用整体或剖分式轴承座	J7、JS7	
方向不定载荷	轻、正常	电机、泵、曲轴主轴承			
	正常、重		轴向不移动，采用整体式轴承座	K7	
	重、冲击	牵引电机		M7	
外圈承受旋转载荷	轻	皮带张紧轮		J7	K7
	正常	轮毂轴承		M7	N7
	重			—	N7、P7

[a] 并列公差带随尺寸的增大从左至右选择。对旋转精度有较高要求时，可相应提高一个公差等级。

[b] 不适用于剖分式轴承座。

附表 4—13　推力轴承和轴的配合——轴公差带（摘自 GB/T 275—2015）

载荷情况		轴承类型	轴承公称内径（mm）	公差带
仅有轴向载荷		推力球和推力圆柱滚子轴承	所有尺寸	j6、js6
径向和轴向联合载荷	轴圈承受固定载荷	推力调心滚子轴承、推力角接触球轴承、推力圆锥滚子轴承	≤250 >250	j6 js6
	轴圈承受旋转载荷或方向不定载荷		≤200 >200～400 >400	k6[a] m6 n6

[a] 要求较小过盈时，可分别用 j6、k6、m6 代替 k6、m6、n6。

附表 4—14　推力轴承和轴承座孔的配合——孔公差带（摘自 GB/T 275—2015）

载荷情况		轴承类型	公差带
仅有轴向载荷		推力球轴承	H8
		推力圆柱、圆锥滚子轴承	H7
		推力调心滚子轴承	—[a]
径向和轴向联合载荷	座圈承受固定载荷	推力角接触球轴承、推力调心滚子轴承、推力圆锥滚子轴承	H7
	座圈承受旋转载荷或方向不定载荷		K7[b]
			M7[c]

[a] 轴承座孔与座圈间间隙为 0.001D（D 为轴承公称外径）。

[b] 一般工作条件。

[c] 有较大径向载荷时。